模拟电子技术

主　编　国　兵
副主编　李永冰

天津大学出版社
TIANJIN UNIVERSITY PRESS

内容简介

本书共7章，系统地介绍了半导体器件的基本知识、基本放大电路、负反馈放大电路、集成运算放大电路、功率放大电路、波形产生电路、直流稳压电源。各章均安排有适量篇幅的技能训练项目和实用性、趣味性的习题，突出实际应用，理论与实验相结合，以丰富的实例给学生提供较为直观、实用的信息，突出培养学生运用所学知识和技能解决实际问题的综合应用能力。

本书可作为高职高专类计算机、电子、自动化等专业的模拟电子技术课程教材，还可供中等专业学校相关专业或从事电子技术的工程技术人员参考使用。

图书在版编目(CIP)数据

模拟电子技术/国兵主编.—天津：天津大学出版社，2008.2 (2014.1 重印)

ISBN 978-7-5618-2610-2

Ⅰ.模…　Ⅱ.①国…　Ⅲ.模拟电路－电子技术　Ⅳ.TN710

中国版本图书馆 CIP 数据核字(2008)第 004233 号

出版发行	天津大学出版社
出 版 人	杨欢
地　　址	天津市卫津路92号天津大学内(邮编:300072)
电　　话	发行部:022-27403647
网　　址	publish.tju.edu.cn
印　　刷	天津泰宇印务有限公司
经　　销	全国各地新华书店
开　　本	169mm×239mm
印　　张	15
字　　数	312千
版　　次	2008年2月第1版
印　　次	2014年1月第2次
定　　价	25.00元

前　言

本书是根据高职高专培养目标的要求，依照教育部制定的《高职高专教育模拟电子技术基础课程教学基本要求》，本着"以应用为目的，以必需、够用为度，注重实践"的教学思想编写的。本书编写时力求精选内容、突出重点，加强对基本概念、基本原理、基本分析方法的训练和培养，注重物理概念的清晰性和知识的应用性，深入浅出，图文并茂，便于阅读。本书同时兼顾模拟电子技术的新发展，着重介绍模拟电路的新理论、新技术、新器件。本书在编写的过程中注意了以下几个方面。

1. 以"应用"为宗旨。本书各章均安排有适量篇幅的技能训练项目和实用性、趣味性的习题，突出实际应用，注重理论与实验相结合，突出培养学生运用所学知识和技能解决实际问题的综合应用能力。

2. 坚持"必需、够用"的原则。本书在编写过程中，根据高职高专学生的实际情况，对元器件及集成电路内部结构不做详细介绍，删除了烦琐的理论推导，只介绍其工程估算的方法或给出定性、定量的结论；力求简明扼要、深入浅出、通俗易懂、突出重点，加强基本概念、基本原理、基本分析方法的训练和培养；在分析、计算时突出主要矛盾和主要问题，忽略次要因素，不追求数学上的严密性，注重应用性及物理概念的清晰性。

3. 兼顾可持续性。本书的内容兼顾了模拟电子技术的新发展，删除了与之不相适应的内容，注重介绍模拟电路的新理论、新技术、新器件。为了反映现代电子技术的新成果、新技术，本书介绍了一些常用的最新模拟集成电路，如集成运算放大器、三端式集成稳压器、开关电源等，还介绍了一些新的常用电子器件，如发光二极管、光电二极管、变容二极管等。

4. 叙述通俗易懂。为便于教与学，本书每一章的前面均安排了引言，将本章的主要内容用最简练的语言加以阐述，以引导学生了解本章的整体内容结构。

本书的编写人员均是来自于高职高专电子技术教学第一线的教师，具有多年教授模拟电子技术课程的丰富经验。本书由国兵教授担任主编，李永冰副教授担任副主编。参加编写的人员还有刘传鹏、金桂梅、贾仟伟、徐艳等。全书由国兵教授统稿。

由于编者水平有限，加上时间仓促，书中难免有不妥之处，恳请读者和同人批评、指正，以便不断改进。

编　者

2008 年 1 月

目　录

第 1 章　半导体器件

引言　电子技术是当代发展最为迅速的学科之一。电子技术的发展,得益于半导体技术的不断进步。半导体器件,特别是集成电路的更新换代,使得电子设备在功能、性能、品种、价格等方面不断发生新的变化,推动了多个领域的技术发展。

本章主要介绍半导体的特点,PN 结的形成及其特性,二极管、晶体管、结型场效应管、绝缘栅型场效应管、晶闸管的结构、工作原理、主要参数以及它们的外部特性和简单的应用电路等。

1.1　半导体二极管

1.1.1　PN 结的形成及特性

1. 本征半导体和本征激发

自然界的物质,按其导电性能的不同,大体可分为三类:一类是导电性能良好的物质,称为导体(其电阻率低于 $10^{-4}\Omega\cdot cm$),金属一般都是导体,如金、银、铜、铝、铁等;一类是在一般条件下不能导电的物质,称为绝缘体(其电阻率高于 $10^{10}\Omega\cdot cm$),如陶瓷、玻璃、橡胶、塑料等;还有一类物质的导电性介于导体和绝缘体之间,称为半导体(其电阻率在 $10^{-4}\sim10^{10}\Omega\cdot cm$ 之间),如硅、锗、砷化镓及某些氧化物、硫化物等。

半导体之所以能够引起人们的注意,得到广泛的应用,主要原因是半导体具有一些重要的特性。例如,当半导体受到外界光和热作用时,其导电能力会显著变化。在纯净的半导体中掺入某些微量的其他元素时,它的导电性会明显增强。这些特性都与半导体本身的结构有关。

制作半导体器件时,用得最多的半导体材料是硅(Si)和锗(Ge)。硅和锗都是单晶体,它们的原子按一定的规则整齐地排列,形成晶格。通常把这种非常纯净且原子排列整齐的半导体称为本征半导体。

硅或锗原子构成的单晶体,原子之间靠得很紧,原来分属于每个原子的价电子就会受到相邻原子的影响而为两个相邻原子所共有。把这种共用电子形成的结合作用称为共价键。硅或锗原子都有 4 个价电子,每个原子的 4 个价电子都和周围的 4 个原子的价电子形成 4 个共价键。图 1.1.1 所示为硅或锗单晶体的共价键结构示意图。每个原子的周围就相当于有 8 个价电子,形成了稳定的原子结构。

本征半导体在 -273.15 ℃(绝对温度为零度)和没有其他影响的条件下,由于共价键中的价电子被束缚着而不能导电,相当于绝缘体。但是本征半导体中的价电子

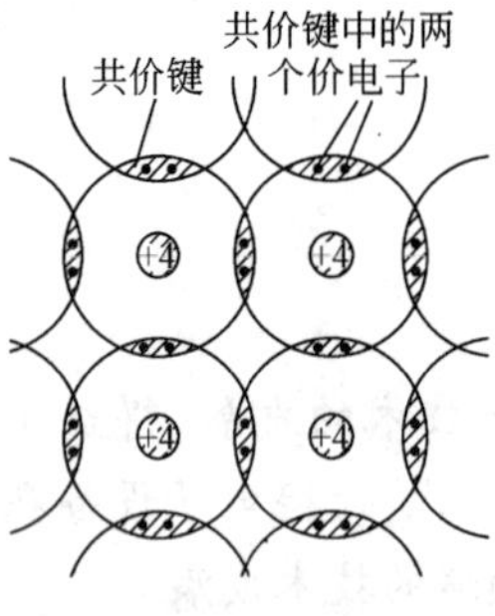

图 1.1.1　**硅或锗单晶体的共价键结构示意图**

不像绝缘体中的电子那样被紧紧束缚着，在室温下，有些价电子受到热或光的作用，获得了足够的能量而挣脱共价键的束缚，成为自由电子，这种现象称为本征激发。在价电子挣脱共价键束缚成为自由电子后，共价键中就留下了一个空位，称为空穴。

由于本征激发而出现了空穴，使原来是电中性的原子因失去带负电的电子而成为带正电的离子。这种正离子固定在晶格中，不能移动，它由原子和空穴构成，可以认为空穴带正电，其电量与电子的电量相等。本征激发时，电子和空穴成对产生，称电子－空穴对。也就是说，在激发出一个带负电的电子的同时，相应地产生一个带正电的空穴，如图 1.1.2 所示。

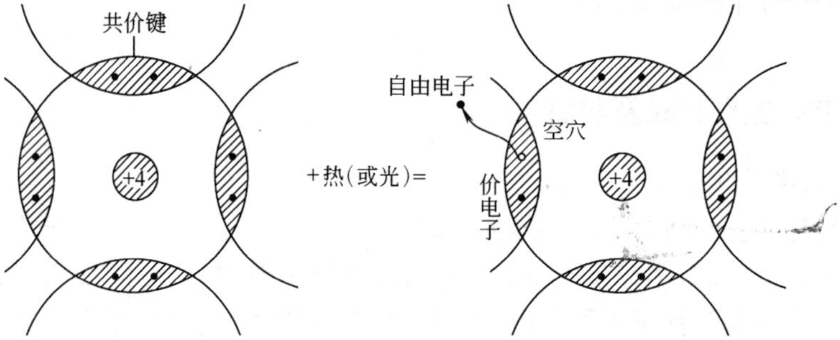

图 1.1.2　**本征激发产生电子－空穴对**

当本征半导体中出现空穴后，在外加电场或其他能源的作用下，邻近的价电子就能较容易地填补到这个空穴中，而这个价电子所在的位置上又留下新的空穴，其他的价电子又可以填补到这个新的空穴中，这就形成了空穴的迁移，也就是正电荷的运动，如图 1.1.3 所示。本征半导体中的自由电子和空穴都可以携带电荷作定向移动形成电子流和空穴流，所以把电子和空穴统称为载流子。半导体中的电流由自由电子流和空穴流两部分构成，而电子流和空穴流的运动方向是相反的。

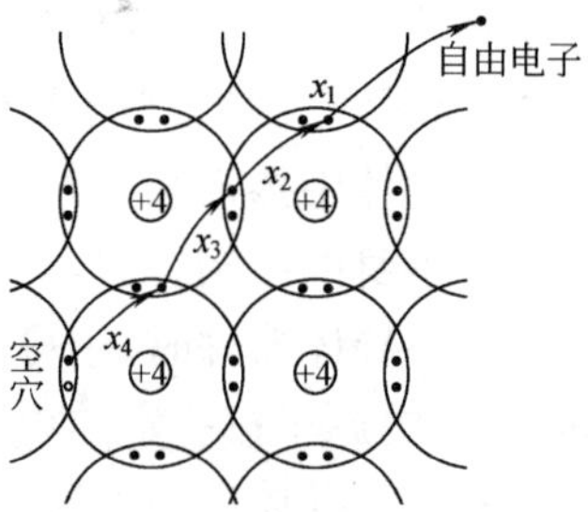

图 1.1.3　**电子和空穴的移动**

本征半导体在常温下产生的电子－空穴对很少，所以导电性相当差。然而，当环境温度升高，热激发使电子－空穴对数目显著增多，其导电性也就明显提高，这就是半导体的导电性随温度变化而明显变化的原因。

2. N 型半导体和 P 型半导体

本征半导体的导电能力很差，但在本征半导体中掺入微量的其他元素（称杂质），就会使它的导电性发生显著变化，这种掺杂的半导体称为杂质半导体。按掺入杂质性质的不同，它可分为 N 型半导体和 P 型半导体两大类。

(1) N 型半导体

在硅（或锗）本征半导体中掺入微量的五价元素，如磷（或锑）等，它就会形成 N 型半导体。

由于掺入杂质的原子数与整个半导体的原子数相比，其数量非常少，半导体的晶体结构基本不变，只是晶格中某些硅（或锗）原子的位置被磷原子所代替。磷原子有 5 个价电子，其中 4 个价电子与相邻的 4 个硅原子的价电子形成共价键后，还多余一个价电子，如图 1.1.4 所示。这个多余的价电子虽不受共价键束缚，但仍受磷原子核的吸引，它只能在磷原子周围活动，不过它所受的吸引力比共价键的束缚作用要微弱得多，只要获取较小的能量就能挣脱磷原子的束缚，成为自由电子。可见，硅半导体中每掺入 1 个磷原子，就产生 1 个自由电子。

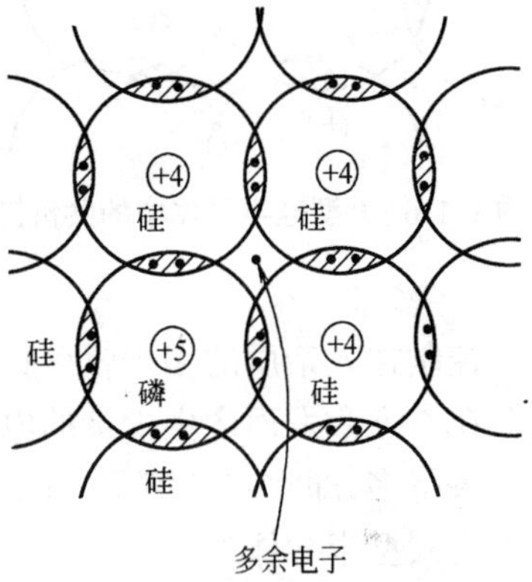

图 1.1.4　N 型硅半导体中的共价键结构

在 N 型半导体中，除了掺杂产生自由电子外，其本身还存在本征激发，而产生电子 – 空穴对。N 型半导体因掺杂而产生的自由电子数比空穴数大得多，自由电子称为多数载流子（简称多子），而空穴称为少数载流子（简称少子）。N 型半导体以自由电子导电为主，又称电子型半导体。

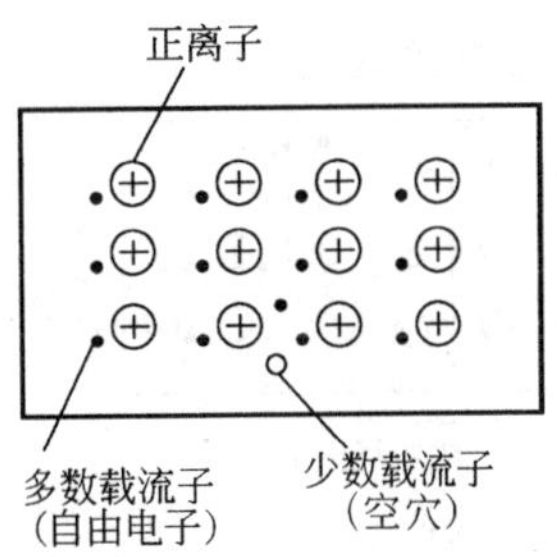

图 1.1.5　N 型半导体载流子和杂质离子示意图

当磷原子失去 1 个价电子后就成为正离子。它不能移动，不能参与导电。但它在产生 1 个自由电子的同时并不产生新的空穴，这是它与本征激发的不同点。图 1.1.5 所示为 N 型半导体载流子和杂质离子的示意图。用⊕表示带正电荷的离子（正离子）。

(2) P 型半导体

在硅（或锗）本征半导体中掺入微量的三价元素，如硼（或铟）等，它就会形成 P 型半导体。

由于硼原子只有 3 个价电子，当它取代半导体硅原子在晶格中的位置时，与周围 4 个硅原子的价电子组成共价键，因缺少 1 个价电子，其中 1 个共价键内出现 1 个空穴，那么相邻共价键中的价电子，只要获得较小的能量，就能挣脱束缚，去填补这个空穴，使硼原子成为不能移动的负离子。原来硅原子的共价键因缺少 1 个电子而产生了空穴，如图 1.1.6 所示。

可见,硅半导体中每掺入 1 个硼原子,就会产生 1 个空穴。

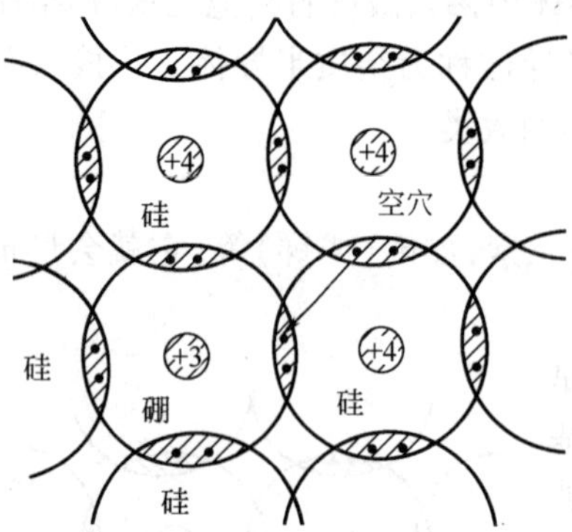

图 1.1.6　P 型硅半导体中的共价键结构

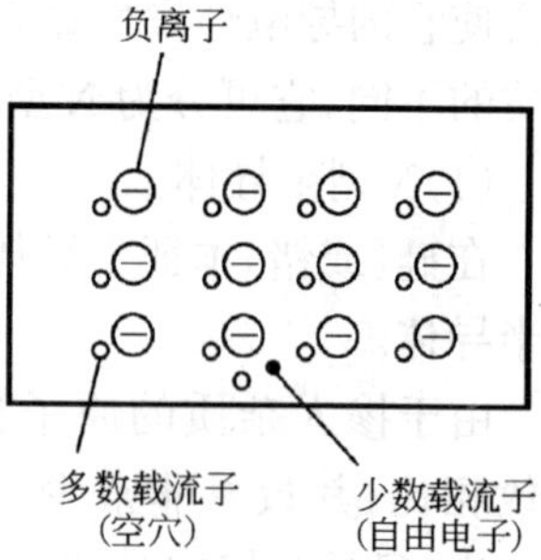

图 1.1.7　P 型半导体载流子和杂质离子示意图

控制掺入杂质的多少就可控制 P 型半导体中空穴的多少。此外,P 型半导体中也存在本征激发而产生少量的电子 - 空穴对。然而,在 P 型半导体中,空穴数比电子数要大得多,即空穴是多子,电子是少子。它的导电性主要取决于空穴数,因此又称它为空穴型半导体。

图 1.1.7 所示为 P 型半导体载流子和杂质离子的示意图。用⊖表示杂质原子因提供了一个空穴而成为带负电荷的离子(负离子),它不能移动,不能参与导电。

3.PN 结的形成

用掺杂工艺在一块本征半导体的两边掺以不同的杂质,使一边成为 N 型半导体,另一边变为 P 型半导体,在两种不同类型的半导体的交界处就会形成一个特殊导电薄层,称为 PN 结。现结合图 1.1.8 来说明 PN 结的形成。

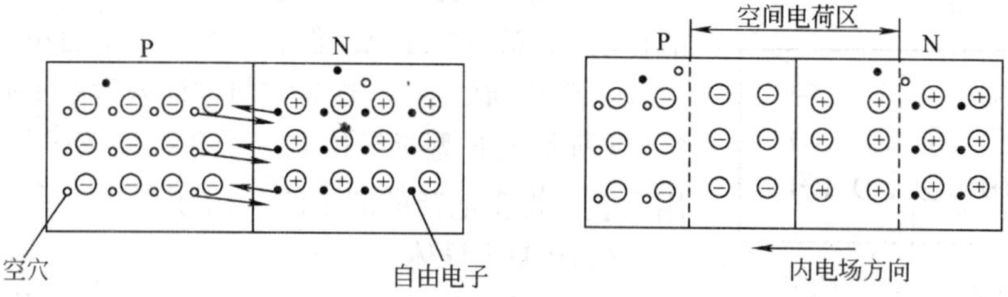

(a)　　　　(b)

图 1.1.8　PN 结的形成

(a)载流子的扩散运动;(b)PN 结合它的内电场

(1)载流子的扩散运动和内电场的建立

在 P 型半导体中,有大量的空穴和少量的电子;N 型半导体中则相反,多数载流子是电子,少数载流子是空穴。P 区中的空穴密度大于 N 区,而 N 区中的电子密度大于P区,如图1.1.8(a)所示。由于电子和空穴存在浓度差,在交界处便产生电子和空穴的扩散运动。靠近N区界面的电子向P区扩散,并与P区空穴复合,在N区界面处,剩下不能移动的正离子,形成一个正电荷区。同样,P区的空穴向N区扩散,并与N区的电子复合,在P区界面剩下不能移动的负离子,形成一个负电荷区。结果在PN结边界附近形成一个空间电荷区,边界的左边带负电,右边带正电。因此,在PN结中产生一个内电场,内电场的方向由N区指向P区,如图1.1.8(b)所示。空间电荷使交界面两侧的电中性被破坏,但是,空间电荷区以外的P区和N区仍呈电中性。

(2)内电场对载流子运动的作用

随着载流子扩散运动的进行,空间电荷区加宽,内电场加强,内电场的存在对空穴和电子的扩散运动起阻碍作用,P区带正电的空穴继续向N区扩散要受到电场的阻力,N区带负电的电子继续向P区扩散也要受到电场的阻力。另外,内电场又推动P区的少子(电子)向N区运动,N区的少子(空穴)向P区运动。这种在电场力作用下载流子的运动称为漂移运动。漂移运动使空间电荷区变窄,内电场削弱,这样又将导致多子扩散运动的加强。所以,漂移运动与扩散运动是PN结中载流子运动的主要矛盾。

(3)PN结的形成

由以上分析可见,载流子在P区和N区的交界面同时发生着扩散运动和漂移运动。开始时,扩散运动占优势。随着扩散的进行,PN结的空间电荷区不断加宽,电场增强,电场引起的漂移运动也不断增强,当两者作用相等时,就达到了动态平衡,形成了一个宽度稳定的空间电荷区,这就是PN结。这时PN结中没有电流(从宏观看电流为零,并不意味着在任何时候都没有载流子流过PN结)。空间电荷区内缺少载流子,结内电阻率很高,因此PN结是个高阻区,因结内载流子很少,所以又常称为耗尽层。PN结很薄,一般为0.5 μm左右。

4.PN结的单向导电性

在了解了PN结内部载流子运动规律后,下面进一步分析PN结在外部电源作用下所表现出来的一个重要的特性——单向导电性。

(1)PN结外加正向电压

如图1.1.9(a)所示,给PN结加上正向电压,即外电源正极接P区,负极接N区,此时称PN结加正向偏置,简称正偏。由于外加电压在耗尽层中所建立的外电场与耗尽层中的内电场方向相反,从而削弱了空间电荷所产生的内电场,使空间电荷区变窄,有利于多数载流子的扩散运动,于是P区的多数载流子(空穴)能顺利通过PN结耗尽层扩散到N区,N区的多数载流子(电子)能顺利通过PN结耗尽层扩散到P区。扩散结果是在P区一侧积累大量的电子,N区一侧积累大量的空穴。这些积累的电子和空穴是不能久留的,P区一侧积累的电子向P区体内扩散,并和P区中多数载流子(空穴)复合而消失;而N区一侧积累的空穴向N区体内扩散,并和N区中多数载流子(电子)复合而消失。同时,外电源不断向P区和N区补充多数载流子(空穴和电子)，形成正向电流 I_F，此时 PN 结呈低阻导通状态。在一定范围内，外加电压 U_F 越大，正向电流 I_F越大。为了限制 I_F过大，回路中可以串入限流电阻 R。

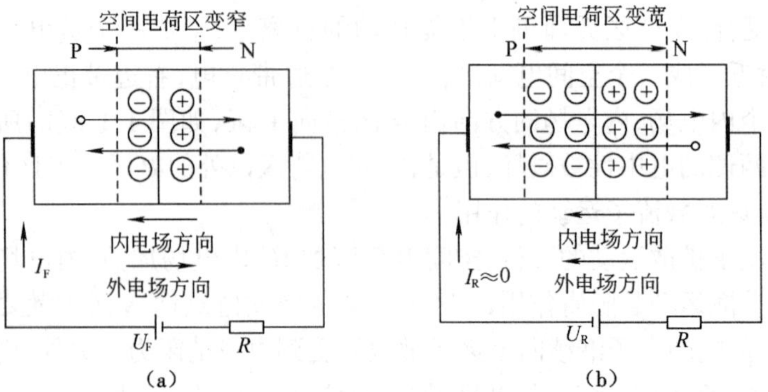

图 1.1.9　PN 结的单向导电性

(a)正向偏置;(b)反向偏置

(2)PN 结外加反向电压

如图 1.1.9(b)所示，如果给 PN 结外加一个反向电压，即外电源正极接 N 区，负极接 P 区，此时称 PN 结加反向偏置，简称反偏。这时，外电场与内电场的方向一致，空间电荷区的电场增强。耗尽层的厚度比动态平衡时加宽，使多数载流子的扩散运动更难进行。

应当注意到，P 区和 N 区都有少数载流子(即指 P 区中的电子和 N 区中的空穴)，空间电荷区的电场增强后有利于少数载流子的漂移运动。此时流过 PN 结的电流，主要是少数载流子的漂移运动形成的，其方向由 N 区到 P 区，称为反向电流 I_R。当温度不变时，少数载流子的浓度不变，I_R几乎不随外加电压而变化，故又称为反向饱和电流 I_S。在常温下，少数载流子的浓度很低，所以反向电流很小，PN 结呈高阻状态。

少数载流子是由本征激发(和温度有密切关系)产生的，所以 PN 结的反向电流是随温度而变化的。例如，当温度由 25 ℃升高到 95 ℃时，反向电流增大 100 倍。因此，制造和使用半导体元器件时，必须考虑环境温度对半导体元器件特性的影响。

由上面分析可知，PN 结正偏时呈导通状态，正向电阻很小，正向电流很大;PN 结反偏时呈截止状态，反向电阻很大，反向电流很小，这就是 PN 结的单向导电性。

1.1.2　二极管的结构及分类

在 PN 结的 P 区引出一个电极称为正极，也叫阳极，用符号 a 表示。在 PN 结的 N 区引出一个电极称为负极，也叫阴极，用符号 k 表示。再将这个 PN 结封装起来就形成了半导体二极管，也称晶体管二极管，简称二极管。符号表示如图 1.1.10 所示，箭头方向表示二极管正向导通时电流的方向。二极管的外形如图 1.1.11 所示。

二极管的分类方法很多，一般有以下几种。

1.按半导体材料分

按半导体材料分，有硅二极管、锗二极管、砷化镓二极管等。

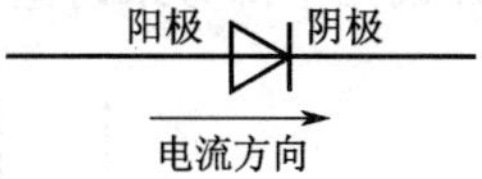

图 1.1.10　二极管的符号

2.按 PN 结的结构分

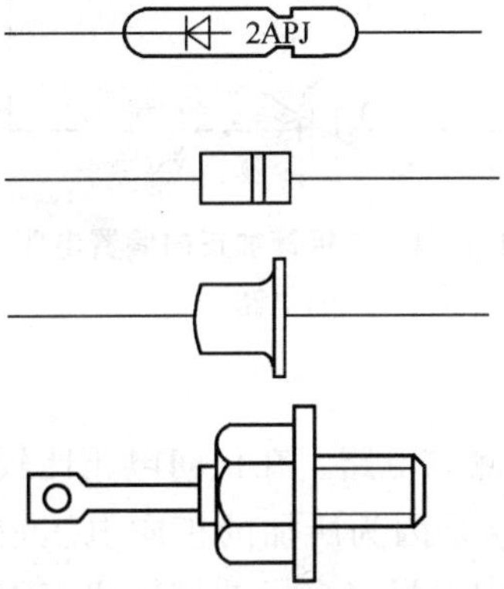

图 1.1.11　二极管的外形举例

按 PN 结的结构分，有点接触型二极管、面接触型二极管、平面型二极管等，如图 1.1.12 所示。点接触型二极管的 PN 结结面积小，结电容小，可工作在高频或超高频范围，但它允许通过的正向电流也小。面接触型二极管的 PN 结结面积大，结电容大，只能工作在低频范围，但它允许通过的正向电流也大，可用于大功率整流电路。平面型二极管常在数字电路中作开关用。

3.按用途分

按二极管用途分，有普通二极管、整流二极管、检波二极管、开关二极管、稳压二极管、变容二极管、发光二极管等。

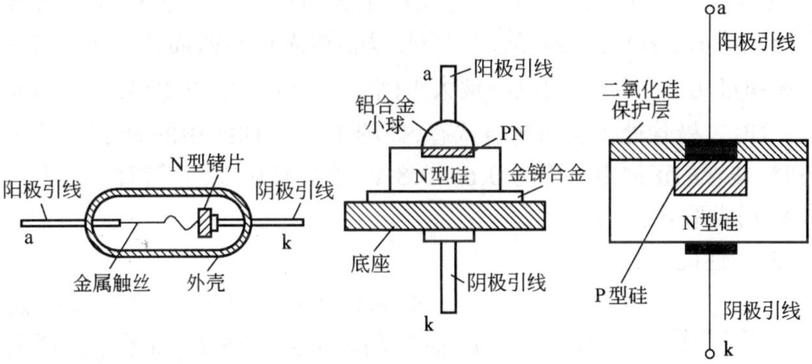

(a)　(b)　(c)

图 1.1.12　二极管的结构示意图

(a)点接触型；(b)面接触型；(c)平面型

1.1.3　二极管的伏安特性

1.二极管的伏安特性曲线

加到二极管两端的电压与流过二极管的电流的关系曲线，叫做二极管的伏安特性曲线，简称二极管的伏安特性。二极管的伏安特性可以用实验的方法逐点测绘得出，也可以从图示仪荧光屏上直接观察。图 1.1.13 是二极管的伏安特性示意图，把它分成三个部分来讨论。

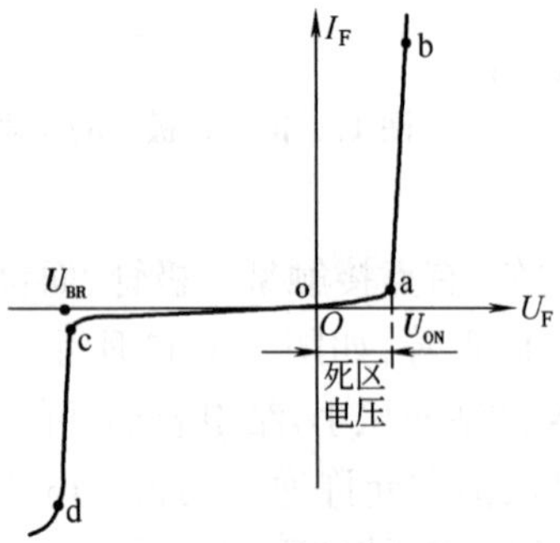

图 1.1.13　二极管的伏安特性

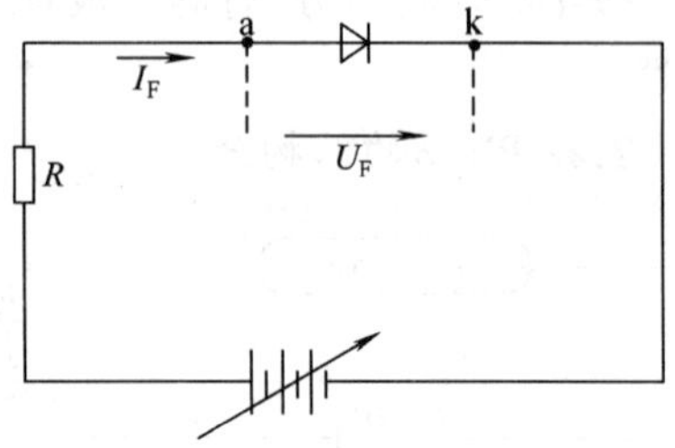

图 1.1.14　二极管加正向偏置电压的电路

(1)正向特性(oab 段)

图 1.1.14 所示为二极管加正向偏置电压 U_F时的测试电路。在正向电压比较小的范围内,正向电流很小,二极管呈现很大的电阻。这是因为所加的正向电压较小时,外电场就小,它对内电场的抵消作用也小。这时,内电场对多子的扩散仍有很大的阻碍作用,因此,由扩散而通过 PN 结的多子就非常少,形成的电流也很小,二极管几乎不导通。常把这个正向电压较小的范围称为死区,相应的电压称为死区电压,如图 1.1.13 曲线中的 oa 段所示。死区电压的最大值称为门限电压(又称为导通电压或阈值电压),用 U_{ON}表示。硅管的门限电压 U_{ON}约为 0.5 V,而锗管 U_{ON}约为 0.1 V。当外加电压超过 U_{ON}值以后,内电场被大大削弱,PN 结的结电阻迅速减小,正向电流迅速增大,这时二极管处于正向导通状态,如图 1.1.13 曲线中的 ab 段所示。二极管正向导通时,硅管的正向电压降为 0.6 ~ 0.8 V(通常取 0.7 V),锗管的正向电压降为 0.2 ~ 0.3 V(通常取 0.2 V)。

(2)反向特性(oc 段)

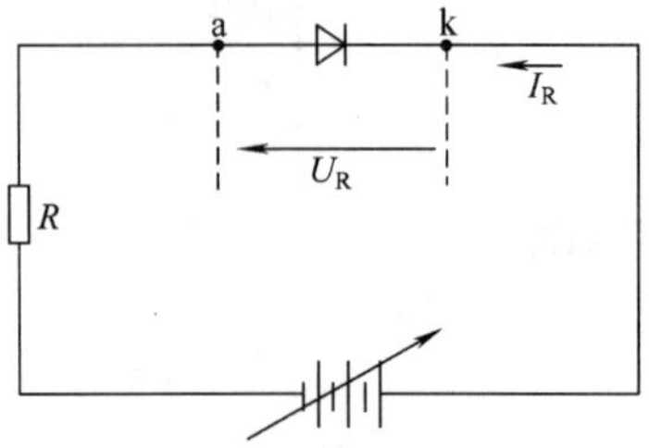

图 1.1.15　二极管加反向偏置电压的电路

图 1.1.15 所示为二极管加反向偏置电压 U_R时的测试电路。在 U_R由零逐渐增大的过程中,PN 结的阻挡层也随之加宽,半导体中只有少子能漂移过 PN 结,形成反向电流 I_R。反向电压 U_R虽不断增大,但由于在环境温度一定的条件下,少子的数目几乎是一定的,反向电流 I_R也就几乎不变,如图 1.1.13 曲线中的 oc 段所示。对于小功率硅管,I_R为零点几微安,锗管的 I_R为十几微安。但是,当温度升高时,本征激发使少子的数目急剧增加,反向饱和电流将随之迅速增大。

(3)反向击穿特性(cd 段)

在一定温度下,当二极管加的反向电压 U_R 高到一定程度时,反向电流将会突然急剧增大,这种现象叫做二极管的反向击穿,如图 1.1.13 曲线中的 cd 段所示。二极管反向击穿时的电压称为反向击穿电压,用符号 U_{BR} 表示。二极管在正常使用时应避免出现反向击穿,因此所加的反向电压应小于 U_{BR}。二极管反向击穿时并不一定会损坏,只有在没有限流措施时,反向电流 I_R 超过一定限度,PN 结过热,才会烧坏,造成永久性损坏。

采用不同材料、不同结构和不同工艺制成的二极管,其伏安特性曲线基本相似,是非线性的,所以二极管是非线性器件。

2. 二极管(PN 结)的伏安特性方程

根据理论分析,PN 结两端的电压 U 和流过 PN 结的电流 I 之间的关系可用下列方程表示:

$$I = I_S(e^{\frac{U}{U_T}} - 1) \tag{1.1.1}$$

式中,I_S 为 PN 结的反向饱和电流;$U_T = \frac{kT}{q}$,称为温度的电压当量,其中 k 为玻耳兹曼常数($k = 1.42 \times 10^{-23}$ J·K^{-1});T 为热力学温度;q 为电子电量($q = 1.602 \times 10^{-19}$ C),在常温($T = 300$ K)时,$U_T \approx 26$ mV。U 和 I 的参考方向如图 1.1.16 所示,故正偏时 U 和 I 为正值,反偏时 U 和 I 为负值。

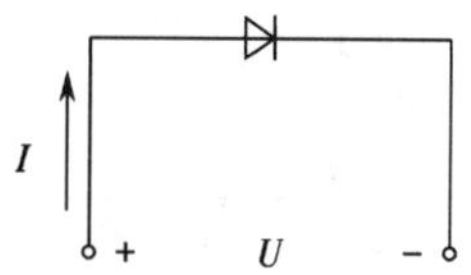

图 1.1.16　U 和 I 的参考方向

由式(1.1.1)可见,当 $U = 0$ 时,$I = 0$;当正偏($U > 0$)时,只要 U 大于 U_T 几倍,则 $I \approx I_S e^{\frac{U}{U_T}}$,$I$ 随 U 按指数规律变化;当反偏($U < 0$)时,只要 $|U|$ 大于 U_T 几倍,则 $I \approx -I_S$,与外加电压 U 无关,且 I 的实际方向与参考方向相反。

1.1.4　二极管的主要参数

二极管的特性除了用伏安特性曲线描述外,还可以用特定的参数来描述,它们是合理选用和正确使用二极管的依据。二极管的主要参数有以下几个。

1. 最大整流电流 I_{FM}

I_{FM} 是二极管长期工作允许通过的最大正向平均电流,由 PN 结的面积和散热条件所决定,使用时通过二极管的平均电流要小于这个电流,否则,电流过大,将因 PN 结过热而烧坏二极管。

2. 最高反向工作电压 U_{RM}

U_{RM} 是指允许加在二极管两端反向电压的最大值(峰值)。为安全起见,最高反向工作电压一般为击穿电压的 1/2 或 2/3。

3.反向电流 I_R

I_R是在室温下,二极管两端加最高反向电压时的反向电流,其值越小,二极管的单向导电性能越好。它随温度升高而增加,在高温工作环境下要特别注意。

4.最高工作频率 f_M

二极管工作在高频时,由于结电容的存在,其单向导电性能变差,甚至可能失去单向导电性,因此需规定一个最高工作频率。f_M主要取决于 PN 结结电容的大小,结电容越大,则 f_M越低。

1.1.5　二极管电路应用举例

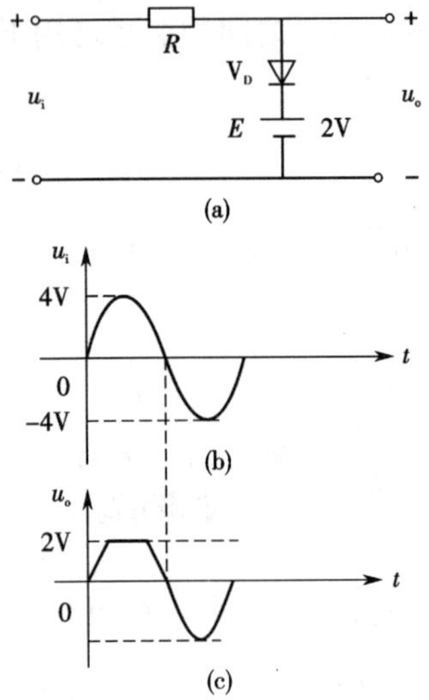

图 1.1.17　【例 1.1.1】电路

【例 1.1.1】　电路如图 1.1.17(a)所示,输入电压 $u_i = 4\sin\omega t$ V,其波形如图 1.1.17(b)所示。求输出电压 u_o的波形(二极管视为理想器件)。

解:当输入电压小于 2 V 时,二极管反偏截止,电源 E 对输出无影响,此时输出电压 u_o与输入电压 u_i相同。当输入电压大于 2 V 时,二极管正向导通,输出电压 u_o等于电源电压 $E = 2$ V。

电阻 R 起限流作用,输入电压与输出电压的差值即为电阻 R 上的压降。输出电压的波形如图 1.1.17(c)所示。

【例 1.1.2】　电路图如图 1.1.18 所示,求输出电压 U_o的值(二极管视为理想器件)。

解:假设将二极管 V_{D1}、V_{D2} 从电路中断开,则 A_1、B_1 两点间的电压为 15 V,A_2、B_2 两点间的电压为 12 V,即 V_{D1}、V_{D2}的正向偏压分别为 15 V 和 12 V。

在原电路中,V_{D1}、V_{D2}不可能同时导通,因为 V_{D1}两端的电压大于 V_{D2}两端的电压,所以 V_{D1}优先导通。将输出端的电压钳位在 6 V,使二极管 V_{D2}反偏截止。因此输出电压 $U_o = 6$ V。

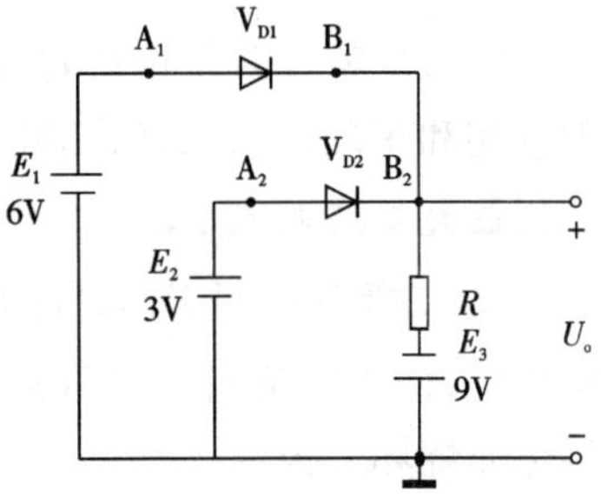

图 1.1.18　【例 1.1.2】电路

1.1.6　特殊二极管

1.硅稳压二极管

硅稳压二极管是一种特殊的面接触型二极管,在反向击穿工作状态,其反向电流在较大的范围内变化时,反向击穿电压值几乎不变,是一个稳定值。由于它在电路中能起稳定电压的作用,故称为稳压二极管,简称稳压管。硅稳压二极管的符号、伏安特性如图 1.1.19 所示。

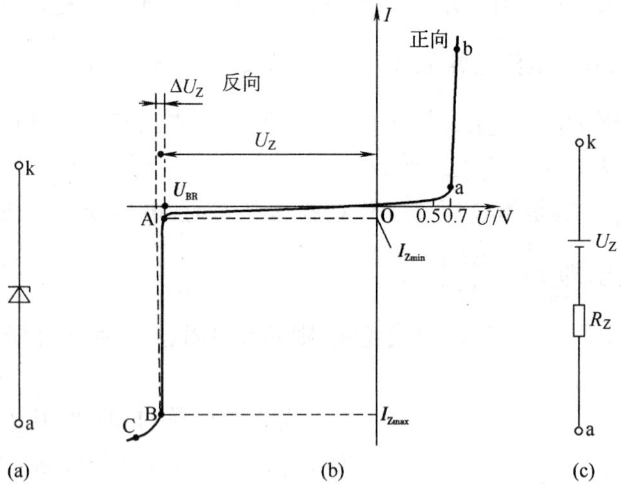

图 1.1.19　硅稳压二极管

(a)符号;(b)伏安特性;(c)等效电路

(1)硅稳压二极管的伏安特性

稳压管的正向伏安特性与普通二极管基本相同,如图 1.1.19(b)曲线中的 Oab 段所示。

稳压管所加的反向电压小于 U_{BR}时,反向电流很小,即如图 1.1.19(b)曲线中的 OA 段所示。当反向电压达到 U_{BR}时,稳压管击穿,反向电流剧增,由几毫安(I_{Zmin})增大到几十毫安(I_{Zmax}),反向电压几乎不变,即如图 1.1.19(b)曲线中的 AB 段所示,这就是稳压管的正常工作区。当稳压管的反向电流小于 I_{Zmin}时,稳压管未被击穿而不稳压;当反向电流大于 I_{Zmax}时,其反向电压随之增大,它也不稳压,即如图 1.1.19(b)曲线中的 BC 段所示,而且因其功耗过大,使稳压二极管的温度升高过大而烧毁。

稳压管与普通二极管相比有两个特别的地方:一是稳压管工作的反向击穿电压一般比较低,它的反向击穿电压就是稳压值,而且它的反向特性曲线比较陡;二是稳压管的反向击穿是可逆的,当外加电压去掉后,稳压管又恢复常态,故它可长期工作在反向击穿区而不至损坏。

(2)稳压二极管的主要参数

1)稳定电压 U_Z　U_Z是稳压管在正常工作时,管子两端的电压值,这个数值随工作电流和环境温度的不同而略有改变。由于稳压管参数的离散性,即使是同一型号的稳压管,U_Z值的差别也会比较大。因此,在手册中只能给出某一型号稳压管的稳压范围,例如稳压管 2CW19,其稳定电压 U_Z为 11.5 ~ 12.5 V。但是,对于一只稳压管，U_Z是确定的值。

2)稳定电流 I_Z　I_Z是指稳压管工作在稳压状态时流过的电流。手册中给出最小稳定电流 I_{Zmin}和最大稳定电流 I_{Zmax}。只有在这个范围内，才能起稳压作用。稳压管工作在稳压状态时，稳定电流通常取 5～10 mA 或$\frac{1}{2}(I_{Zmax}+I_{Zmin})$。

3)最大耗散功率 P_{ZM}　P_{ZM}是指稳压管工作时不致因过热而损坏的最大允许功率。手册中给出的 P_{ZM}值比 $U_Z I_{Zmax}$要小。

4)动态电阻 R_Z　R_Z是指稳压管工作在稳压状态时，电压变化量 ΔU_Z与相应的电流变化量 ΔI_Z之比，即 $R_Z=\frac{\Delta U_Z}{\Delta I_Z}$。

显然，稳压管的反向伏安特性曲线越陡，则动态电阻越小，稳压性能越好。

2. 发光二极管

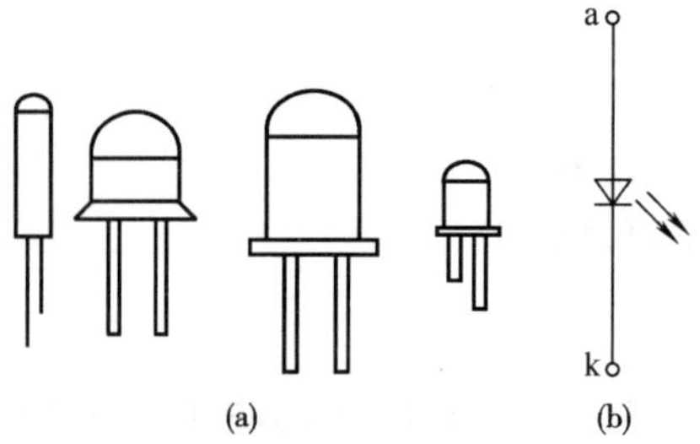

图 1.1.20　LED 的外形和符号

(a)外形；(b)符号

发光二极管(LED)的基本结构是一个 PN 结，它的特性曲线与普通二极管类似，但正向导通电压一般为 1～2 V，它除了具有普通二极管的正反向特性外，还具有普通二极管没有的发光能力。LED 是一种将电能转换成光能的特殊二极管(发光器件)，它的外形和电路符号如图 1.1.20 所示。由图可见，在 LED 的管头上一般加装透镜，这是由其功能所决定的。

LED 通常采用砷化镓、磷化镓等化合物半导体制成，它的发光颜色主要取决于所用的半导体材料，可以发出红、黄和绿色等可见光，也可以发出红外光。

LED 具有体积小、工作电压低(1.5～3 V)、工作电流小(10～30 mA)、发光均匀稳定且亮度比较高、响应速度快以及寿命长等优点，LED 主要用于显示器件。LED 除单个使用外，还可用多个 PN 结按分段式制成数码管或做成矩阵式显示器，如数字电路中用来显示 0－9 数字的七段数码管。LED 的另一个重要用途是将电信号转变为光信号，通过光缆传输，然后用光电二极管接收，再现电信号，应用于光纤通信和自动控制系统中。此外，LED 还可与光电管一起构成光电耦合器件(无触点开关)。总之，LED 的用途十分广泛。

目前，国内外还生产了一种闪烁发光二极管，闪烁频率低，只有几赫兹，很容易引起人们的警觉，可广泛用于光报警电路。

在使用 LED 时，应注意必须正向偏置。由于 LED 的允许工作电流小，使用时应串接限流电阻。

国外已开发出(国内已投产)一种高亮度发光二极管用于照明，发光效率是普通白炽灯的10倍以上，将是照明领域的一场革命。

3.光电二极管

光电二极管又叫光敏二极管，是一种将光信号转换为电信号的特殊二极管(受光器件)。

光电二极管的结构和电路符号如图1.1.21所示。与普通二极管一样，其基本构成也是一个PN结。它的管壳上开有一个嵌着玻璃的窗口，以便于光线射入。为增加受光面积，PN结的面积做得比较大。

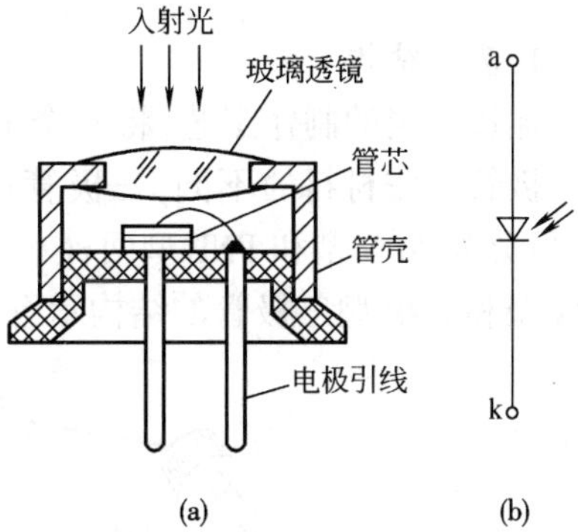

图1.1.21　光电二极管

(a)结构；(b)符号

光电二极管工作在反向偏置下。在无光照时，它与普通二极管一样，反向电流很小(一般小于0.1 μA)，该电流称为暗电流，此时光电二极管的反向电阻高达几十兆欧。当有光照时，产生电子-空穴对，统称为光生载流子。在反向电压作用下，光生载流子参与导电，形成比无光照时大得多的反向电流，该反向电流称为光电流，此时光电管的反向电阻下降至几千欧到几十千欧，光电流与光照强度成正比。如果外电路接上负载，便可获得随光照强弱而变化的电信号。

光电二极管一般作为光电检测器件，将光信号转变成电信号，这类器件应用非常广泛，例如应用于光的测量、光电自动控制、光纤通信的光接收机中等。大面积的光电二极管可制成光电池。

4.变容二极管

变容二极管是利用PN结电容可变原理制成的半导体器件，它工作在反向偏置状态，当外加的反向偏置电压大小变化时，其结电容随外加偏压的变化而变化，即反向电压增大时，结电容减小，反之，结电容增大。变容二极管在电路中常当作可变电容器使用，最大电容与最小电容之比为5:1。由于它无机械磨损且体积小，因而广泛应用于彩电调谐器中。不同型号的变容二极管，其容量变化的范围也不一样，一般为3~300 pF。

1.2　半导体三极管

半导体三极管也称晶体管，简称三极管，它是通过一定的工艺，将两个PN结结合在一起的器件。由于两个PN结之间的互相影响，使半导体三极管表现出不同于单个PN结的特性而具有电流放大功能。它的主体是PN结，这是三极管与二极管的共同特点。三极管具有放大作用，是放大电路的核心器件。

1.2.1 三极管的结构及电流放大作用

1.基本结构

通过一定的制作工艺,将两个 PN 结组合起来,并引出三个电极,经过封装就成为三极管。按材料的不同,三极管可分为硅管和锗管两类;按 PN 结的组合方式不同,可分为 NPN 型和 PNP 型两种。图 1.2.1 所示是几种三极管的外形。图 1.2.2 是 NPN 型和 PNP 型三极管的结构示意图和符号。

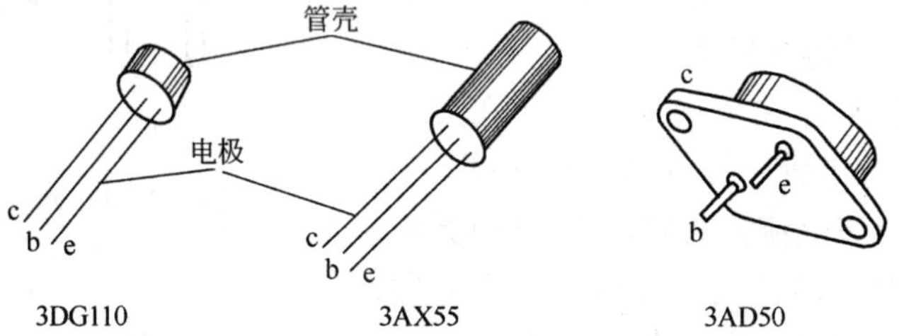

图 1.2.1 几种三极管的外形

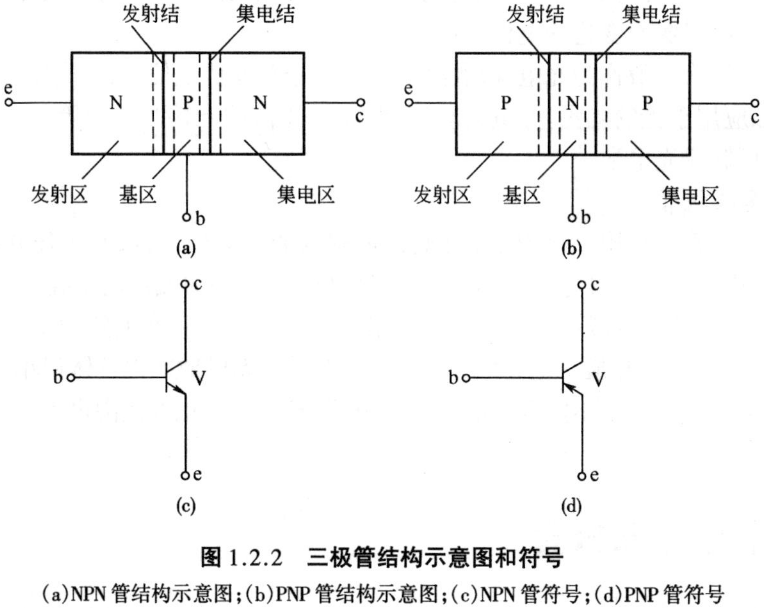

图 1.2.2 三极管结构示意图和符号

(a)NPN 管结构示意图;(b)PNP 管结构示意图;(c)NPN 管符号;(d)PNP 管符号

三极管中的三个区分别叫发射区、基区和集电区。从所对应的区引出的电极分别叫发射极(e)、基极(b)和集电极(c)。发射区和基区的 PN 结称为发射结,集电区和基区的 PN 结称为集电结。三极管符号中,画箭头的电极是发射极,箭头的方向表示发射结正向偏置时电流的方向。箭头向外表示 NPN 型管,箭头向里表示 PNP 型管。目前多数的 NPN 型管是硅管,多数的 PNP 型管是锗管。三极管在电路中主要起放大作用或开关作用。为了确保三极管正常工作，制造时必须满足以下工艺要求：发射区掺杂浓度很大；基区非常薄，其掺杂浓度比发射区的掺杂浓度小很多；集电区掺杂浓度小。

2.三极管的电流放大作用

为说明三极管的电流放大作用，先分析三极管中载流子的运动和分配规律。现以 NPN 型三极管为例进行讨论。电路如图 1.2.3 所示，这是共发射极连接的电路形式。电路中三极管的发射结正偏，集电结反偏。

(1)发射区向基区注入电子

由图 1.2.3 可知，当发射结加了正向偏置电压后，其内电场被削弱。发射区大量的电子(多子)向基区扩散，同时又不断地从电源补充电子，形成了发射区电流 I_{EN}，它基本上等于发射极电流 I_E。基区的空穴(多子)也向发射区扩散，因为发射区的掺杂浓度比基区的掺杂浓度要大得多，所以基区中空穴向发射区扩散所形成的电流非常小，可以忽略不计(在图 1.2.3 中没有画出)。发射极电流 I_E 主要是由发射区的电子向基区注入(扩散)而形成的。

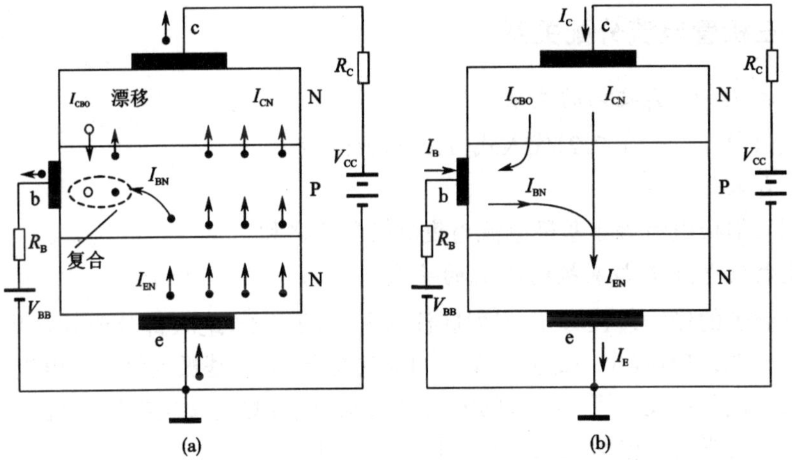

图 1.2.3　共发射极电路中三极管内部载流子运动规律示意图

(a)载流子运动方向；(b)电流方向

(2)电子在基区的扩散与复合

由发射区来的电子注入基区后，在靠近发射结处，电子浓度最大，在靠近集电结处，电子浓度较小。在基区中，电子的这一浓度差使它继续向集电结方向扩散。因为基区很薄，从发射区注入基区的电子很快就扩散到了集电结的边缘。电子在基区的扩散过程中一部分要与空穴相遇而复合，形成了基极复合电流 I_{BN}。为了补充基区因复合而消失的空穴，基极电源 V_{BB} 则不断从基区拉走电子，即不断供给基极空穴，形成了基极电流 I_B，它基本上等于复合电流 I_{BN}。由于基区做得很薄且掺杂浓度很小，所以形成的基极电流很小。由发射区注入基区的电子,绝大部分扩散到了集电结边缘。

(3)集电区收集扩散过来的电子

由于集电结反向偏置,外电场与内电场的方向相同,基区中扩散到集电结边缘的电子,几乎全部漂移过集电结,到达集电区,形成集电极电子电流 I_{CN},它基本上等于集电极电流 I_C。

此外,集电结反向偏置,促使基区中的少子(电子)和集电区中的少子(空穴)向对方漂移,形成极小的反向饱和电流 I_{CBO},它是构成 I_C 和 I_B 的一部分。I_{CBO} 是由热激发的少数载流子形成的,数值很小,但受温度影响很大,容易使三极管工作不稳定。所以在三极管制造过程中要尽量减小 I_{CBO}。

电流方向与电子运动方向相反,各电流方向如图 1.2.3(b)所示。其关系为

$$I_B = I_{BN} - I_{CBO} \approx I_{BN} \tag{1.2.1}$$

$$I_C = I_{CN} + I_{CBO} \approx I_{CN} \tag{1.2.2}$$

$$I_E \approx I_{BN} + I_{CN} \tag{1.2.3}$$

1.2.2 三极管电流分配关系

1. 电流 I_E、I_C、I_B 之间的关系

将式(1.2.1)、式(1.2.2)代入式(1.2.3)中得

$$I_E = I_B + I_C \tag{1.2.4}$$

说明发射极电流等于基极电流与集电极电流之和。

2. 集电极电流 I_C 与基极电流 I_B 的关系

由载流子的传输过程可知,发射区注入基区的电子,绝大部分要到达集电区,形成集电极电流,只有很小一部分与基区的空穴复合,形成基极电流。集电极电流与基极电流的比例关系反映了三极管的电流放大能力,因此定义集电极电流与基极电流之比为共发射极直流电流放大系数,用 $\bar{\beta}$ 表示,即

$$\bar{\beta} = \frac{I_C}{I_B} \tag{1.2.5}$$

式(1.2.5)表明,发射区每向基区注入一个复合用的载流子,就要供给集电区 $\bar{\beta}$ 个载流子,也就是说,三极管每产生一个单位的基极电流,必然会产生 $\bar{\beta}$ 倍的集电极电流,一般 $I_C >> I_B$。式(1.2.5)还表明了基极电流对集电极电流的控制能力,利用这一性质可以实现三极管的放大作用。

如果在发射结加入一个电信号,使发射结电压产生一个增量,相应的基极电流就会产生一个增量 ΔI_B。同时,集电极电流和发射极电流也会产生相应的增量 ΔI_C 和 ΔI_E。三者之间的关系仍遵循克希荷夫定律,即

$$I_E + \Delta I_E = (I_B + \Delta I_B) + (I_C + \Delta I_C) = (I_B + I_C) + (\Delta I_B + \Delta I_C)$$

所以

$$\Delta I_E = \Delta I_B + \Delta I_C \tag{1.2.6}$$

通常把集电极电流的变化量 ΔI_C 与基极电流的变化量 ΔI_B 之比称为共发射极交流放大系数，用 β 表示，即

$$\beta = \frac{\Delta I_C}{\Delta I_B} \tag{1.2.7}$$

1.2.3　三极管的特性曲线

三极管的伏安特性曲线反映了三极管各电极电压与电流之间的关系，它是三极管内部载流子运动的外部表现。从使用三极管来说，了解它的伏安特性曲线非常重要，从中可以了解到三极管的特性及主要参数。

三极管的三个电极中，任意一个都可用作公共端，另外两个电极可分别作信号的输入端和输出端。三极管的伏安特性曲线有两种，即输入伏安特性曲线和输出伏安特性曲线，简称输入特性和输出特性。下面以三极管发射极作公共端的电路(共发射极电路)为例，讨论 NPN 管的特性曲线，其测试电路如图 1.2.4 所示。

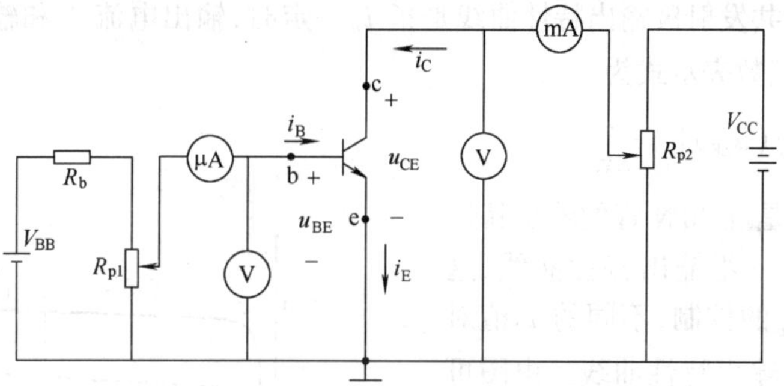

图 1.2.4　NPN 三极管的共发射极特性曲线测试电路

1. 输入特性

三极管的输入特性是指集电极和发射极之间电压 u_{CE} 为某一个常数时，输入回路的基极与发射极之间的电压 u_{BE} 与基极电流 i_B 的关系，其函数关系式为

$$i_B = f(u_{BE})\Big|_{u_{CE}=\text{常数}}$$

图 1.2.5 是 $u_{CE} = 0$ V 和 $u_{CE} \geqslant 1$ V 时的输入特性曲线。从图 1.2.5 可得以下几个结论。

(1)当 $u_{CE} = 0$ V 时，三极管的 c、e 两极短路，发射结和集电结均正向偏置，相当于正向接法的两个二极管并联，所以这时的三极管的输入特性曲线类似于二极管的正向伏安特性曲线。

(2)当 u_{CE} 增加时，特性曲线右移，这是由于集电结收集载流子能力增强，在相同

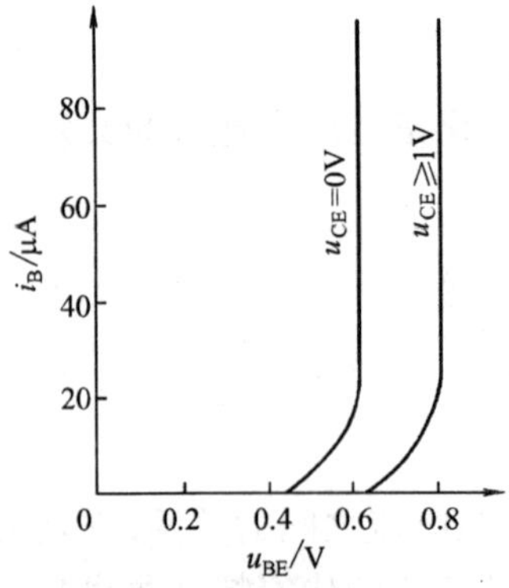

图 1.2.5　NPN 三极管共发射极输入特性曲线

u_{BE}下，i_B减小。

(3)当 $u_{CE}\geq 1$ V 时，集电结收集载流子能力已接近极限程度，以至 u_{CE}再增加，i_B也不再明显减小，输入特性曲线基本上不再右移，可以认为是重合的。所以，通常只画出 $u_{CE}\geq 1$ V 的一条输入特性曲线。

(4)输入特性也有一段“死区”，只有在发射结的外加电压大于导通电压之后，三极管才能有基极电流 i_B，在正常工作时，硅管的 u_{BE}约为 0.6～0.7 V，锗管约为 0.2～0.3 V(绝对值)。

(5)三极管的输入特性是非线性的，所以三极管是非线性器件。只有在输入特性曲线的陡峭上升部分近似于直线，在这一段可认为 i_B与 u_{BE}成正比关系，是输入特性曲线的线性区。

2. 输出特性

三极管的共发射极输出特性曲线是指 i_B一定时，输出电流 i_C和输出电压 u_{CE}的关系曲线，其函数表示式为

$$i_C = f(u_{CE})\Big|_{i_B=\text{常数}}$$

图 1.2.6 是硅 NPN 管的输出特性曲线。图中是一组输出特性曲线，这是因为 i_C受 i_B的控制，不同的 i_B值对应一条不同的输出特性曲线。由图可见，各条特性曲线的开头大体相同，每条曲线的起始段都是由原点线性陡斜上升，然后弯曲变平，即 u_{CE}较小时(约 1 V 以下)，i_C随 u_{CE}的增加明显增加；而 u_{CE}超过某一数值(约 1 V)后，再增加时，i_C却增加很少，几乎保持不变，表现出恒流性质。这是因为 u_{CE}较小时，集电结电场较弱，对到达基区的电子吸引力不够，这时，若 u_{CE}稍增加，则从基区拉向集电区的电子数量有较大增加，故 i_C随 u_{CE}的增加而明显增大；当 u_{CE}大于 1 V 以后，集电结的电场已足够强，能使发射区扩散到基区的电子的绝大部分都被拉向集电区，故 u_{CE}再增加，i_C就基本不增加了，特性曲线近似水平。实际上，在特性曲线的水平部分，仍随着 u_{CE}的增加而略向上倾

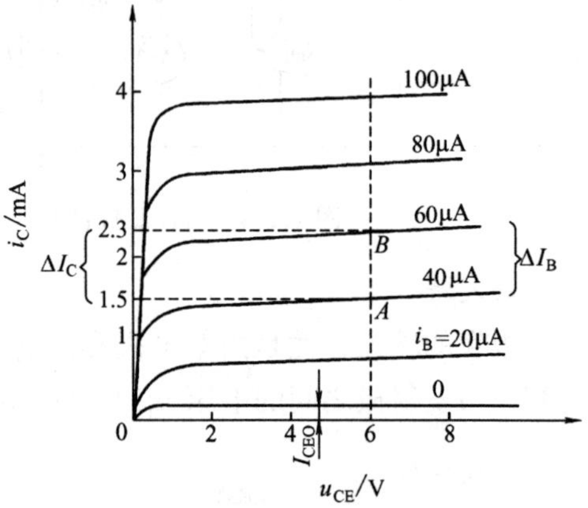

图 1.2.6　NPN 三极管共发射极输出特性曲线

斜，这是由于 u_{CE} 增加时，集电结空间电荷区变宽，基区变窄，使载流子在基区的复合机会减少，即电流放大系数 β 增大，故在 i_B 不变的情况下，i_C 随 u_{CE} 略有增加，特性曲线略向上倾斜，这种现象称为基区宽度调制效应。

3.PNP 型三极管的共发射极特性曲线

图 1.2.7 所示是 PNP 型三极管的共发射极特性曲线测试电路。通常三极管各电极电压的参考极性以公共电极为参考零电位，各极电流参考方向与三极管在放大状态时的实际电流方向一致。由于 PNP 管的 u_{BE} 和 u_{CE} 的实际极性与 PNP 管的实际极性相反，故将输入、输出的特性曲线横轴分别用 $-u_{BE}$、$-u_{CE}$ 表示后，可得到类似于 NPN 型三极管的输入、输出特性曲线。图 1.2.8(a)、(b)所示分别为锗 PNP 管的输入、输出特性曲线，与硅 NPN 管相比，其输入特性在较小的 $|u_{BE}|$ 值(一般为 0.2 V 左右)下，就可以达到较大的 i_B 值，其输出特性初始上升部分较陡。

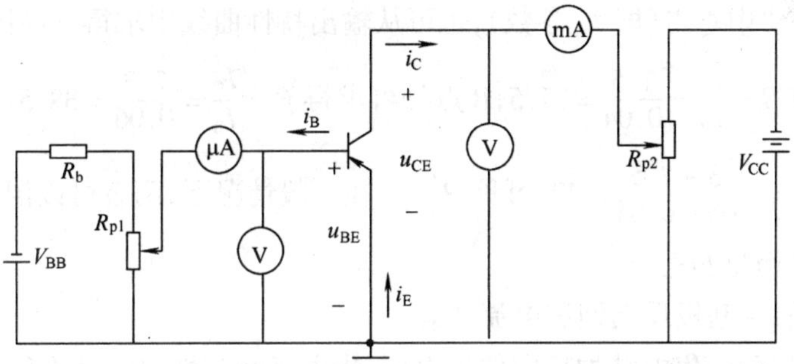

图 1.2.7　PNP 三极管的共发射极特性曲线测试电路

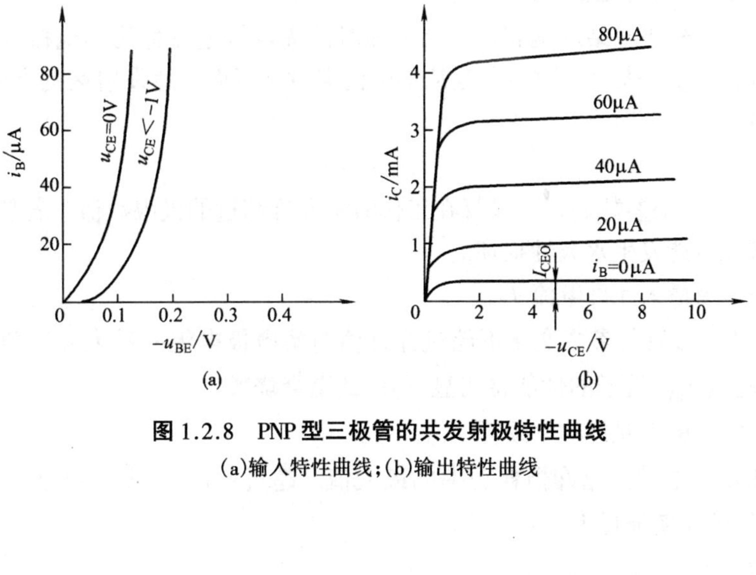

图 1.2.8　PNP 型三极管的共发射极特性曲线

(a)输入特性曲线；(b)输出特性曲线

1.2.4 三极管的主要参数

三极管的参数是用来表征其性能和适用范围的数据,是选择和使用三极管的依据。三极管的参数很多,下面介绍一些主要参数。

1.电流放大系数

(1)共射极直流电流放大系数 $\bar{\beta}$

$\bar{\beta}$ 是集电极电流与基极电流之比,即 $\bar{\beta}=\frac{I_C}{I_B}$。

(2)共射极交流电流放大系数 β

β 是当集 - 射极电压 u_{CE} 一定时,三极管集电极电流变化量 ΔI_C 与相应的基极电流变化量 ΔI_B 之比,即 $\beta=\left.\frac{\Delta I_C}{\Delta I_B}\right|_{u_{CE}=常数}$。

β 可从手册中查得(即 h_{fe} 参数),也可从输出特性曲线中求得。在图 1.2.6 中,由 A 点处可求得 $\bar{\beta}=\frac{I_C}{I_B}=\frac{1.5}{0.04}=37.5$,B 点处可求得 $\bar{\beta}=\frac{I_C}{I_B}=\frac{2.3}{0.06}=38.5$。由 A、B 两点求得 $\beta=\frac{\Delta I_C}{\Delta I_B}=\frac{2.3-1.5}{0.06-0.04}=40$,可见 $\bar{\beta}\approx\beta$,在一般情况下,两者可以混用。

2.极间反向饱和电流

(1)集电极 - 基极反向饱和电流 I_{CBO}

当发射极开路,集电结加反向偏置电压,集电极和基极间的电流称为集电极 - 基极反向饱和电流,用 I_{CBO} 表示。

(2)集电极 - 发射极反向饱和电流 I_{CEO}

当基极开路,集电结反偏和发射结正偏时的集电极电流称为集电极 - 发射极反向饱和电流,用 I_{CEO} 表示。因为它是从集电区穿过基区而到达发射区的电流,所以又叫穿透电流。

3.极限参数

三极管的极限参数是指三极管在工作时不允许超过的极限数值。若超过这个数值,三极管就可能发生永久性损坏。

(1)集电极最大允许电流 I_{CM}

I_{CM} 是指三极管的参数变化不超过允许值时集电极电流的最大允许值。如果集电极电流超过 I_{CM},管子的性能将明显下降,甚至会烧毁。

(2)集电极最大允许功率损耗 P_{CM}

P_{CM} 表示集电结上允许损耗功率的最大值。超过此值,管子的性能会下降或烧毁。集电结的功率损耗为

$$P_{CM}=i_C u_{CE}$$

由此可在三极管输出特性曲线上画出允许功率损耗曲线,如图 1.2.9 所示。

集电结最大允许功率损耗 P_{CM} 的大小与环境温度有密切关系。温度越高,则 P_{CM} 值越小。对于大功率管,为提高 P_{CM} 值,常在管子上加散热器或散热片。

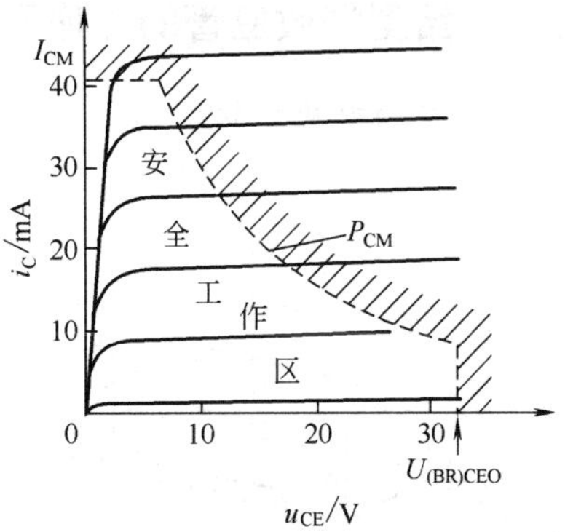

图 1.2.9　三极管的安全工作区

4. 三极管的反向击穿电压

三极管的两个 PN 结所加的反向电压超过规定值时就会出现击穿现象,其被击穿的原理与二极管被反向击穿的原理相似。但是三极管的击穿电压不仅与本身的特性有关,还取决于外部电路的连接方法。常见的有下列几种。

(1) $U_{(BR)CBO}$

$U_{(BR)CBO}$ 是指发射极开路时,集电极与基极之间的反向击穿电压,也就是集电结的反向击穿电压。

(2) $U_{(BR)CEO}$

$U_{(BR)CEO}$ 是指基极开路时,集电极与发射极之间的反向击穿电压。

(3) $U_{(BR)EBO}$

$U_{(BR)EBO}$ 是指集电极开路时,发射极与基极之间的反向击穿电压,也就是发射结的反向击穿电压。三极管工作在放大状态时,其发射结是正偏的,然而在某些场合,如工作在大信号输入状态或工作在开关状态,发射结就可能承受较大的反向电压,所以也要考虑 $U_{(BR)EBO}$ 的大小。

5. 温度对三极管参数的影响

温度对三极管参数的影响是很大的,I_{CBO} 和 I_{CEO} 随温度的升高按指数规律增大。电流放大系数 β 也随温度的升高而增大。发射结正向导通电压 u_{BE} 随温度的升高而减小,当 i_B 不变时,温度每升高 1 ℃,u_{BE} 将减小 2.4 mV。

1.3　结型场效应管

场效应管是 20 世纪 60 年代发展起来的不同于三极管的新型器件,它是利用改变半导体中电场的强度来实现对其导电能力进行控制的半导体器件。它不仅具有体积小、重量轻、耗电低、寿命长等特点,而且还具有输入电阻高、热稳定性好、制造工艺简单、便于集成化生产等优点,因而得到了广泛的应用。场效应管按结构的不同,可分为结型和绝缘栅型两大类。

1.3.1　结型场效应管的工作原理

1.结型场效应管的结构

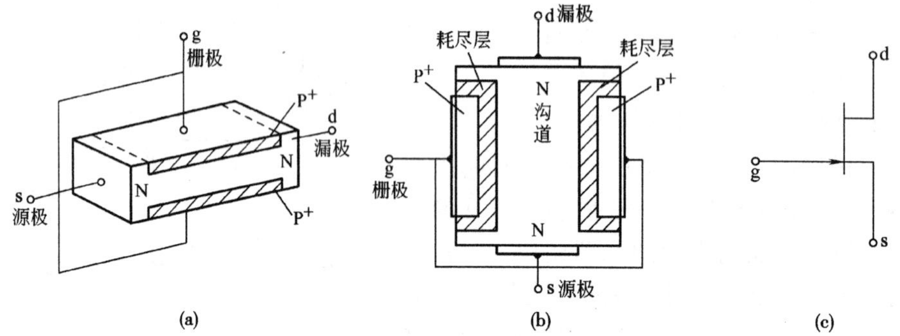

图 1.3.1　N 沟道结型场效应管

(a)、(b)N 沟道结型场效应管的结构示意图;(c)N 沟道结型场效应管符号

图 1.3.1(a)、(b)所示是 N 沟道结型场效应管的结构示意图。它是在一块 N 型半导体的两边扩散高浓度的 P 区(用 P^+ 表示),形成了 PN 结,也就出现了两个耗尽层。在两个 P^+ 区引出导线并连在一起构成的电极称为栅极,用 g 表示,相当于三极管的基极 b。在 N 型半导体块的两端各引出一个电极,其中一个称为漏极,用 d 表示,相当于三极管的集电极 c;另一个称为源极,用 s 表示,相当于三极管的发射极 e。两个 PN 结中间的 N 型半导体是传导电流的路径,称导电沟道。这种结构的场效应管称为 N 沟道结型场效应管。图 1.3.1(c)所示是它的图形符号,其中箭头的方向表示 PN 结正偏时电流的方向,即从 P 区指向 N 区。所以从图形符号上的箭头方向就可识别漏极 d 和源极 s 之间是 N 型沟道。

同理,用一块 P 型半导体可制成 P 沟道结型场效应管,如图 1.3.2 所示。

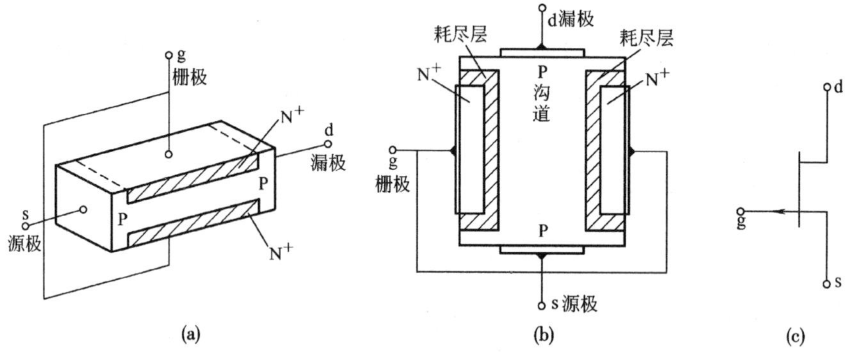

图 1.3.2　P 沟道结型场效应管

(a)、(b)P 沟道结型场效应管的结构示意图;(c)P 沟道结型场效应管符号

2. 工作原理

N 沟道和 P 沟道结型场效应管的工作原理相同，下面以 N 沟道场效应管为例进行分析。

N 沟道场效应管工作于放大状态时，在漏极 d 和源极 s 之间需加正向电压，即 $u_{DS}>0$，这时 N 沟道中的多数载流子(电子)在电场作用下，就会由源极向漏极漂移，形成漏极电流 i_D。为了控制漏极电流，在栅极 g 与源极 s 之间需加反向电压，即 $u_{GS}<0$，当 u_{GS}变化时，漏极电流 i_D就会随之变化。由于 $u_{GS}<0$，使栅极与沟道间的两个 PN 结均反向偏置，栅极电流 $i_G\approx 0$，场效应管呈现高达 $10^7\Omega$ 以上的输入电阻。

分析场效应管的工作原理，主要是分析输入电压(u_{GS})对输出电流(i_D)的控制作用。而漏极电流 i_D的大小，主要取决于导电沟道的电阻。在一定的 u_{DS}下，沟道电阻越大，漏极电流就越小。下面讨论 u_{GS}、u_{DS}对输出电流的影响。

(1) u_{GS}对导电沟道的影响

假设 $u_{DS}=0$，不考虑它对沟道的影响。

当 $u_{GS}=0$ 时，两个 PN 结的耗尽层(即耗尽区)均很薄，导电沟道很宽，沟道电阻小，如图 1.3.3(a)所示。

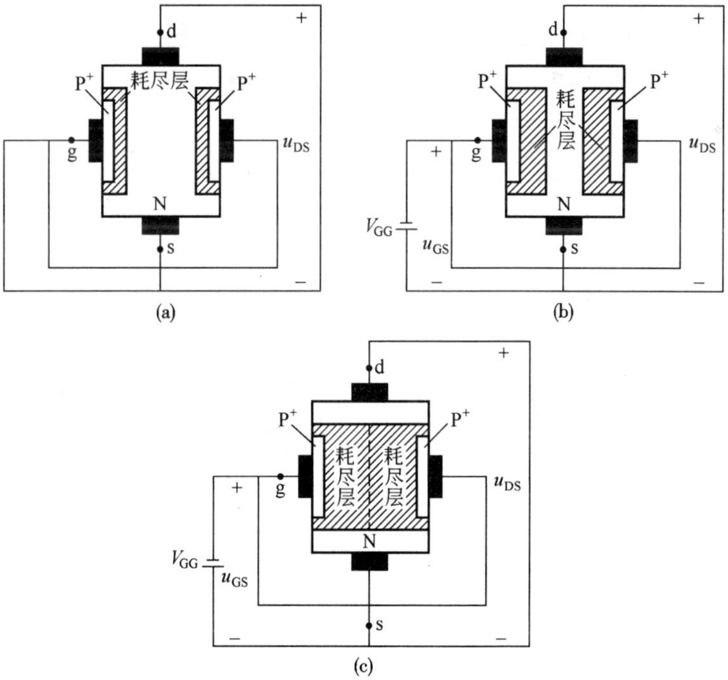

图 1.3.3　$u_{DS}=0$ 时，改变 u_{GS} 对导电沟道的影响

(a) $u_{GS}=0$; (b) $U_{GS(off)}<u_{GS}<0$; (c) $u_{GS}\leqslant U_{GS(off)}$

当 u_{GS} 由零向负值变化时，两个 PN 结的耗尽层将加宽，导电沟道变窄，沟道电阻增大，如图 1.3.3(b)所示。

当 u_{GS} 继续向负值变化到某值时，两侧耗尽层将在中间合拢，导电沟道消失，这种情况称为“夹断”，如图 1.3.3(c)所示。导电沟道刚发生夹断时的栅源电压称为夹断电压，记作 $U_{GS(off)}$，N 沟道场效应管的 $U_{GS(off)}$ 的典型值为 $-1\sim-10$ V。发生夹断后的电阻趋于无穷大，即使加上 u_{DS}，也是 $i_D=0$。

上述分析表明，场效应管是利用 PN 结上外加电压 u_{GS} 的变化，引起电场强弱变化，改变耗尽层的宽窄，从而改变导电沟道的电阻，以达到控制漏极电流 i_D 的目的，这就是结型场效应管名称的由来。

(2) u_{DS} 对导电沟道的影响

①当 $u_{DS}=0$ 时，导电沟道很宽，但 $i_D=0$，如图 1.3.4(a)所示。

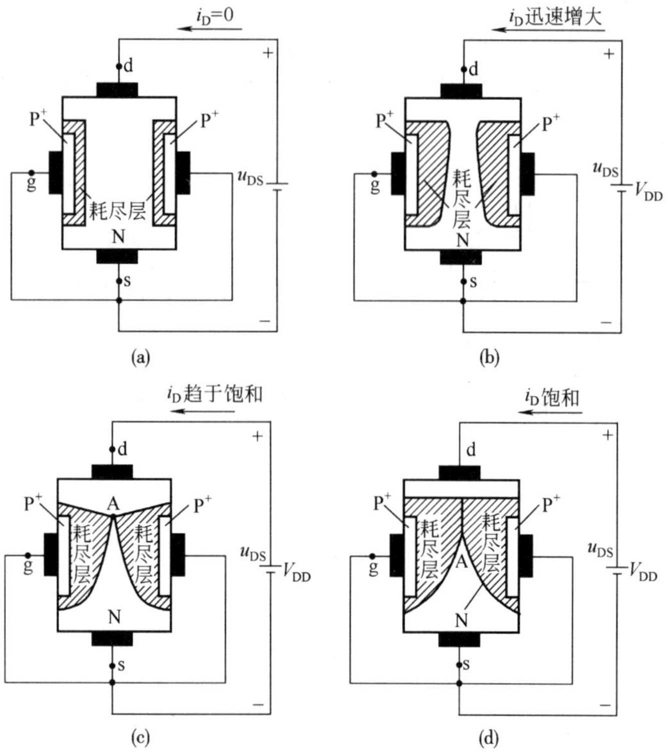

图 1.3.4　$u_{GS}=0$ 时，改变 u_{DS} 对导电沟道的影响

(a) $u_{DS}=0$; (b) $u_{DS}<|U_{GS(off)}|$; (c) $u_{DS}=|U_{GS(off)}|$; (d) $u_{DS}>|U_{GS(off)}|$

当 $0<u_{DS}<|U_{GS(off)}|$ 时，有电流 i_D 沿导电沟道从漏极流至源极。由于沟道电阻的存在，将产生自漏极至源极方向的电压降，使栅极与沟道中各点的电压不再相等，也就是说，加在 PN 结上的反向电压沿沟道方向不再相等，在漏极端处为最大，而

在源极端处为最小，这就使得耗尽层从漏极端至源极端逐渐变窄，导电沟道则是从漏极端至源极端逐渐变宽，呈楔形分布，如图 1.3.4(b)所示。不过，当 u_{DS}从零值增大但数值很小时，导电沟道不等宽的情况变化不明显，沟道电阻基本为定值，因而 i_D随 u_{DS}几乎成正比增大；随着 u_{DS}的增大，i_D增大，沟道不等宽的情况变化明显，沟道在漏极附近越来越窄，沟道电阻越来越大，i_D增大渐趋缓慢。

若 u_{DS}继续增大，则两个 PN 结的耗尽层不断加宽，当 u_{DS}增大到 $|U_{GS(off)}|$ 值时，两耗尽层在漏极附近的 A 点相遇，如图 1.3.4(c)所示。这种情况称为预夹断，这时的 i_D称为饱和漏极电流 I_{DSS}，它是 $u_{GS}=0$ 时对应于沟道预夹断时的漏极电流。

导电沟道在 A 点预夹断后，若仍继续增大 u_{DS}，夹断区将向源极方向延伸，如图 1.3.4(d)所示。由于夹断区(耗尽层)的电阻比导电沟道的电阻大得多，所以 u_{DS}大于 $|U_{GS(off)}|$ 的那部分几乎全部降落在夹断区，使夹断区内有很强的电场，电子在沟道内的电场作用下从源极向漏极方向漂移，当一旦临近夹断点时，就会被夹断区内的强电场拉过夹断区(耗尽层)到达漏极，所以在预夹断后的 i_D并不等于零。因为预夹断后，在沟道非夹断区两端的电压基本上是 $U_{GS(off)}$，故 i_D基本上不随 u_{DS}的增大而增大，漏极电流呈现饱和。

若 u_{DS}再继续增大，过强的电场会使栅、漏极间 PN 结发生击穿，致使 i_D急剧上升。发生击穿后的场效应管不能正常工作，甚至很快被烧毁，因此 u_{DS}有一个最高限值，以免管子发生击穿，该值称为漏源击穿电压，记作 $U_{(BR)DS}$。

②当 u_{GS}由零变为负值时，栅源电压 u_{GS}为负值时，其绝对值越大，耗尽层则越宽，沟道电阻将越大，在同样 u_{DS}的作用下 i_D将减小。

1.3.2　结型场效应管特性曲线

结型场效应管各电极的电压与电流之间的关系称为伏安特性。下面仍以 N 沟道场效应管为例来讨论。

由于结型场效应管的 PN 结始终工作在反向偏置状态，作为输入端的栅极几乎没有电流，所以讨论它的输入特性(输入电流与输入电压的关系)没有什么意义，只讨论它的转移特性和输出特性。

1. 转移特性

转移特性曲线是指场效应管漏源电压 u_{DS}一定时，输出电流 i_D与输入电压 u_{GS}的关系曲线，即

$$i_D = f(u_{GS})\Big|_{u_{DS}=常数}$$

它反映了栅、源极间电压对漏极电流的控制作用，也可以用伏安特性来描述。但当场效应管工作在恒流区时，在不同的 u_{DS}下，转移特性曲线基本相同。因此，可用一条转移特性曲线来表示恒流区中的 i_D与 u_{GS}的关系。图 1.3.5 所示为转移特性曲

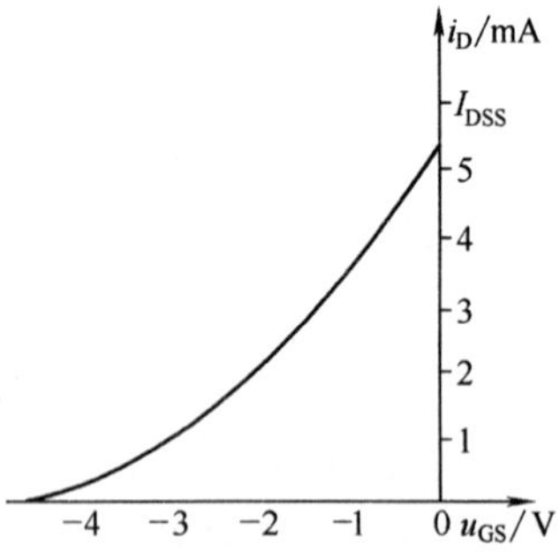

图 1.3.5　结型场效应管的转移特性曲线

线示意图。

当 $u_{GS}=0$ 时，导电沟道的截面积最大，沟道电阻最小，所以漏极电流最大，其值为饱和漏极电流 I_{DSS}。

随着 u_{GS}的负向增大，i_D随之减小，它们呈非线性关系。当 $u_{GS}=U_{GS(off)}$ 时，漏极与源极之间完全被阻断，i_D为零。

实验表明，在 $U_{GS(off)}\leqslant u_{GS}\leqslant 0$ 范围内，转移特性曲线可近似用下式表示

$$i_D = I_{DSS}\left(1-\frac{u_{GS}}{U_{GS(off)}}\right)^2 \tag{1.3.1}$$

2. 输出特性

结型场效应管的输出特性是指在栅源电压 u_{GS}一定的情况下，漏极电流 i_D与漏源电压 u_{DS}之间的关系曲线，即

$$i_D = f(u_{DS})\Big|_{u_{GS}=\text{常数}}$$

图 1.3.6 所示为结型场效应管的输出特性曲线，根据曲线的各部分特征，可将其分为四个区域。

(1)可变电阻区

图 1.3.6 中虚线左边的阴影区称为可变电阻区，它是 u_{DS}较小、场效应管尚未预夹断时的工作区域。虚线为不同 u_{GS}时预夹断点的轨迹。该工作区的特点是：i_D几乎与 u_{DS}呈线性关系，改变 u_{GS}，特性曲线斜率变化，漏极与源极之间可以看成一个由 u_{GS}控制的线性可变电阻，即压控电阻。u_{GS}为负值时，其绝对值越大，特性曲线斜率越小，等效电阻越大。

(2)恒流区

图 1.3.6 中特性曲线近似水平的部分称为恒流区(也称饱和区)，它是场效应管预夹断后所对应的工作区域。由前述可知，该工作区的特点是：i_D基本上不随 u_{DS}变化，仅取决于 u_{GS}，故特性曲线是一组近乎平行于 u_{DS}轴的水平线。该区域是场效应管的线性放大区，场效应管用作放大作用时一般就工作在这个区域。

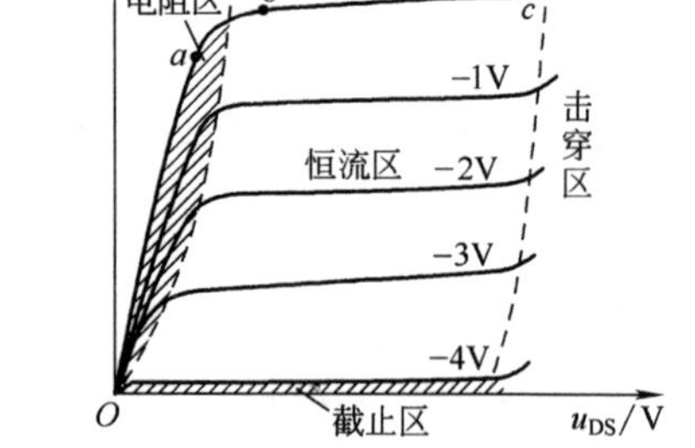

图 1.3.6　结型场效应管的输出特性曲线

(3)击穿区

图 1.3.6 中输出特性曲线上翘部分称为

击穿区，结型场效应管不允许工作在这个区域。

(4)截止区

图 1.3.6 中输出特性曲线靠近横轴的部分称为截止区(也称夹断区)，它发生在 $u_{GS} \leqslant U_{GS(off)}$ 时，结型场效应管的导电沟完全被夹断，$i_D = 0$。

1.3.3　结型场效应管的主要参数

1. 夹断电压 $U_{GS(off)}$

通常取漏源电压 u_{DS} 为某固定值(如 10 V)，使漏极电流 i_D 等于一个微小的电流(如 1 μA 或 10 μA)时，栅源之间所加的反向电压值，称为夹断电压 $U_{GS(off)}$。

2. 饱和漏极电流 I_{DSS}

当 $u_{GS} = 0$ 且 $u_{DS} > |U_{GS(off)}|$ 时，漏极电流称为饱和漏极电流，通常将 $u_{GS} = 0$、$u_{DS} = 10$ V 时测得的漏极电流定为 I_{DSS}。

3. 低频互导(跨导)g_m

当 u_{DS} 为常数时，漏极电流的微变量与引起这个变化的栅、源极电压的微变量之比称为互导，即

$$g_m = \left.\frac{\Delta i_D}{\Delta u_{GS}}\right|_{u_{DS} = \text{常数}}$$

互导反映了 u_{GS} 对 i_D 的控制能力，是表征场效应管放大能力的一个重要参数，单位是 mS(毫西门子)。g_m 越大，说明 u_{GS} 对 i_D 的控制能力越强。互导也可用下式估算

$$g_m = \frac{2I_{DSS}\left(1 - \dfrac{u_{GS}}{U_{GS(off)}}\right)}{U_{GS(off)}} \qquad (\text{当 } U_{GS(off)} \leqslant u_{GS} \leqslant 0 \text{ 时})$$

必须指出，g_m 随场效应管的工作点不同而变化。

4. 直流输入电阻 R_{GS}

在漏、源极之间短路的条件下，栅、源极之间加一定电压时的栅、源极间的直流电阻，称为场效应管的直流输入电阻 R_{GS}。这个阻值很大，一般 $R_{GS} > 10^7$ Ω。

5. 输出电阻 R_0

在 u_{GS} 一定的条件下，漏、源极电压的微变量引起漏极电流产生了微变量，它们的比值称为场效应管的输出电阻，即

$$R_0 = \left.\frac{\Delta u_{DS}}{\Delta i_D}\right|_{u_{GS} = \text{常数}}$$

在线性放大区，i_D 随 u_{DS} 变化很小，所以 R_0 值很大，一般在几十至几百千欧之间。

6. 漏源击穿电压 $U_{(BR)DS}$

$U_{(BR)DS}$ 是指 PN 结发生击穿，漏极电流 i_D 开始迅猛上升时的漏、源极电压值。

7. 栅源击穿电压 $U_{(BR)GS}$

$U_{(BR)GS}$是指 PN 结的反向电流开始迅猛增加(管子击穿)时的栅、源极电压值。

8. 最大耗散功率 P_{DM}

场效应管的耗散功率等于漏、源极电压与漏极电流之积,即 $P_{DM}=u_{DS}i_D$。功率损耗将转变成热量使管温度升高。为防止温度过高致使场效应管损坏,要对耗散功率进行限制,规定耗散功率不允许超过的值称为最大耗散功率 P_{DM}。

1.4 绝缘栅型场效应管

绝缘栅型场效应管是由金属、氧化物和半导体制成,故又称为金属 - 氧化物 - 半导体场效应管,简称 MOS 管。它有 N 沟道和 P 沟道两类,其中每类又分为增强型和耗尽型两种。

绝缘栅型场效应管的输入电阻比结型场效应管更大,高达 $10^9\ \Omega$ 以上。另外,它还具有不受温度影响、便于高密度集成等优点,更适于制造大规模和超大规模集成电路,在数字集成电路中应用极为广泛。

下面重点讨论 N 沟道增强型 MOS 管(简称增强型 NMOS 管)的工作原理,然后简单介绍 N 沟道耗尽型 MOS 管的特点。

1.4.1 N 沟道增强型 MOS 管

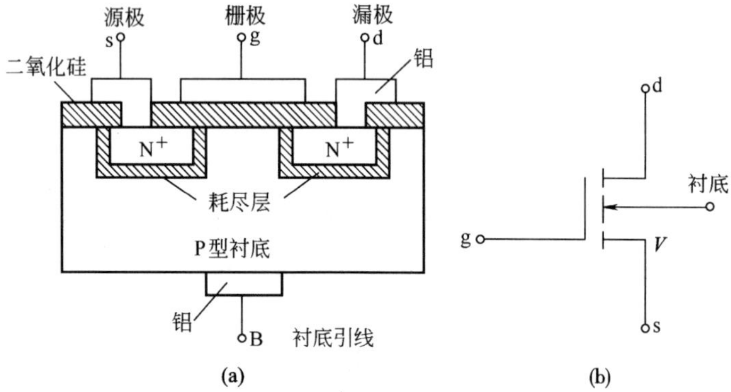

图 1.4.1 N 沟道增强型 MOS 管

(a)结构示意图;(b)符号

1. N 沟道增强型 MOS 管的结构

图 1.4.1(a)是 N 沟道增强型 MOS 管的结构示意图,它由一块掺杂浓度较低的 P 型硅片作为衬底,利用扩散工艺在 P 型硅中形成两个高掺杂的 N^+ 区,并用金属铝引出两个电极,作为源极 s 和漏极 d。在硅表面覆盖一层很薄的二氧化硅(SiO_2)绝缘

层，在漏、源极之间的绝缘层上再制造一层金属铝作为栅极 g，另外在衬底引出衬底引线 B（它通常在管内与源极 s 相连接）。因为栅极与源极、漏极均无电接触（是绝缘的），故称绝缘栅极。

图 1.4.1(b)是 N 沟道增强型 MOS 管的电路符号，漏极与源极间的三段短线表示没有原始的导电沟道。垂直于沟道的箭头表示导电沟道的类型，箭头由 P 区指向 N 区，所以 N 沟道的箭头向里。

2. 工作原理

图 1.4.2 是 N 沟道增强型 MOS 管的工作原理图。N 沟道增强型 MOS 管的栅、源极电压 u_{GS} 和漏、源极电压 u_{DS} 均为正向电压。

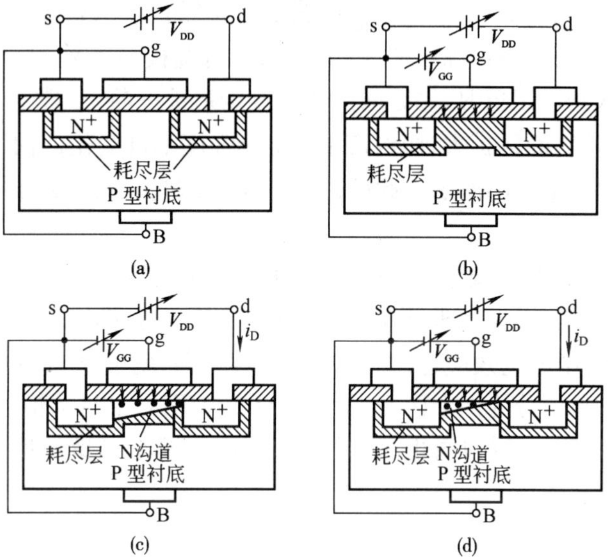

图 1.4.2　N 沟道增强型 MOS 管导电沟道的形成

(a) $u_{GS}=0$ 时没有导电沟道；(b) u_{GS} 较小时没有导电沟道；

(c) $u_{GS}>U_{GS(th)}$ 时产生导电沟道；(d) u_{DS} 较大时出现夹断，i_D 趋于饱和

①当 $u_{GS}=0$ 时，漏、源极间无原始导电沟道，其等效电路为两个背靠背的 PN 结串联，即使加上 u_{DS}，无论电压的极性如何，总有一个 PN 结处于反偏状态，故漏极电流 $i_D=0$，如图 1.4.2(a)所示。

②当 $u_{GS}>0$ 时（且 u_{GS} 较小），在 u_{GS} 的作用下，栅极（铝片）和 P 型硅片（衬底）就构成了一个相当于以二氧化硅绝缘层为介质的平行板电容器，其电场方向由栅极指向 P 型衬底，由于二氧化硅绝缘层很薄，加上几伏的栅、源极电压 u_{GS} 便可产生高达 $10^5\sim10^6$ V/cm 数量级的强电场，这个电场排斥栅极附近的 P 型衬底中的空穴（多子），留下不能移动的负离子，形成耗尽层，同时 P 型衬底中的电子（少子）被吸引到衬底表面。由于 u_{GS} 较小，吸引电子的电场不强，故在漏、源极之间尚无导电沟道出现。

即使 $u_{DS}>0$,电流 i_D仍然为零,如图 1.4.2(b)所示。

③若 u_{GS}继续增大,当增大到某一个数值 $U_{GS(th)}$时,吸引到衬底表面的电子增多,在栅极附近的 P 型衬底表面形成一个 N 型薄层,由于它的导电类型与 P 型衬底相反,故称“反型层”。“反型层”将两个 N^+ 区连通,于是在漏、源极之间形成了 N 型导电沟道。这时若 $u_{DS}>0$,就会产生漏极电流 i_D,如图 1.4.2(c)所示。$U_{GS(th)}$是刚刚开始形成导电沟道的栅、源极电压,称为开启电压。显然,u_{GS}越大,吸引到 P 型硅表面的电子就越多,反型层就越厚,即导电沟道越宽,沟道电阻越小,在同样的 u_{DS}下,i_D就越大,这就是 N 沟道增强型 MOS 管中 u_{GS}控制 i_D的原理。显然 $u_{GS}=0$ 时没有导电沟道,$u_{GS}\geqslant U_{GS(th)}$后才有导电沟道,且 u_{GS}越大,i_D越大,这正是“增强型”的含义。

④当 $u_{GS}>U_{GS(th)}$时,在 u_{DS}较小的情况下,i_D将随 u_{DS}线性增长。由于 u_{DS}的作用,使 N 沟道呈楔形,即靠近源极端 N 沟道宽,靠近漏极端 N 沟道窄,如图 1.4.2(c)所示。当 u_{DS}增大到一定值时,靠近漏极处的 N 沟道被夹断,出现了一个夹断区。若再增大 u_{DS},只能使夹断区扩大,而沟道中的电场强度不再变化,i_D不再增大,即 i_D达到饱和状态,如图 1.4.2(d)所示。此后,u_{DS}若增加得过大,就会发生击穿。

3.伏安特性

绝缘栅型场效应管与结型场效应管一样,也存在转移特性和输出特性,如图 1.4.3 所示。所不同的是,u_{GS}取正值,转移特性在第一象限内,开启电压 $U_{GS(th)}$是正值。其输出特性与结型场效应管的输出特性曲线相似,增强型 MOS 管的输出特性曲线如图 1.4.3(a)所示,分为四个区域:Ⅰ区为可变电阻区,Ⅱ区为恒流区(放大区),Ⅲ区为击穿区,$u_{GS}<U_{GS(th)}$时为截止区(图中未画出)。每个区域的特点与结型场效应管类似。

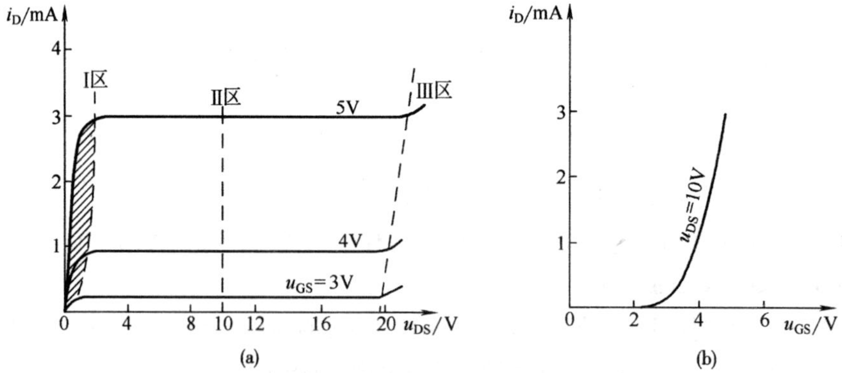

(a)　　　　(b)

图 1.4.3　N 沟道增强型 MOS 管的特性曲线

(a)输出特性;(b)转移特性

图 1.4.3(b)所示为增强型 NMOS 管的转移特性曲线。在恒流区内,增强型 NMOS 管的 i_D可表示为

$$i_D = I_{DO}\left(\frac{u_{GS}}{U_{GS(th)}} - 1\right)^2 \qquad (u_{GS} > U_{GS(th)}) \tag{1.4.1}$$

式中 I_{DO}是 $u_{GS} = 2U_{GS(th)}$时的 i_D值；$U_{GS(th)}$为开启电压。

4.参数

绝缘栅型场效应管的参数与结型场效应管的参数基本相同。对增强型场效应管来说，要产生导电沟道必须在栅、源极间加开启电压 $U_{GS(th)}$。对于增强型 NMOS 管，开启电压为正值；对于增强型 PMOS 管，开启电压为负值。

1.4.2 N 沟道耗尽型 MOS 管

图 1.4.4 是 N 沟道耗尽型场效应管（又称 N 沟道耗尽型 MOS 管或耗尽型 NMOS 管）的结构示意图和电路符号。它的结构和增强型基本相同，主要区别是：耗尽型场效应管在制造时，已在二氧化硅绝缘层中掺入了大量的正离子，所以当 $u_{GS} = 0$ 时，在这些正离子产生的电场作用下，漏、源极间的 P 型衬底表面已经出现了反型层（即 N 型导电沟道），只要加上正向电压 u_{DS}，就有 i_D产生。当 $u_{DS} > 0$ 时，加强了绝缘层中的电场，将吸引更多的电子至衬底表面，使沟道加宽，i_D增大；当 $u_{DS} < 0$ 时，使沟道变窄，i_D减小；当 u_{DS}负向增加到某一数值时，导电沟道消失，$i_D \approx 0$，管子截止，这和结型场效应管的夹断情况相似，所对应的 u_{DS}称为夹断电压 $U_{GS(off)}$。由上可知，这类管子在 $u_{DS} = 0$ 时，导电沟道便已形成；当 u_{DS}由零减小到 $U_{GS(off)}$时，沟道逐渐变窄而夹断，故称为“耗尽型”。增强型与耗尽型场效应管的主要区别就在于 $u_{DS} = 0$ 时是否有导电沟道。根据这一特点，对于一个没有型号的 MOS 管很容易通过实验判断它是属于哪种类型。显然，结型场效应管也属于“耗尽型”。但是，N 沟道结型场效应管不允许在 $u_{DS} > 0$ 的情况下工作，耗尽型 NMOS 管在 $u_{DS} < 0$、$u_{DS} = 0$ 和 $u_{DS} > 0$ 的情况下都可以工作，这是它的一个重要特点。

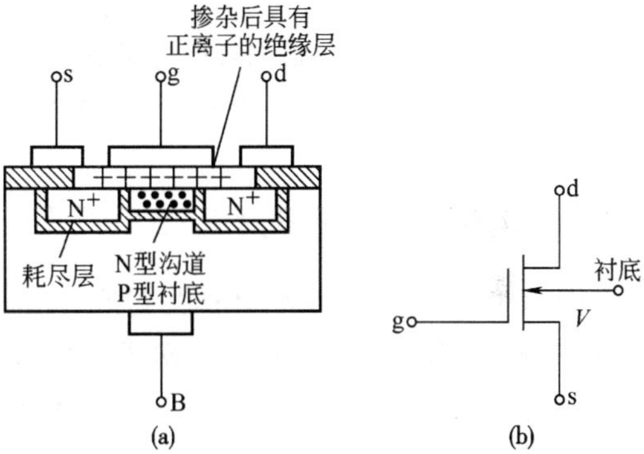

图 1.4.4　N 沟道耗尽型 MOS 管

(a)结构示意图；(b)符号

图 1.4.5 所示为耗尽型 NMOS 管的输出特性曲线和转移特性曲线。在恒流区内的电流 i_D近似表达式同式(1.3.1)，该式中的 I_{DSS}是 $u_{GS} = 0$ 时的漏极电流。

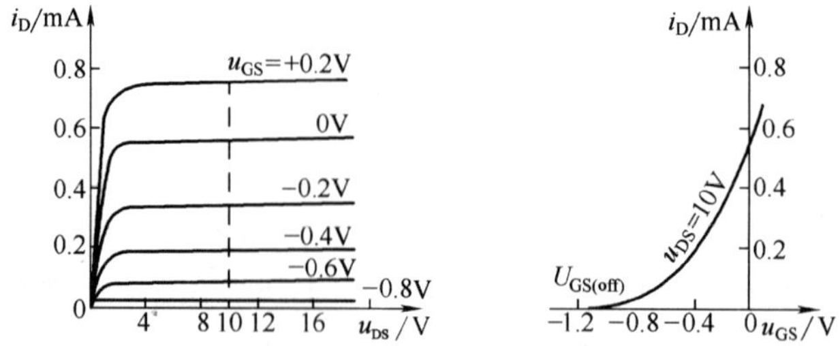

(a) (b)

图 1.4.5 耗尽型 NMOS 管的特性曲线

(a)输出特性曲线;(b)转移特性曲线

1.4.3 P 沟道 MOS 管简介

P 沟道 MOS 管是以 N 型硅作为衬底,而漏极和源极从 P^+ 区引出,形成的反型层为 P 型,相应的沟道为 P 型沟道。对于耗尽型 PMOS 管,在二氧化硅绝缘层中掺入的是负离子。可见,P 沟道 MOS 管和 N 沟道 MOS 管的主要区别为用于衬底的半导体材料类型不同。

使用 P 沟道 MOS 管时,u_{GS}和 u_{DS}的极性与 NMOS 管相反。增强型 PMOS 管的开启电压 $U_{DS(th)}$是负值,而耗尽型 PMOS 管的夹断电压 $U_{DS(off)}$是正值。

为了便于学习,现将各种场效应管的图形符号及特性曲线列于表 1.1 中。

表 1.1 各种场效应管的符号和特性曲线

类 型	符号和极性	转移特性	输出特性
N 沟道 结型场效应管	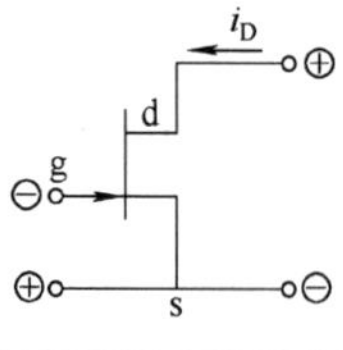	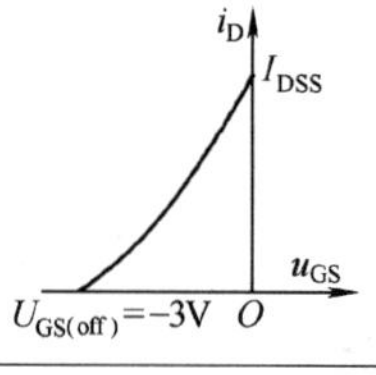	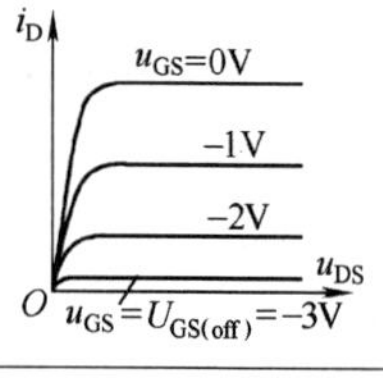
P 沟道 结型场效应管	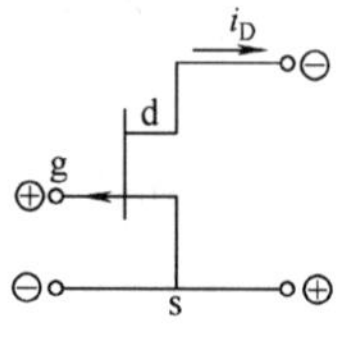	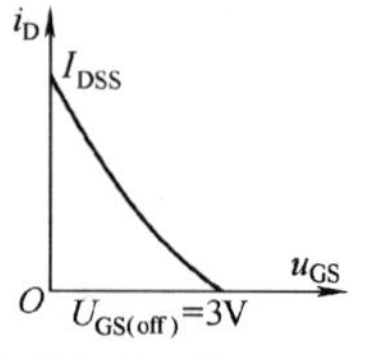	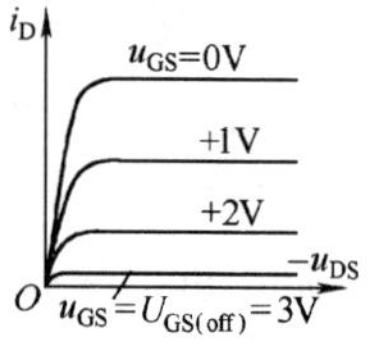

续表

类　型	符号和极性	转移特性	输出特性
N 沟道增强型 绝缘栅场效应管 （增强型 NMOS 管）	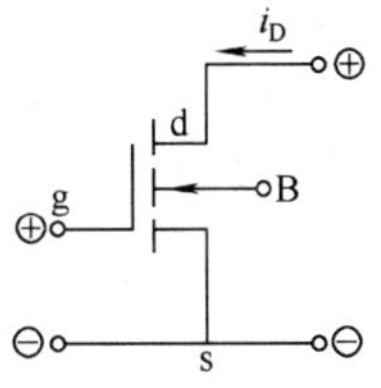	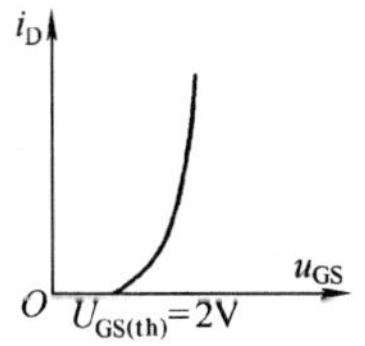	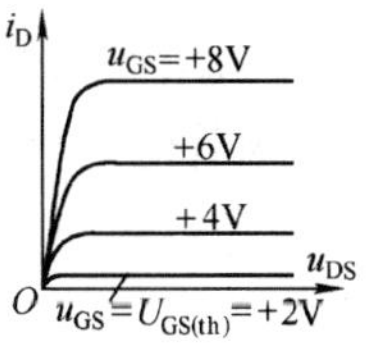
P 沟道增强型 绝缘栅场效应管 （增强型 PMOS 管）	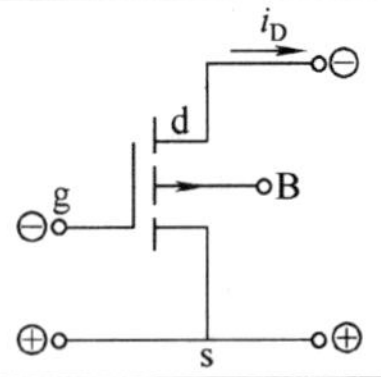	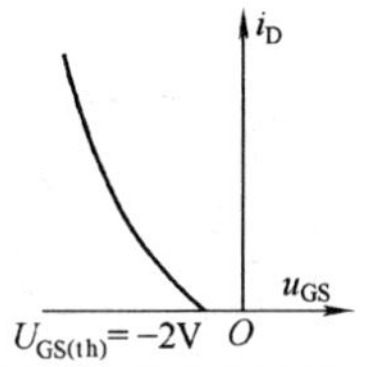	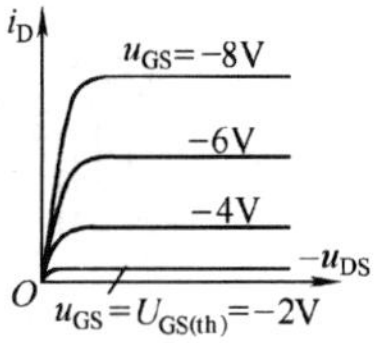
N 沟道耗尽型 绝缘栅场效应管 （耗尽型 NMOS 管）	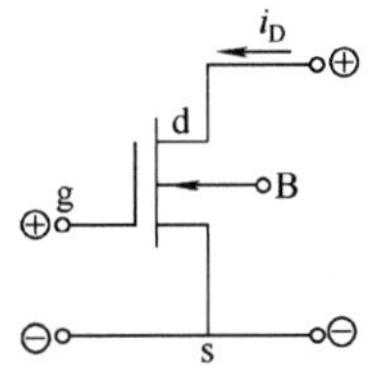	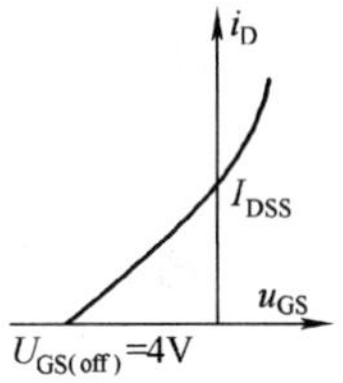	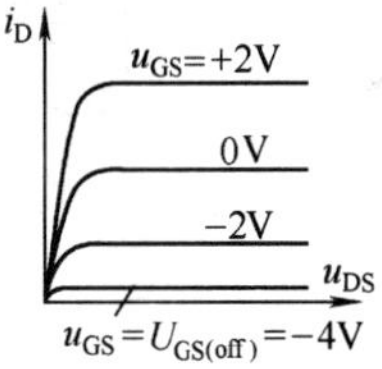
P 沟道耗尽型 绝缘栅场效应管 （耗尽型 PMOS 管）	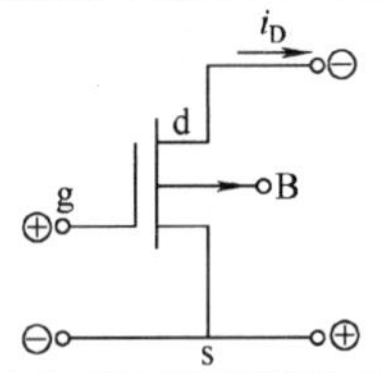	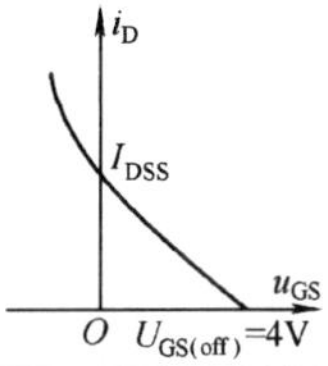	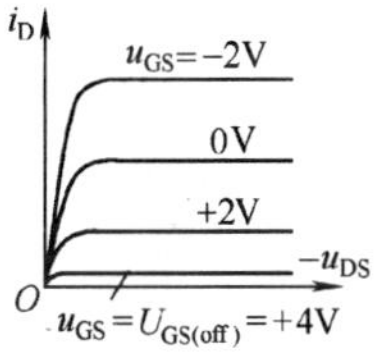

1.5 晶闸管

硅晶体闸流管简称晶闸管，也称可控硅。它包括普通晶闸管、双向晶闸管（KS）、可关断晶闸管（GTO）、逆导晶闸管（KN）、光控晶闸管等。

晶闸管是一种大功率半导体器件，具有体积小、重量轻、耐高压、容量大、效率高、响应速度快、控制灵活、寿命长及使用维护方便等优点，可用微小的信号对大功率电源进行控制和变换。因而，晶闸管在电力和电子技术领域有广泛应用，如用于可控整流、交流调压、逆变电源、变频设备、无触点开关等方面。此外，晶闸管在自动控制设备、脉冲数字系统中也有广泛应用。一般情况下将普通晶闸管简称为晶闸管，本节主要介绍普通晶闸管的一些基础知识。

1.5.1　晶闸管的基本结构

晶闸管的外形如图 1.5.1 所示，图(a)是螺栓式晶闸管的外形，螺栓式晶闸管要安装散热器，有自然风冷或强迫风冷两种散热方式；图(b)是平板式晶闸管的外形，平板式晶闸管的工作电流在 200 ~ 500 A 以上，采用强迫风冷或水冷两种散热方式；图(c)、(d)是塑封小型晶闸管的外形，其中晶闸管 BT169D 的工作电流、电压不能超过 1 A、400 V。

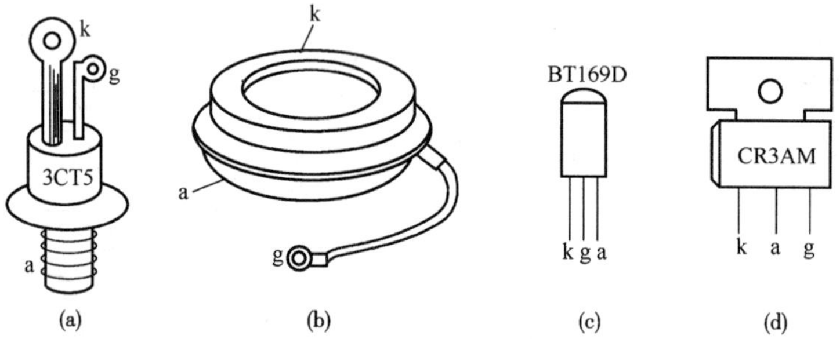

图 1.5.1　晶闸管的外形

(a)螺栓式晶闸管；(b)平板式晶闸管；(c)、(d)塑封小型晶闸管

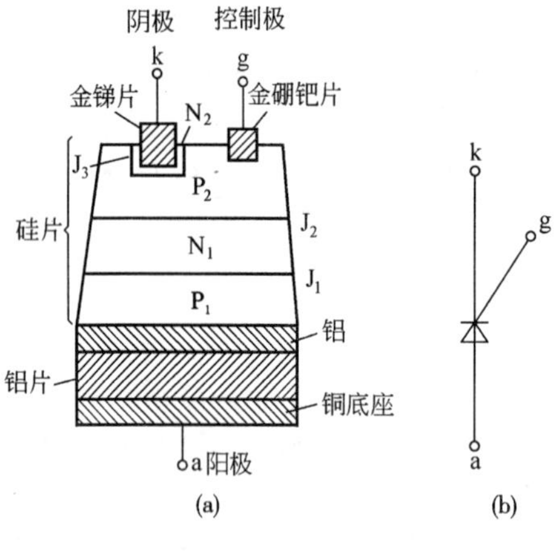

图 1.5.2　晶闸管的结构、符号

(a)内部结构；(b)符号

晶闸管的内部结构如图 1.5.2(a)所示。它由四层半导体组成，中间形成三个 PN 结 J_1、J_2和 J_3。外部引出三个电极，在 N_2区引出阴极 k，P_1区引出阳极 a，P_2区引出控制极(或称门极)g。图 1.5.2(b)所示为晶闸管的符号。

1.5.2　晶闸管的工作原理

1. 工作原理

晶闸管内部四层半导体可看成如图 1.5.3(a)所示结构，这样晶闸管可等效成 V_1(PNP 型)和 V_2(NPN 型)两个三极管组成的电路。

晶闸管在使用时，要求在阳极和阴极之间加正向电压，在控制极和阴极间加正向控制电压。如图 1.5.3(b)所示，V_{AA}为阳极电源，V_{GG}为控制极电源，R_a为阳极负载电阻。其工作原理如下。

当开关 S 闭合时，在控制极电压 U_{GK}(又称触发信号)的作用下，产生触发信号电流 I_G(即 V_2的基极电流 I_{B2})，经 V_2放大后产生集电极电流 $I_{C2}=\beta_2\cdot I_{B2}$，而 $I_{B1}=I_{C2}$，

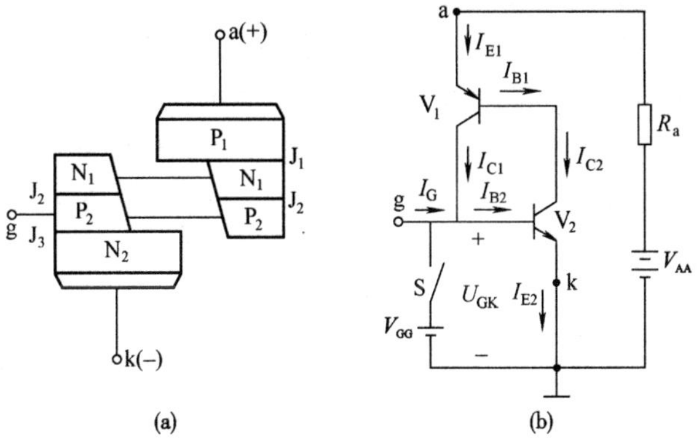

图 1.5.3　晶闸管工作原理图

(a)等效结构;(b)等效工作电路

使 V_1产生的集电极电流 $I_{C1}=\beta_1\cdot\beta_2\cdot I_{B2}$,此电流又注入 V_2基极进一步放大,形成正反馈,由 I_{C1}来维持 I_{B2},使晶闸管很快在几微秒内处于导通状态,这一过程称晶闸管触发导通。当晶闸管导通后,即使将 S 断开,晶闸管仍将继续维持导通。晶闸管在导通状态时,阳极与阴极之间的正向压降 U_F为 0.6~1.2 V。

要使晶闸管由导通进入截止状态,可降低阳极正向电压,使阳极电流 I_A(即 I_{E1})小于维持电流 I_H(维持晶闸管导通时所需最小的阳极电流,约几十至一百多毫安)或使阳极和阴极电压 $U_{AK}\leqslant 0$ V。这样晶闸管由导通转为截止的状态,称为正向阻断状态。

若在晶闸管的阳极和阴极间加反向电压,即 $U_{AK}\leqslant 0$ V,由于 V_1和 V_2的发射结 J_1和 J_3均处于反偏,这时,即使控制极加触发电压也不能使晶闸管导通,这种状态称为反向阻断状态。

因此,晶闸管导通条件为:在阳极与阴极间加正向电压,在控制极加正向触发电压。一旦晶闸管导通后,控制极就失去控制作用。如果要使晶闸管重新阻断,必须使阳极电流低于 I_H或 $U_{AK}\approx 0$ V。(目前也有利用控制极来关断的晶闸管,称门极可关断的晶闸管,简称 GTO。)由此可知,晶闸管是一种导通时间可以控制、具有单向导电性能的可控整流器件。

2. 伏安特性

晶闸管的基本特性常用伏安特性即阳极 - 阴极电压 U_{AK}与阳极电流 I_A的关系曲线来表示。其函数表达式为

$$I_A=f(U_{AK})\Big|_{I_G}$$

图 1.5.4 所示是晶闸管的伏安特性。当控制极与阴极间电压 $U_{GK}=0$,触发信号电流 $I_G=I_{GO}=0$ 时,如果将 U_{AK}增大,初始只有较小的阳极电流,称为正向漏电流,晶

闸管不导通，处于正向阻断状态（简称断态）。若进一步增大 U_{AK}，使晶闸管 J_2 结达击穿状态，漏电流急剧增加，由阻断状态变为导通状态（简称通态）。这时所对应的电压值称为正向转折电压 U_{BO}，如图 1.5.4(b)中 A_0 点所示。晶闸管导通后，正向压降突然降低为 U_F，此时 U_{AK} 稍微增加，I_A 增加幅度就很大，如图中 BC 段曲线所示。若 U_{AK} 减小，I_A 相应沿 BC 段减小。I_A 减小到 B 点，为最小维持电流 I_H，此时，如果使 $I_A < I_H$，晶闸管则由通态转为断态，恢复到原点。

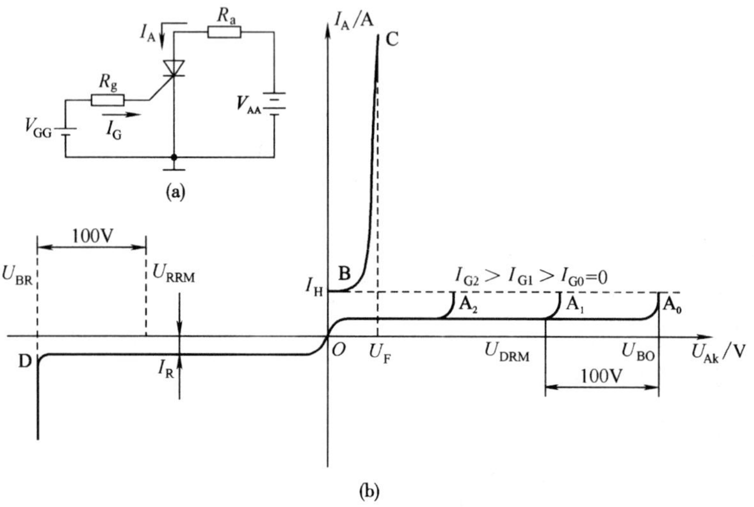

图 1.5.4 晶闸管的伏安特性

(a)晶闸管电路图；(b)晶闸管的伏安特性曲线

U_{AK} 加正向电压时，I_G 越大，晶闸管由断态转为通态所需的正向转折电压越小，如图 1.5.4(b)中 A_1 和 A_2 点所示。

U_{AK} 加反向电压时，在反向电压较小的情况下，PN 结 J_1 和 J_3 处于反偏，J_2 处于正偏，晶闸管流过很小的反向漏电流 I_R，晶闸管工作于反向阻断状态。当反向电压增大到 D 点时，反向电流突然增大，如果电流得不到控制，将使晶闸管击穿损坏，这时的电压，称为反向击穿电压 U_{BR}。

1.5.3 晶闸管的主要参数

1. 电压参数

(1)正向转折电压 U_{BO}

U_{BO} 指在额定结温和控制极断开条件下，阳极 - 阴极加正弦半波正向电压，晶闸管由断态转为通态所对应的电压峰值。

(2)断态重复峰值电压 U_{DRM}

U_{DRM} 又称正向阻断峰值电压，指允许重复加在晶闸管上的正向峰值电压。其值

为

$$U_{DRM} = U_{BO} - 100\ \mathrm{V}$$

式中 100 V 为安全裕度。

(3)反向击穿电压 U_{BR}

U_{BR}指达到反向击穿时所加的反向电压。

(4)反向重复峰值电压 U_{RRM}

U_{RRM}指在额定结温下,当控制极开路时,允许重复加在管子上的反向峰值电压。其值为

$$U_{RRM} = U_{BR} - 100\ \mathrm{V}$$

(5)额定电压

通常把 U_{DRM}和 U_{RRM}中较小的一个电压值作为器件的额定电压。这是考虑到加在晶闸管上的是正、负对称电压,故以耐压小的值为准。在实际使用时,为了安全起见,要求额定电压大于实际工作峰值电压的 2 ~ 3 倍。

(6)正向平均电压 U_F

在规定温度环境和标准散热条件下,当正向通过正弦半波额定电流时,晶闸管阳极、阴极两端的电压降在一个周期内的平均值称为通态平均电压,即正向平均电压 U_F,简称管压降,一般为 0.6 ~ 1.2 V。

管压降与正向导通平均电流的乘积就是正向管耗,是晶闸管发热的主要原因。

2. 电流参数

(1)额定正向平均电流 I_F

I_F指在规定温度环境和标准散热条件下,允许通过工频正弦半波电流的平均值。当散热条件差、环境温度较高和器件导通角较小时,所允许通过的电流值应降低。一般 I_F为正常平均电流的 1.5 ~ 2 倍,以留有余量。

(2)掣住电流 I_{LA}

I_{LA}指由断态到通态的临界电流。若未达此电流就去掉触发信号,晶闸管会自行关断。

(3)维持电流 I_H

I_H指由通态到断态的最小电流。对于同一晶闸管,$I_{LA} \approx (2 \sim 4) I_H$。

(4)浪涌电流 I_{FSM}

I_{FSM}指晶闸管能承受的最大过载电流的峰值。

3. 控制极的有关参数

(1)控制极触发电压 U_G、触发电流 I_G

在规定环境温度和一定的正向电压 U_{AK}下,使晶闸管从断态到通态所需最小控制直流电压 U_G和最小控制直流电流 I_G,称为触发电压和触发电流。通常 U_G为 1 ~ 5

V, I_G为几十至几百毫安。实际使用时,应大于此额定值,以保证可靠触发。

(2)控制极反向电压

按规定,控制极所加反向电压不得超过 10 V,以免控制极损坏。

1.5.4 双向晶闸管

在交流调压、交流控制等方面,常常需要将两个普通晶闸管反向并联使用,这就需要两个彼此绝缘的触发电路,使电路变得复杂。为了克服这个难题,研制出了只要一套触发电路的双向晶闸管(KS)。

1. 双向晶闸管的基本结构

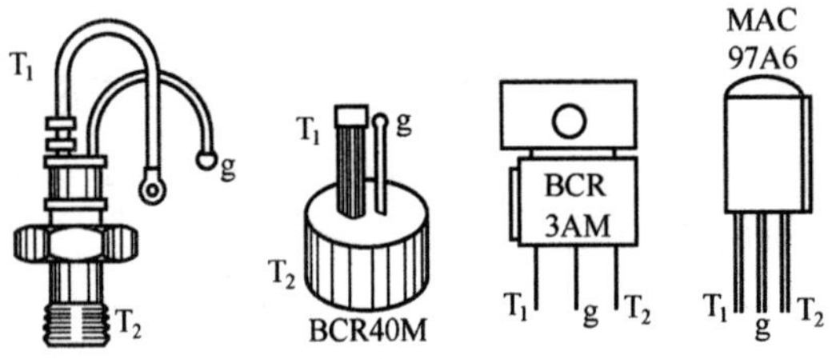

图 1.5.5 双向晶闸管的外形

双向晶闸管也叫双向可控硅,是目前较理想的交流开关器件。图 1.5.5 所示是几种常见双向晶闸管的外形。

图 1.5.6(a)所示是双向晶闸管的内部结构示意图,两个主电极分别用 T_1 和 T_2 表示,一个控制极用 g 表示。双向晶闸管是 NPNPN 五层器件,从管芯结构上看,双向晶闸管可以看做是将具有公共控制极(g)的一对反向并联的普通晶闸管做在同一块硅单晶片上,T_1 和 g 在芯片的正面,T_2 在芯片的背面,且控制极区的面积很小。由结构图可见,g 极和 T_1 极很近,距 T_2 极很远,因此,g - T_1之间的正、反向电阻均较小,而 g - T_2、T_1 - T_2之间的正、反向电阻为无穷大。图 1.5.6(b)是双向晶闸管的符号。

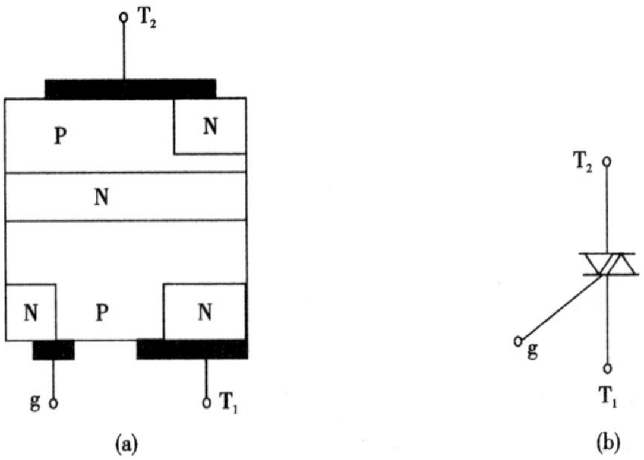

图 1.5.6 双向晶闸管的结构、符号

(a)内部结构;(b)符号

2.双向晶闸管的工作特点和触发方式

双向晶闸管是一种可控交流电子开关,其工作特点如下。

(1)在控制极 g 与主电极 T_1(或 T_2)间无触发信号时,T_1、T_2间无论加正向电压还是反向电压均不导通。

(2)只要控制极 g 有触发信号,不论极性正负,T_1、T_2间无论加正向电压还是反向电压均能导通。

(3)触发导通后,拆去触发信号,双向晶闸管仍保持导通。但在 T_1、T_2间的外加电压过零时,双向晶闸管自行阻断。

通常情况下,双向晶闸管的触发方式有以下 4 种。

①T_2为正,T_1为负,g 相对 T_1为正。如图 1.5.7(a)所示。

②T_2为正,T_1为负,g 相对 T_1为负。如图 1.5.7(b)所示。

③T_2为负,T_1为正,g 相对 T_1为正。如图 1.5.7(c)所示。

④T_2为负,T_1为正,g 相对 T_1为负。如图 1.5.7(d)所示。

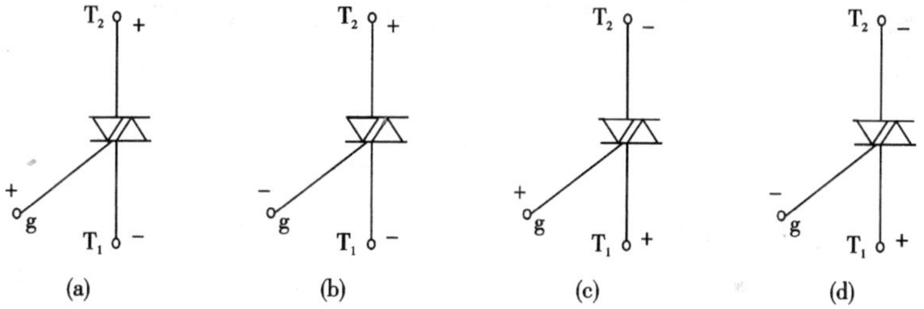

图 1.5.7　双向晶闸管的触发方式

4 种触发方式所需要的触发电流不一样,①④两种触发方式所需要的触发电流较小,而②③两种触发方式所需要的触发电流较大。在使用时,一般采用①④两种触发方式。

技能训练一:晶体管的检测与判别

一、训练目的

1.学会用万用表判别二极管的极性和晶体管的管脚。

2.熟悉用万用表判别二极管和晶体管的质量。

二、仪器与材料

万用表 1 只;二极管 2AP 型、2CP 型各 1 只;发光二极管 2 只;晶体管 3AX31、3DG6 各 1 只;100kΩ 电阻 1 只;质差和废次的各类二极管、晶体管若干只。

三、预习要求

1.预习 PN 结外加正、反向电压时的工作原理和晶体管电流放大原理。

2.预习万用表电阻挡表面电阻刻度中心阻值含义和使用电阻挡时的测量方法，并估算所用万用表“R×100”和“R×1k”挡的短路输出电流值。

3.能否用双手分别将表的测量端与管脚捏住进行测量？这将会发生什么问题？

4.为何不能用万用表的“R×1”和“R×100k”挡测试小功率管？

四、训练内容及步骤

1.普通二极管

借助万用表欧姆挡作简单判别，方法如图1.1所示。万用表正端(+)红表笔接表内电池的负极，而负端(-)黑表笔接表内电池的正极。根据PN结正向导通电阻值小、反向截止电阻值大的原理来简单确定二极管好坏和极性。具体做法是：万用表欧姆挡置“R×100”或“R×1k”处，将红、黑两表笔接触二极管两端，表头有一指示；将红、黑两表笔反过来再次接触二极管两端，表头又将有一指示。若两次指示的阻值一次很大(二极管反偏)，另一次很小(二极管正偏)，说明二极管完好，且阻值小的一次，黑表笔接触的一端为二极管的正极。若两次测试的电阻值均很大或者均很小，说明二极管已损坏。

注意：测试时选用“R×1k”比较合适，不宜选用“R×100k”挡，因该挡的电源电压较高，容易损坏管子。

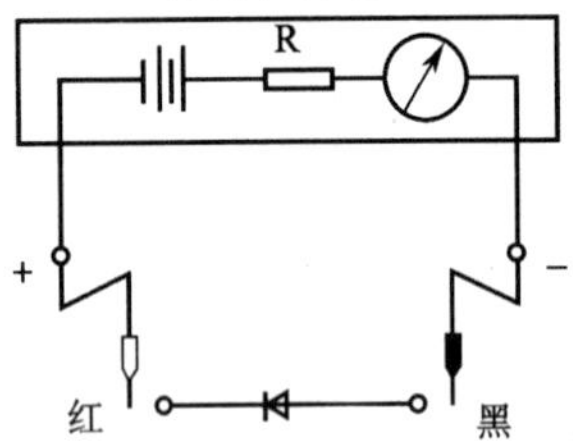

图1.1 用万用表测试二极管

2.发光二极管(LED)

发光二极管通常是用砷化镓、磷化镓等制成的一种新型器件。它具有工作电压低、耗电少、响应速度快、抗冲击、耐振动、性能好以及轻而小的特点。

发光二极管和普通二极管一样具有单向导电性，正向导通时才能发光。发光二极管的发光颜色有多种，如红、黄、绿等，形状有圆形和长方形等。发光二极管在出厂时，一根引线做得比另一根引线长，通常，较长引线为阳极(+)，另一根为阴极(-)。发光二极管正向工作电压范围一般为1.5~3 V，允许通过的电流范围为2~20 mA。电流的大小决定发光的速度。电压、电流的大小依器件型号不同而稍有差异。若与TTL组件相连接使用时，一般需串接一个470 Ω的降压电阻，以防止器件的损坏。

3.晶体管

(1)先判断基极和晶体管的类型

将万用表欧姆挡置“R×100”或“R×1k”处，先假设晶体管某极为基极，并将黑表笔接在假设的基极上，再将红表笔先后接到其余两个电极上，如果两次测得的电阻值都很大(或者都很小)，为几千欧至几十千欧(或为几百欧至几千欧)，而对换表笔后测得的两个电阻值都很小(或很大)，则可确定假设基极是正确的。如果两次测得的电阻值是一大一小，则可肯定原假设的基极是错误的，这时就必须重新假设另一电极为基极，再重复上述的测试。最多重复两次就可找到真正的基极。

当基极确定以后，将黑表笔接基极，红表笔分别接其他两极。此时，若测得的电阻值都很小，则该晶体管为 NPN 型晶体管，反之，则为 PNP 型晶体管。

(2)再判断集电极和发射极

以 NPN 型管为例。把黑表笔接到假设的集电极上，红表笔接到假设的发射极上，并且用手捏住基极和集电极（不能使基极和集电极直接接触），通过人体，相当于在基极和集电极之间接入偏置电阻。读出表头所示集电极、发射极间的电阻值，然后将红、黑两表笔反接重测。若第一次电阻值比第二次小，说明原假设成立。黑表笔所接为晶体管集电极，红表笔所接为晶体管发射极，因为集电极、发射极间的电阻值小正说明通过万用表的电流大，偏置正常。

(3)电流放大系数 β 的估算

用欧姆挡的“R×100”或“R×1k”挡，对 NPN 型管可按图 1.2 接线，测量时只需比较用手捏住基极和集电极（两极不能相碰）和把手放开两种情况下表针摆动的大小，摆动越大，β 值越高。

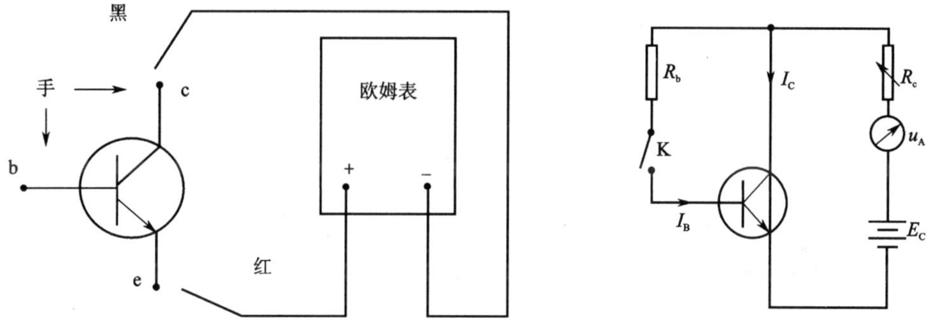

图 1.2　β 测量示意图

这样做的原理是：当手不捏 b、c 极时，相当于开关打开，通过微安表的电流为 I_{CEO}；当手捏住 b、c 极时，相当于开关闭合，b、c 间接入一个电阻 R_B，基极注入一定电流 I_B，对应地有较大的 I_C 通过微安表，I_C 越大，说明管子的 β 值越大。

五、训练报告要求

能够完整地写出实验测试所用到的仪器、实验的整个过程以及实验的原理和方法，最终能够得出正确的结果。

习题一

1.1　什么是 N 型半导体和 P 型半导体？其多数载流子和少数载流子各是什么？P 型半导体带正电，N 型半导体带负电这种说法正确吗？

1.2　什么是 PN 结的偏置？PN 结正向偏置与反向偏置时各有什么特点？

1.3　半导体二极管和稳压管有何异同？普通二极管能稳压吗？

1.4　已知室温下锗和硅二极管的反向饱和电流分别为 1 μA 和 0.5 pA，如果这两个二极管串联，有 1 mA 的正向电流通过，那么它们的正向压降各为多少？

1.5　电路如题图 1.1 所示，设二极管为理想器件，判断它们是否导通，并求电压 U_{AB}。

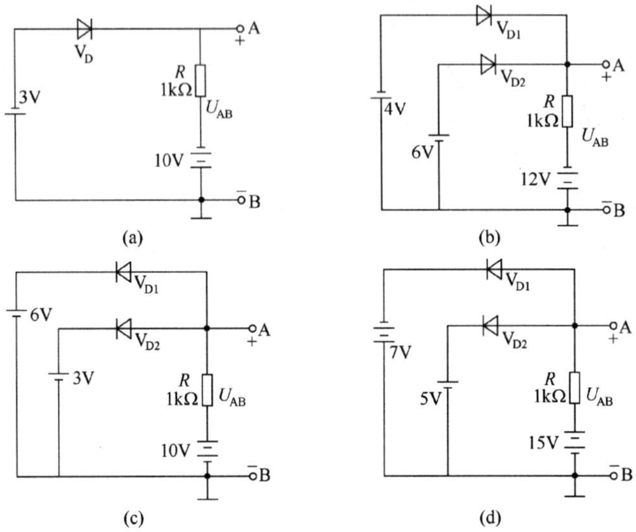

题图 1.1

1.6　如题图 1.2 所示的电路中，已知输入信号为 $u_i = 6\sin\omega t$(V)，试画出输出电压 u_o 的波形。

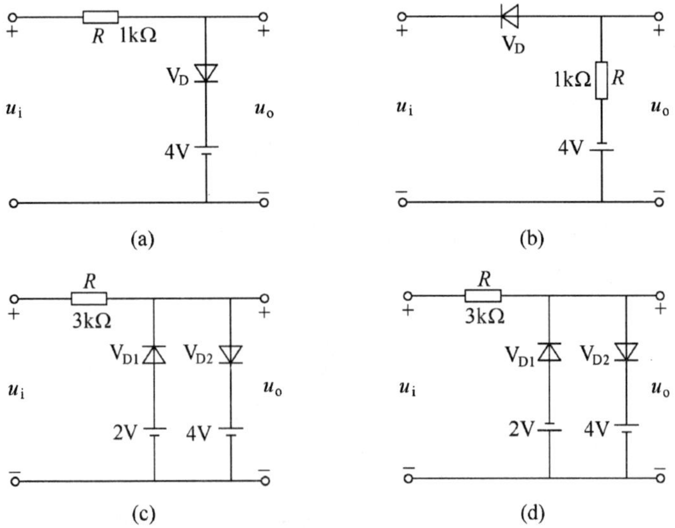

题图 1.2

1.7　已知两只硅稳压管的稳定电压值分别为 8 V 和 7.5 V，若将它们串联使用，问能获得几组不同的电压值？

1.8　三极管具有放大作用的内部条件和外部条件各是什么？

1.9　三极管在放大电路中均处于放大状态，用电压表测得各电极对地的电压如题图 1.3 所示，试判断三极管是 NPN 型还是 PNP 型，是硅管还是锗管，以及管子的三个电极。

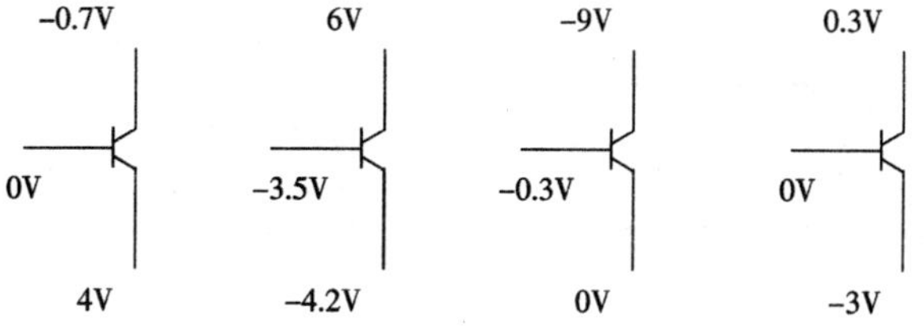

题图 1.3

1.10　测得放大电路中两个三极管的两个电极的电流如题图 1.4 所示。

(1)求另一电极电流的大小，并标出实际方向。

(2)判断它们是 NPN 型还是 PNP 型。

(3)标出 e、b、c 极。

(4)估算 $\bar{\beta}$ 值。

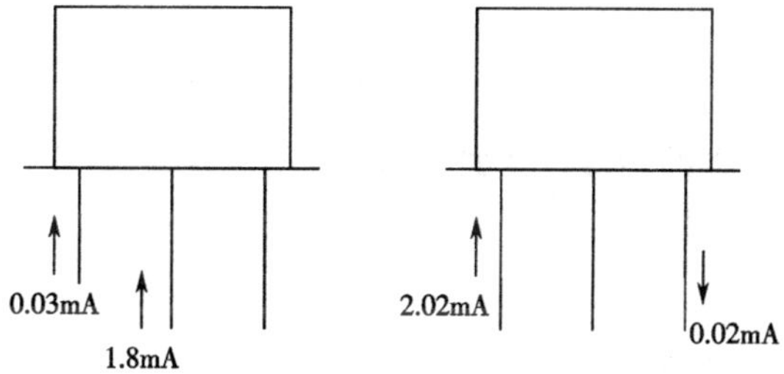

题图 1.4

1.11　用直流电压表测得放大电路中的几个三极管的三个电极电位如题表 1.1 所示，试判断它们是 NPN 型还是 PNP 型，是硅管还是锗管，并确定每个管子的 e、b、c 极。

题表 1.1

	管 1	管 2	管 3	管 4
U_1/V	2.8	2.9	5	8
U_2/V	2.1	2.6	8	5.5
U_3/V	7	7.5	8.7	8.3

1.12 试说明增强型 NMOS 管的基本工作原理。

1.13 4 个场效应管的输出特性如题图 1.5 所示(其中漏极电流的参考方向与实际方向一致),试问它们是哪种类型的场效应管？若是耗尽型的,指出其夹断电压 $U_{GS(off)}$ 和饱和电流 I_{DSS} 的大小;若是增强型的,指出其开启电压 $U_{GS(th)}$ 的大小。

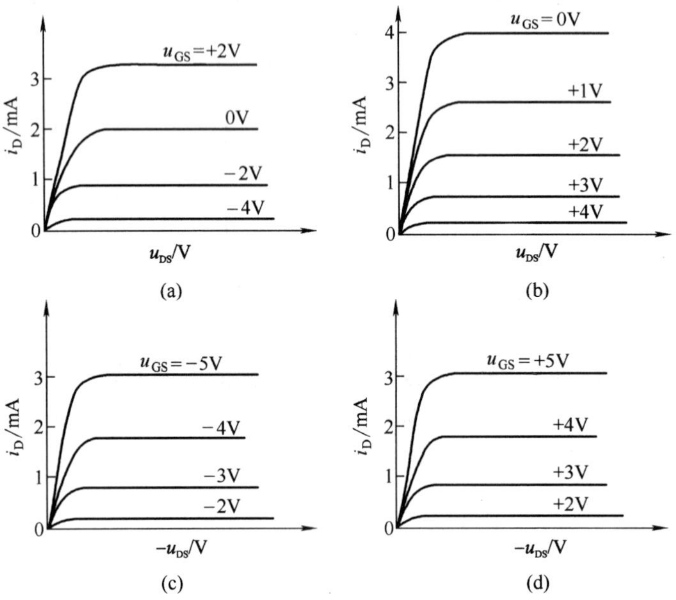

题图 1.5

1.14 4 个场效应管的转移特性如题图 1.6 所示,试判断它们属于哪种类型的场效应管？若是耗尽型的,指出其夹断电压 $U_{GS(off)}$ 和饱和电流 I_{DSS} 的大小;若是增强型的,指出其开启电压 $U_{GS(th)}$ 的大小。

1.15 简述晶闸管的基本结构。

1.16 什么是晶闸管的伏安特性？画出它的伏安特性并说明各段曲线的含义。

1.17 当晶闸管加正向阳极电压后,试说明它触发导通的正反馈过程。

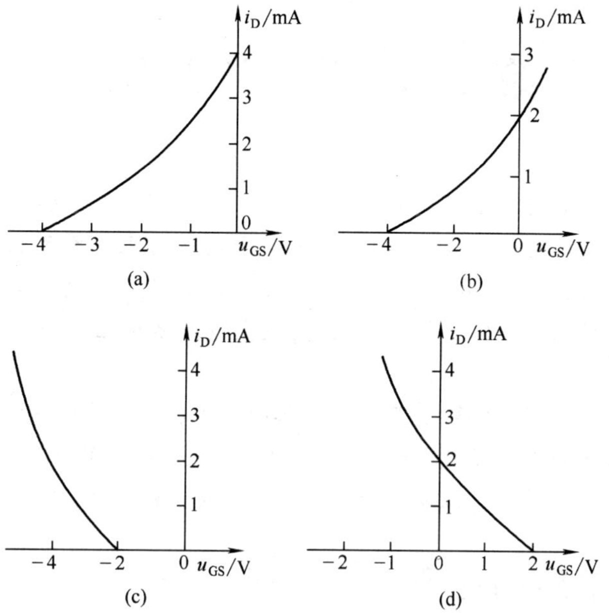

i_D/mA
4
3
2
1
0
−4
−3
−2
−1
u_{GS}/V
(a)
i_D/mA
3
2
1
−4
−2
0
u_{GS}/V
(b)
i_D/mA
4
3
2
1
−4
−2
0
u_{GS}/V
(c)
i_D/mA
4
3
2
1
−2
−1
0
1
2
u_{GS}/V
(d)

题图 1.6

第2章 基本放大电路

引言　用来对电信号进行放大的电路称为放大电路,习惯上称为放大器,它是使用最为广泛的电子电路之一,也是构成其他电子电路的基本单元电路。所谓"放大"是指在输入信号的作用下,利用有元器件的控制作用将直流电源提供的部分能量转换为与输入信号成比例的输出信号。因此,放大电路实际上是一个受输入信号控制的能量转换器。

本章主要介绍共射、共集、共基放大电路的结构和工作原理,静态工作点的估算,用微变等效电路法分析电压放大倍数、输入电阻、输出电阻的方法,多级放大电路的耦合方式和动态参数的计算以及放大电路的频率特性的分析。

2.1 放大电路的主要性能指标

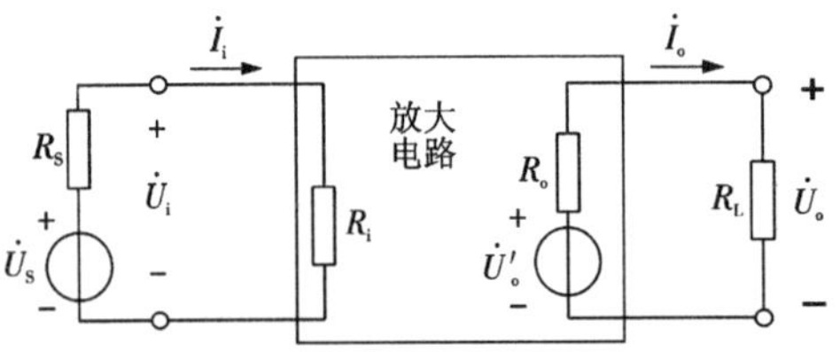

图2.1.1　放大电路示意图

任何一个放大电路都可以看成一个两端网络。如图2.1.1所示为放大电路的示意图,左边为输入端口,当内阻为 R_S 的正弦波信号源作用时,放大电路得到输入电压 $\dot{U}_i$,同时产生输入电流 $\dot{I}_i$;右边为输出端口,输出电压为 $\dot{U}_o$,输出电流为 $\dot{I}_o$,R_L 为负载电阻。不同放大电路在 $\dot{U}_S$ 和 R_L 相同的条件下,$\dot{I}_i$、$\dot{U}_o$、$\dot{I}_o$ 将不同,说明不同放大电路从信号源索取的电流不同,且对同一信号的放大能力也不同;同一放大电路在幅值相同、频率不同的 $\dot{U}_S$ 作用下,$\dot{U}_o$ 也会不同,即同一放大电路对于不同频率的信号所表现出的放大能力存在差异。为了反映放大电路各方面的性能,引出放大倍数、输入电阻、输出电阻、通频带等主要指标。

2.1.1 放大倍数

放大倍数是衡量放大电路放大能力的指标,其值为输出量 x_o(u_o或 i_o)与输入量 x_i(u_i或 i_i)之比。它有电压放大倍数、电流放大倍数和功率放大倍数等表示方法,其中电压放大倍数应用最多。

电压放大倍数是输出电压 u_o与输入电压 u_i之比,即

$$\dot{A}_u = \frac{\dot{U}_o}{\dot{U}_i} \tag{2.1.1}$$

电流放大倍数是输出电流 i_o与输入电流 i_i之比,即

$$\dot{A}_i = \frac{\dot{I}_o}{\dot{I}_i} \tag{2.1.2}$$

功率放大倍数是输出功率 P_o与输入电压 P_i之比,即

$$A_P = \frac{P_o}{P_i} \tag{2.1.3}$$

放大倍数表明输入信号对输出信号的控制关系,例如 $\dot{A}_u$ 表明 $\dot{U}_i$ 对 $\dot{U}_o$ 的控制关系,当 $\dot{U}_i$ 增大(或减小)时,$\dot{U}_o$ 按 $\dot{A}_u$ 倍增大(或减小)。当放大器件系数理想时,它们均为常量。

2.1.2　输入电阻

输入电阻 R_i是从放大电路输入端看进去的等效电阻,它等于放大电路输出端接实际负载电阻 R_L后,输入电压有效值 $\dot{U}_i$和输入电流有效值 $\dot{I}_i$之比,即

$$R_i = \frac{\dot{U}_i}{\dot{I}_i} \tag{2.1.4}$$

R_i越大,表明放大电路从信号源索取的电流越小,信号源内阻上的电压降越小,信号电压损失亦越小,因此放大电路所得到的输入电压 $\dot{U}_i$越接近于信号源电压 $\dot{U}_s$。如果信号源内阻 R_S 为一常量,那么为了使输入电流大一些,则应使 R_i小一些。因此,放大电路输入电阻的大小要视需要而定。

2.1.3　输出电阻

对负载 R_L而言,任何放大电路的输出都可以等效成一个有内阻的电压源。从放大电路输出端看进去的等效内阻称为输出电阻 R_o,如图 2.1.1 所示。$\dot{U}'_o$ 为空载时的输出电压有效值,$\dot{U}_o$为带负载后的输出电压有效值,因此

$$\dot{U}_o = \frac{R_L}{R_o + R_L} \cdot \dot{U}'_o$$

输出电阻

$$R_o = \left(\frac{\dot{U}'_o}{\dot{U}_o} - 1 \right) R_L \tag{2.1.5}$$

R_o愈小,负载电阻 R_L变化时,U_o的变化愈小,放大电路的带负载能力愈强。

输入电阻和输出电阻是为描述电子电路在相互连接时所产生的影响而引入的参数。当两个放大电路相互连接时(如图 2.1.2 所示),放大电路Ⅱ的输入电阻 R_{i2}是放大电路Ⅰ的负载电阻,而放大电路Ⅰ可看成放大电路Ⅱ的信号源,放大电路Ⅰ的输出

电阻 R_{o1} 就是信号源的内阻。因此，输入电阻和输出电阻均会直接或间接地影响放大电路的放大能力。

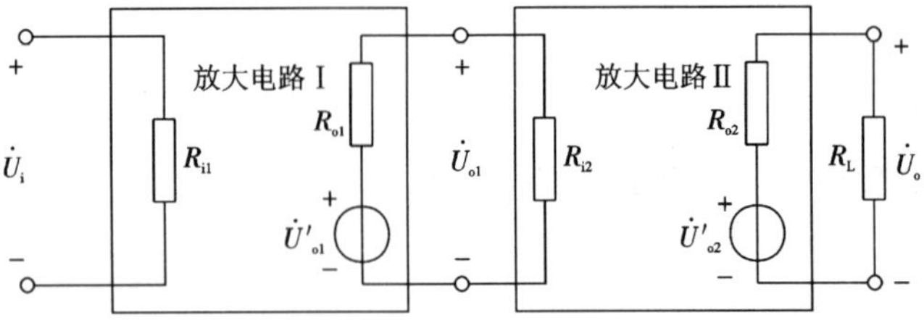

图 2.1.2　两个放大电路相连接的示意图

2.1.4　通频带

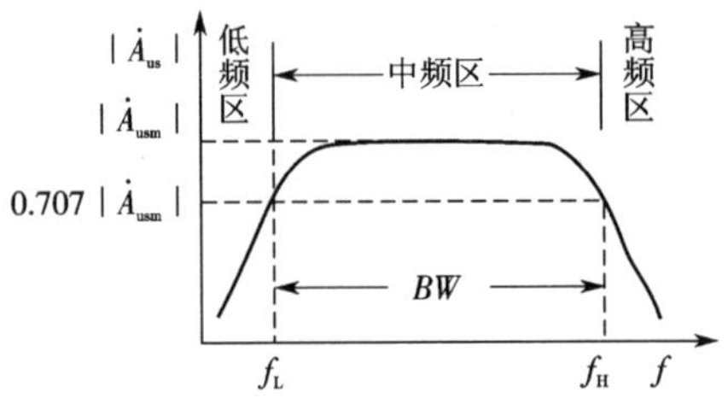

图 2.1.3　放大电路的频率指标

通频带用于衡量放大电路对不同频率信号的放大能力。由于耦合电容、晶体管的结电容以及其他电抗元件的存在，在输入信号频率较低或较高时，放大倍数的数值会下降并产生相移。一般情况下，放大电路只适用于放大某一个特定频率范围内的信号。图 2.1.3 所示为某放大电路放大倍数的数值与信号频率的关系曲线，称为幅频特性曲线，图中 $\dot{A}_{usm}$ 为中频放大倍数。在信号频率下降到一定程度时，放大倍数的数值明显下降，使放大倍数的数值等于 $0.707|\dot{A}_{usm}|$ 的频率称为下限截止频率 f_L。信号频率上升到一定程度时，放大倍数的数值也将明显下降，使放大倍数的数值等于 $0.707|\dot{A}_{usm}|$ 的频率称为上限截止频率 f_H。f 小于 f_L 的部分称为放大电路的低频段，f 大于 f_H 的部分称为高频段，而 f_L 和 f_H 之间形成的频带称为中频段，也称为放大电路的通频带 f_{BW}。

$$f_{BW}=f_H-f_L \tag{2.1.6}$$

通频带越宽，表明放大电路对不同频率信号的适应能力越强。当频率趋近于零或无穷大时，放大倍数的数值趋近于零。

2.2　基本共射放大电路的工作原理

本节将以基本共射放大电路为例，阐明放大电路的组成原则及电路中各元件的作用。

2.2.1　基本共射放大电路的组成及部分的作用

图 2.2.1 是一个基本共射放大电路(图中为习惯画法)。它由直流电源、三极管、电阻、电容等元件组成,信号源电压 u_i 从 AA′端输入,放大后的信号电压 u_o 从 BB′端输出。电路中各部分的作用分别如下。

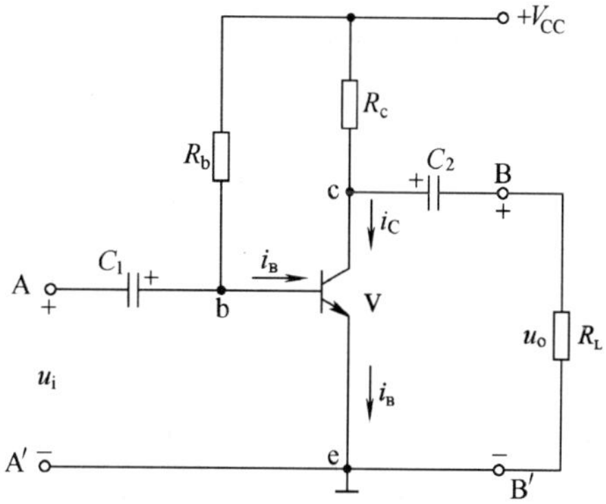

图 2.2.1　基本共射放大电路

(1)三极管 V

三极管是放大电路的核心,起放大作用。

(2)直流电源 V_{CC}

它是信号放大的能源,并保证发射结处于正向偏置,集电结处于反向偏置,使三极管 V 起到放大作用。一般为几伏到几十伏。

(3)集电极负载电阻 R_c

R_c 简称集电极电阻,它的作用是将集电极电流的变化转化为输出电压的变化,使放大电路实现电压放大。其阻值一般为几千欧到几十千欧。

(4)基极偏置电阻 R_L

R_L 简称基极电阻,它和电源 V_{CC} 一起为基极提供大小适当的基极电流 I_B,使放大电路能够不失真地放大。其阻值一般为几十千欧到几百千欧。

(5)耦合电容 C_1 和 C_2

它们一方面起隔直作用,C_1 用来隔断放大电路与信号源之间的直流通路,而 C_2 则用来隔断放大电路与负载之间的直流通路,使三者之间无直流联系,互不影响;另一方面又起到交流耦合作用,保证输入、输出信号顺畅地传输。其容量较大,一般是几微法到几十微法的电解电容,连接时一定要注意极性。

在放大电路中,通常把公共端接“地”,设其电位为零,作为电路其他各点电位的参考点。图中符号“⊥”表示接“地”。

2.2.2　基本共射放大电路静态工作点的设置

1.静态工作点

在放大电路中,当输入信号为零($u_i=0$)时,放大电路只有直流电源作用,各处的电压和电流都是直流量,称为直流工作状态或静止状态,简称静态。此时三极管的基极电流 I_B 和 b-e 间电压 U_{BE},集电极电流 I_C 和管压降 U_{CE} 代表着输入、输出特性曲线上的一个点 Q(如图 2.2.2 所示),称为放大电路的静态工作点,简称 Q 点,故常将上述 4 个物理量记作 I_{BQ}、U_{BEQ}、I_{CQ}、U_{CEQ}。在图 2.2.1 所示电路中，令 $u_i=0$，根据回路方程，便可得到静态工作点的表达式

$$I_{BQ}=\frac{V_{CC}-U_{BEQ}}{R_b} \tag{2.2.1}$$

$$I_{CQ}=\bar{\beta}\,I_{BQ} \tag{2.2.2}$$

$$U_{CEQ}=V_{CC}-I_{CQ}R_c \tag{2.2.3}$$

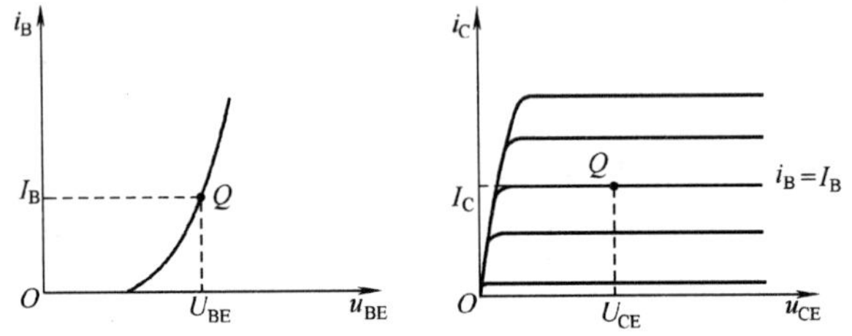

图 2.2.2 基本共射放大电路的静态工作点

2.设置静态工作点的意义

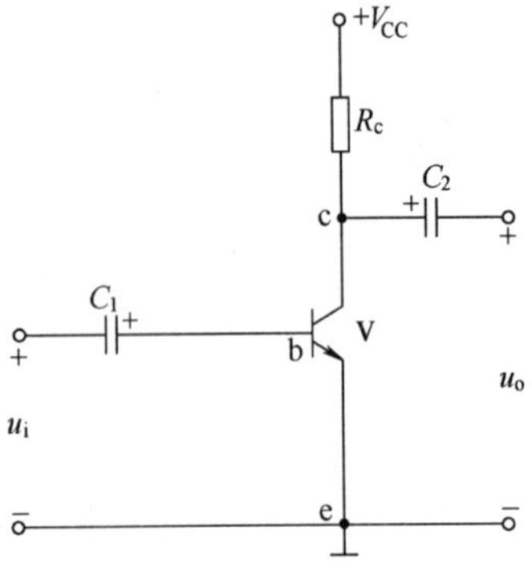

图 2.2.3 未设置合适的静态工作点

既然放大电路要对信号源提供的输入信号进行放大，那么为什么要设置静态工作点呢？为了说明这一问题，不妨将基极电源去掉，如图 2.2.3 所示。

在静态时，$I_{BQ}=0$，$I_{CQ}=0$，$U_{CEQ}=V_{CC}$，因而三极管处于截止状态。当加入输入信号 u_i 时，发射结电压 $U_{BE}=u_i$，若其峰值小于晶体管的死区电压 U_{th}，则在信号的整个周期内三极管始终处于截止状态，因此输出电压毫无变化；只有当输入信号足够大时，三极管才能在信号正半周大于 U_{th} 的时间段内导通，因此输出电压必然产生失真。所谓失真，是指输出信号的波形与输入信号的波形不再相似，这是放大电路应该尽量避免的。

对于放大电路的最基本要求：一是不失真，二是能够放大。如果输出波形产生失真，放大就毫无意义了。只有在输入信号的整个周期内三极管始终工作在放大状态，输出信号才不会产生失真。因此设置合适的静态工作点，以保证放大电路不产生失真是必不可少的。

2.2.3 基本共射放大电路的工作原理及波形分析

图 2.2.1 中基本共射放大电路在静态时的 I_{BQ}、I_{CQ}、U_{CEQ} 的变化如图 2.2.4(b)、 (c)、(d)中虚线所示。当有输入信号电压 u_i时,基极电流 i_B是在原来直流分量 I_{BQ}的基础上叠加一个正弦交流电流 i_b,如图2.2.4(b)中实线所画波形。根据三极管基极电流对集电极电流的控制作用,集电极电流 i_C也会在直流分量 I_{CQ}的基础上产生一个正弦交流电流 i_c,如图2.2.4(c)中实线所画波形,而且 $i_c=\beta i_b$。不难理解,i_c必将在集电极电阻 R_c上产生一个交变电压。由于 R_c上电压增大时,管压降 u_{CE}必然减小,而 R_c上电压减小时,管压降 u_{CE}必然增大,所以 u_{CE}的变化与 R_c上电压的变化方向相反,也就是与 i_C的变化方向相反,如图2.2.4(c)、(d)中实线所画波形。管压降减去电容 C_2上的电压 u_{CEQ}就是输出电压 u_o,所以输出端得到一个与输入电压 u_i相位相反的放大了的正弦交流电压 u_o,如图2.2.4(e)所示。

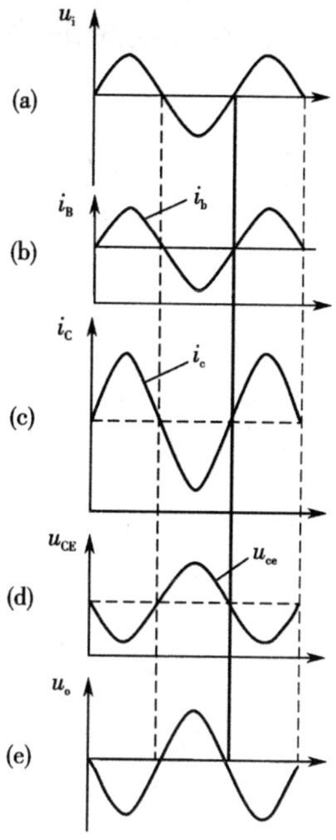

图2.2.4　基本共射放大电路的波形分析

(a)u_i的波形;(b)i_B的波形;(c)i_C的波形;(d)u_{CE}的波形;(e)u_o的波形

从以上分析可知,当输入电压 u_i时,三极管的基极电流 i_B产生与之相对应的变化,从而控制集电极电流 i_C产生 β 倍的变化,利用 R_c将 i_C的变化转化成尽可能大的输出电压,以保证电路有足够大的电压放大作用。共射放大电路的电压放大作用是利用三极管的电流放大作用并依靠 R_c将电流的变化转化成电压的变化而实现的。

2.2.4　放大电路的组成原则

通过对基本共射放大电路的简单分析可以总结出,在组成放大电路时必须遵循以下几个原则。

首先,必须有直流电源,而且电源的设置应使三极管的发射结正向偏置、集电结反向偏置,保证三极管工作在放大状态。

其次,输入信号必须有效地作用于放大管的输入回路,经过放大后能从输出端输出,即要具备正常的信号输入回路和输出回路。

再次,元件参数的选择要合适,保证当负载接入时,使负载获得比输入信号大得多的信号电压或信号电流。

2.3　放大电路的分析方法

放大电路的分析包括静态工作情况的分析和动态工作情况的分析。前者主要确定静态工作点,后者主要研究放大电路的性能指标。本节以基本共射放大电路为例,讨论放大电路的分析方法。

2.3.1 放大电路的静态分析方法

1. 直流通路

静态工作点可根据放大电路的直流通路进行分析确定。直流通路是在直流电源作用下直流电流流经的通路，也就是静态电流流经的通路。由放大电路确定直流通路，关键是处理好信号源和电容、电感等电抗元件，应遵循如下原则。

①电容视为开路(即忽略漏电流)。

②电感线圈视为短路(即忽略线圈电阻)。

③信号源视为短路，但应保留其内阻。

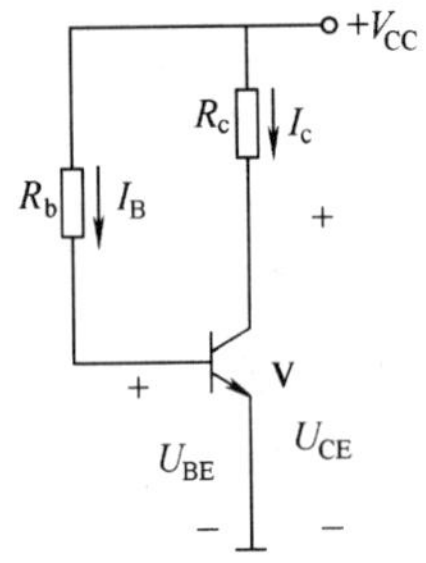

图 2.3.1　图 2.2.1 的直流通路

根据上述原则，图 2.2.1 所示基本共射放大电路的直流通路可画成如图 2.3.1 所示的电路。

2. 用估算法确定静态工作点

式(2.2.1)中的 U_{BEQ}，对于硅管约为 0.7 V，锗管约为 0.2 V(绝对值)。当 $V_{CC} >> U_{BEQ}$时，式(2.2.1)可近似为

$$I_{BQ} \approx \frac{V_{CC}}{R_b} \tag{2.3.1}$$

由式(2.3.1)可知，在 V_{CC}和 R_b确定后，I_{BQ}即为固定值，所以图 2.3.1 所示电路又称为固定偏流式共射放大电路。

在忽略 I_{CEO}的情况下，根据三极管的电流分配关系可得

$$I_{CQ} \approx \beta I_{BQ} \tag{2.3.2}$$

$$U_{CEQ} = V_{CC} - I_{CQ} R_c \tag{2.3.3}$$

至此，根据式(2.3.1)、(2.3.2)、(2.3.3)就可以估算出放大电路的静态工作点。

3. 用图解法确定静态工作点

图解法是分析非线性电路的一种基本方法。用图解法确定静态工作点，就是在三极管输入、输出特性曲线上，用作图的方法来确定放大电路在静态时的 I_{BQ}、U_{BEQ}、I_{CQ}、U_{CEQ}。用图解法确定放大电路的静态工作点的步骤如下。

(1)作直流负载线

图 2.3.2 所示电路是图 2.3.1 所示直流通路的输出回路，它由两部分组成(以 AB 两点为界)，左边是非线性部分——三极管，右边是线性部分——由电源 V_{CC}和 R_c组成的外部电路。由于三极管和外部电路串联构成输出回路，因此，i_C和 u_{CE}既要满足三极管的伏安关系——输出特性 $i_C = f(u_{CE})|_{i_B = 常数}$，又要满足外部电路的伏安关系，于是，由这两条伏安关系曲线的交点便可确定出 I_{CQ}和 U_{CEQ}。

由图 2.3.2 可知，外部电路的伏安关系为

$$u_{CE} = V_{CC} - i_C R_c \tag{2.3.3}$$

这是直线方程，可用截距法在输出特性曲线的坐标平面内做出这条直线。在图

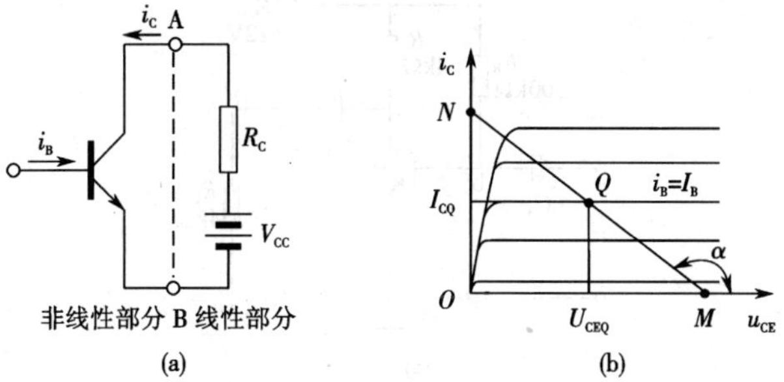

图 2.3.2　静态工作点的图解

(a)输出回路;(b)图解分析

2.3.2(b)中,令 $i_C=0$,则 $u_{CE}=V_{CC}$,在横轴上得点 $M(V_{CC},0)$;再令 $u_{CE}=0$,则 $i_C=\frac{V_{CC}}{R_c}$,在纵轴上得点 $N(0,\frac{V_{CC}}{R_c})$。连接 M、N 两点,便得到了外部电路的伏安特性曲线,如图 2.3.2(b)所示。该直线的斜率为 $\tan\alpha=-\tan(180°-\alpha)=\frac{-V_{CC}/R_c}{V_{CC}}=-\frac{1}{R_c}$,由集电极负载电阻 R_c 决定,故称之为输出回路的直流负载线,式(2.3.3)称为直流负载线方程。

(2)求静态工作点

直流负载线与 $i_B=I_{BQ}$ 对应的那条输出特性曲线的交点 Q,即为静态工作点 (U_{CEQ},I_{CQ}),如图 2.3.2(b)所示,从图中可以读出 U_{CEQ} 和 I_{CQ} 的值。

【例 2.3.1】 试分别用估算法和图解法求图 2.3.3(a)所示放大电路的静态工作点。已知该电路中三极管的 $\beta=37.5$,其输出特性曲线如图 2.3.3(b)所示。

解:(1)用估算法求静态工作点

首先画出图 2.3.3(a)所示电路的直流通路如图 2.3.3(c)所示,由直流通路可知

$$I_{BQ}\approx\frac{V_{CC}}{R_b}=\frac{12\ \text{V}}{300\ \text{k}\Omega}=0.04\ \text{mA}=40\ \mu\text{A}$$

$$I_{CQ}\approx\beta I_{BQ}=37.5\times0.04\ \text{mA}=1.5\ \text{mA}$$

$$U_{CEQ}=V_{CC}-I_{CQ}R_c=12\ \text{V}-1.5\ \text{mA}\times4\ \text{k}\Omega=6\ \text{V}$$

(2)用图解法求静态工作点

首先在输出特性曲线的坐标平面内作出直流负载线。由直流通路列出输出回路的直流负载线方程为

$$u_{CE}=V_{CC}-i_CR_c=12-4i_C$$

令 $i_C=0$,则 $u_{CE}=V_{CC}=12$ V,在横轴上得点 $M(12,0)$;再令 $u_{CE}=0$,则 $i_C=\frac{V_{CC}}{R_c}$

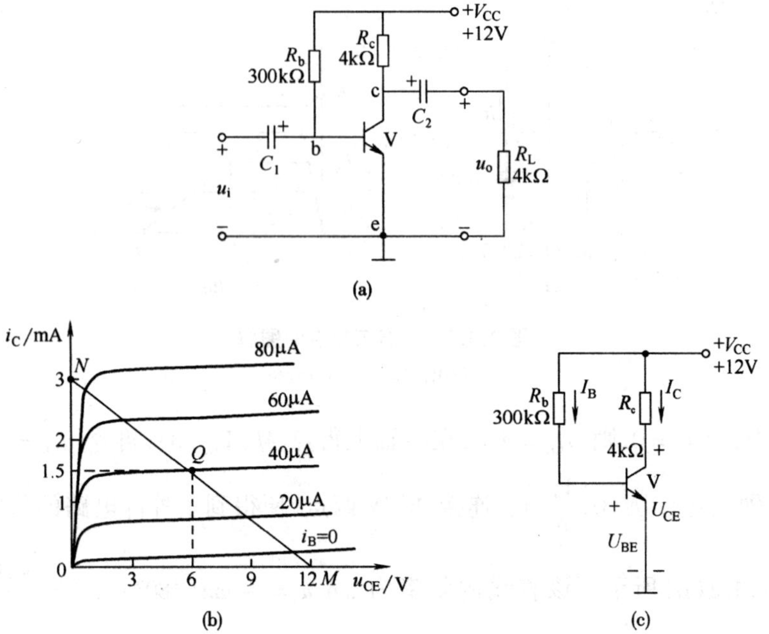

图 2.3.3 【例 2.3.1】的图

(a)电路图;(b)输出特性曲线;(c)直流通路

$=\frac{12}{4}=3$ mA,在纵轴上得点 $N(0,3)$。连接 M、N 两点,便得到直流负载线,与 $i_B=I_B=40\ \mu A$ 的一条输出特性曲线相交,其交点就是静态工作点,即图 2.3.3(b)的 Q 点,从曲线上可查出:$I_B=40\ \mu A$,$I_C=1.5$ mA,$U_{CE}=6$ V,与估算法所得结果一样。

2.3.2　放大电路的动态分析方法

放大电路的动态分析,主要运用图解分析和微变等效电路分析两种基本方法。

1.交流通路

放大电路的输入端接入输入信号 u_i后的工作状态,称为动态。此时,放大电路在输入信号 u_i和直流电源 V_{CC}共同作用下工作,电路中既有直流分量,又有交流分量,流过各极的电流和各极间的电压都是在直流分量的基础上叠加了一个随输入信号 u_i作相应变化的交流分量,形成了直流分量和交流分量共存的情况。

放大电路中各个交流量的变化规律及动态性能一般用放大电路的交流通路来分析。交流通路是指交流信号所流经的通路,也就是动态信号所流经的通路。由放大电路确定其交流通路应遵循如下原则:内阻很小的直流电源,视为短路;容量很大的电容(如耦合电容),视为短路。

根据上述原则,可将图 2.2.1 所示基本共射放大电路画成如图 2.3.4 所示的交流通路。

2. 图解法

(1)根据 u_i的波形在输入特性曲线上求 i_B的波形

设图 2.2.1 所示基本共射放大电路的输入信号 $u_i = U_{im}\sin\omega t$，当它加到放大电路的输入端后，三极管的基极和发射极之间的电压 u_{BE}就是在原有直流电压 U_{BE}的基础上叠加了一个交流量 $u_i(u_{be})$，如图 2.3.5(a)中的曲线 1 所示。根据 u_{BE}的变化规律，可从输入特性曲线画出对应的 i_B的波形，如图 2.3.5(a)中的曲线 2 所示。由图可见，由于 u_i的幅值足够小，三极管工作的 *AB* 段在输入特性曲线的直线段(线性段)。因此，i_B在 I_B的基础上也按正弦规律变化，即

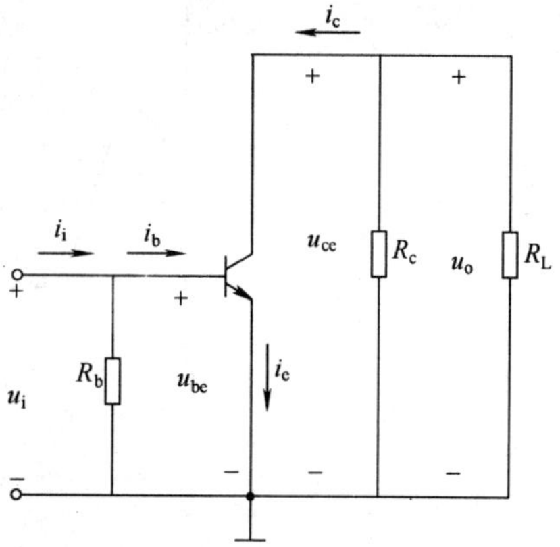

图 2.3.4　图 2.2.1 所示电路的交流通路

$$i_B = I_B + i_b = I_B + I_{bm}\sin\omega t$$

(2)作交流负载线

由于放大电路在动态时，三极管各极电流和各极间的电压都是在静态值的基础上叠加了一个交流分量，故有

$$i_C = I_C + i_c \tag{2.3.4}$$

$$u_{CE} = U_{CE} + u_{ce} \tag{2.3.5}$$

由图 2.3.4 所示交流通路及式(2.3.4)可得

$$u_{ce} = -i_c(R_c /\!/ R_L) = -i_c R'_L = -(i_C - I_C)R'_L \tag{2.3.6}$$

式中 $R'_L = R_c /\!/ R_L$，称为放大电路的交流负载电阻。

将式(2.3.6)代入式(2.3.5)，则有

$$\begin{aligned} u_{CE} &= U_{CE} - (i_C - I_C)R'_L \\ &= U_{CE} + I_C R'_L - i_C R'_L \end{aligned} \tag{2.3.7}$$

式(2.3.7)便是基本共射放大电路在动态时，输出端接有负载的情况下，输出回路外部电路的电压 u_{CE}和电流 i_C的关系式，称为交流负载线方程式，由该方程式所做出的直线即为交流负载线。由于 $u_i = 0$ 时，三极管的集电极电流应为 I_{CQ}，管压降应为 U_{CEQ}，所以它必过 *Q* 点。因此交流负载线的作法是：令 $i_C = 0$，据式(2.3.7)有 $u_{CE} = U_{CE} + I_C R'_L$，于是在横轴上得点 *C*，*C* 点的坐标为($U_{CE} + I_C R'_L$, 0)，将 *C* 点与静态工作点 *Q* 点相连，并延长至纵轴交于 *D* 点，则得交流负载线 *CD*。直线 *CD* 的斜率为 $-1/R'_L$，由于 $R'_L < R_c$，故交流负载线比直流负载线陡一些。

(3)由输出特性曲线和交流负载线求 i_C和 u_{CE}的波形

由于 i_B在 I_B的基础上按正弦规律变化，故交流负载线与输出特性曲线的交点，

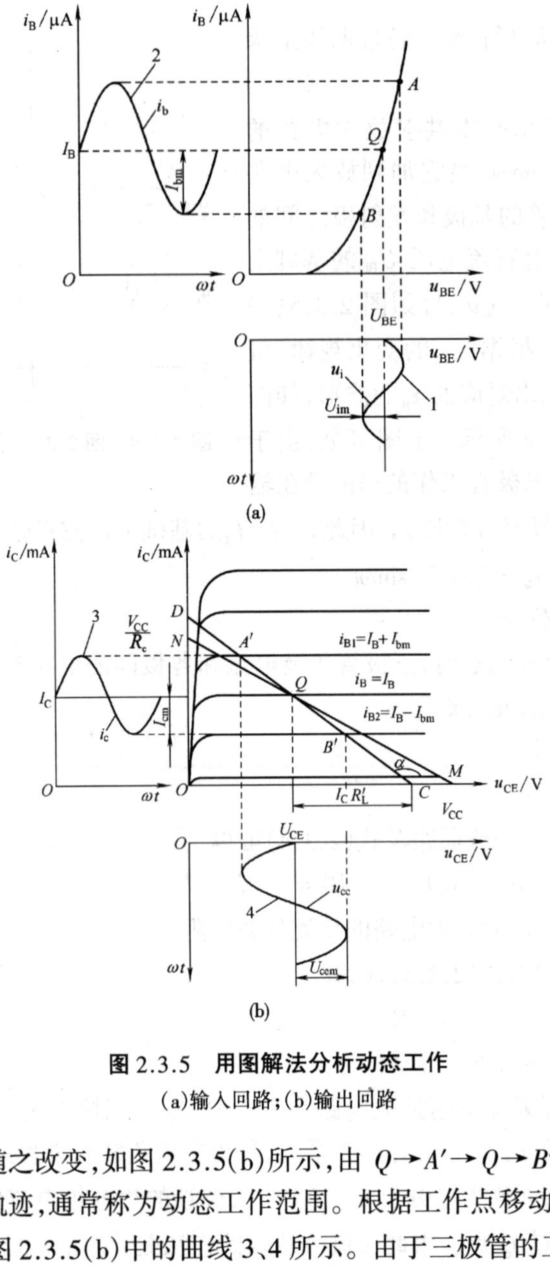

图 2.3.5　用图解法分析动态工作

(a)输入回路;(b)输出回路

即动态工作点也随之改变,如图 2.3.5(b)所示,由 $Q \to A' \to Q \to B' \to Q$,直线段 $A'B'$ 是工作点移动的轨迹,通常称为动态工作范围。根据工作点移动的轨迹,可画出 i_C 和 u_{CE}的波形,如图 2.3.5(b)中的曲线 3、4 所示。由于三极管的工作段($A'B'$)位于输出特性曲线的水平部分(线性区),则 i_C和 u_{CE}在 I_C和 U_{CE}的基础上,也按正弦规律变化,即

$$i_C = I_C + i_c = I_C + I_{cm}\sin\omega t$$

$$u_{CE} = U_{CE} + u_{ce} = U_{CE} + U_{cem}\sin(\omega t - 180^\circ)$$

参见图 2.3.5(b),则放大电路的输出电压为

$$u_o = u_{ce} = U_{cem}\sin(\omega t - 180°)$$

(4)三极管的三个工作区域

三极管有饱和、放大和截止三种工作状态，对应这三种状态，可把三极管的输出特性曲线分成三个区域：饱和区、放大区和截止区，如图 2.3.6 所示。

1)饱和区　饱和现象的产生是由于工作点上移使 $u_{CE} < u_{BE}$ 造成的。此时，集电结正向偏置，其内电场减弱，使得集电区收集电子的能力减弱，导致 i_B 增加时，i_C 基本上不随之增加，即不再遵循 $i_C = \beta i_B$ 的规律了，三极管失去放大作用，进入饱和状态，如图 2.3.6 中的 Q_1 点所示。$u_{CE} = u_{BE}$ 是饱和与放大的分界，图 2.3.6 中的虚线便是这一分界线，显然在虚线以左的区域为饱和区。工程上，把 $u_{CE} = u_{BE}$ 时的状态称为临界饱和，把 $u_{CE} < u_{BE}$ 时的状态称为过饱和。饱和时的 u_{CE} 称为饱和压降，用 U_{CES} 表示。估算时，小功率硅管取 0.3 V，锗管取 0.1 V。

2)放大区　三极管输出特性曲线的平坦部分接近于恒流特性，这部分符合 $i_C = \beta i_B$ 的规律，称为放大区，这是放大电路的工作区域。由于在该区域 ΔI_C 与 ΔI_B 成正比，所以放大区也称为线性区。

3)截止区　一般将输出特性曲线 $i_B \leqslant 0$ 的区域称为截止区，这时 $i_B \approx 0$，$i_C \approx 0$，$u_{CE} = V_{CC}$，三极管如同工作在断开状态。截止是由于三极管的工作点 Q 沿负载线向下移动引起的，如图 2.3.6 中的 Q_2 点。

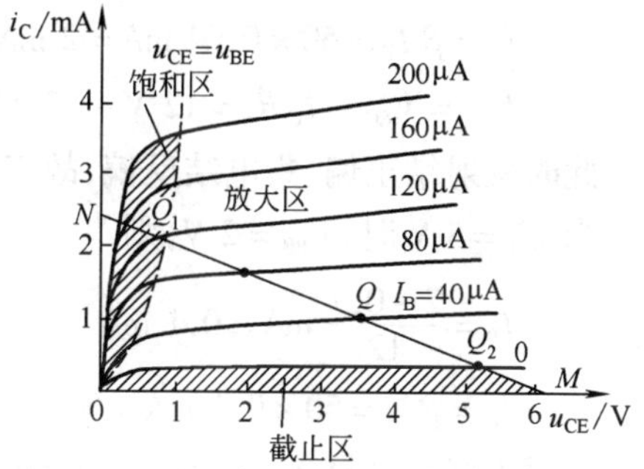

图 2.3.6　三极管的三个工作区域

在实际工作中，常通过测量三极管各极之间的电压来判断它的工作状态。当发射结和集电结均为正偏时，三极管处于饱和工作状态；当发射结正偏、集电结反偏时，三极管处于放大工作状态；当发射结零偏或反偏($u_{BE} \leqslant 0$ V)、集电结也反偏时，三极管处于截止状态，这是指可靠截止而言，实际上，三极管在 u_{BE} 小于其开启电压时，即已进入截止状态。

【例 2.3.2】　对于图 2.3.7(a)所示电路，试分别判断当 $U_1 = 1$ V、3 V 和 5 V 时，三极管的工作状态。

解：首先将图 2.3.7(a)中的基极电路用戴维宁等效电路代换，如图 2.3.7(b)所示。

$$V_{BB} = \frac{R_2}{R_1 + R_2}U_1 = \frac{20}{30+20}U_1 = 0.4U_1$$

$$R_{BB} = R_1 /\!/ R_2 = \frac{30 \times 20}{30+20}\ \text{k}\Omega = 12\ \text{k}\Omega$$

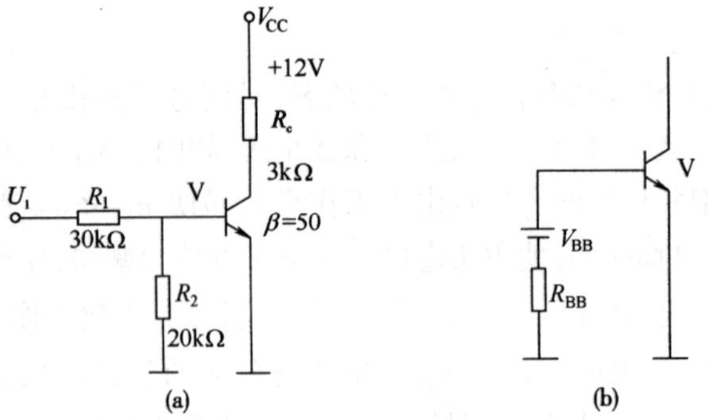

图 2.3.7 【例 2.3.2】的图

(a)电路图;(b)基极电路等效变换后的电路

当 $U_1 = 1$ V 时,$V_{BB} = 0.4$ V,即 $U_{BE} < 0.5$ V,故三极管工作于截止状态。

当 $U_1 = 3$ V 时,$V_{BB} = 1.2$ V

$$I_B = \frac{V_{BB} - U_{BE}}{R_{BB}} = \frac{1.2 - 0.7}{12}\ \text{mA} \approx 0.04\ \text{mA}$$

$$I_C = \beta I_B = 50 \times 0.04\ \text{mA} = 2\ \text{mA}$$

$$U_{CE} = V_{CC} - I_C R_c = 12\ \text{V} - (2 \times 3)\ \text{V} = 6\ \text{V}$$

此时发射结正偏、集电结反偏,故三极管工作于放大状态。

当 $U_1 = 5$ V 时,$V_{BB} = 2$ V,则

$$I_B = \frac{2 - 0.7}{12}\ \text{mA} \approx 0.1\ \text{mA}$$

$$I_C = \beta I_B = 50 \times 0.1\ \text{mA} = 50\ \text{mA}$$

此时不必再计算 U_{CE}值,因为 I_C的最大值是 $V_{CC}/R_c = 4$ mA,故三极管必工作于饱和状态。

(5)放大电路的非线性失真

非线性失真是放大电路中经常发生的一类失真,它是由于三极管特性的非线性引起的。当静态工作点选择不当或输入信号幅度较大时,三极管的工作点将超出其特性曲线的线性区,工作点进入特性曲线非线性区域部分,输入信号将不再被线性放大,于是输出信号波形产生了失真。下面分析两种非线性失真。

1)截止失真　在图 2.3.8(a)中,静态工作点 Q 的位置偏低,而输入电压 u_i的幅度又相对比较大,则在 u_i的负半周的部分时间内出现 u_{BE}小于发射结导通电压的情况,此时 $i_B = 0$,三极管工作于截止区,使 i_b的负半周出现了平顶。对应到图 2.3.8(b)中,i_c的负半周出现了平顶,u_{ce}(u_o)的正半周出现了平顶。这种因三极管截止而产生的失真称为截止失真。消除截止失真的主要方法是减小基极电阻 R_b以增大基极静态电流 I_{BQ},从而增大集电极电流 I_{CQ},使静态工作点沿直流负载线升高。

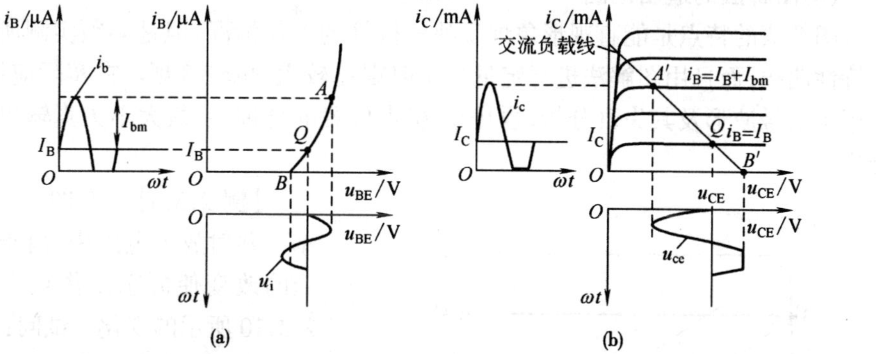

图 2.3.8　截止失真

(a)从输入特性分析截止失真;(b)从输出特性分析截止失真

2)饱和失真　当静态工作点 Q 的位置偏高,而输入信号 u_i 的幅度又相对比较大,则在 u_i 正半周的部分时间内,三极管进入饱和区工作,这时 i_b 可以不失真,但 $i_c=\beta i_b$ 的关系已不复存在,i_b 增加,i_c 却不随之增加,其正半周出现了平顶,相应地 $u_{ce}(u_o)$ 的负半周出现了平顶,如图 2.3.9 所示。这是因三极管饱和而产生的失真称为饱和失真。消除饱和失真就要降低 Q 点,可以采用增大基极电阻 R_b 以减小基极静态电流 I_{BQ},从而减小集电极电流 I_{CQ},也可以采用增大集电极电阻 R_c 以减小集电极电流 I_{CQ};或者换一只 β 小的三极管以便在同样 I_{BQ} 情况下减小 I_{CQ} 等方法实现。

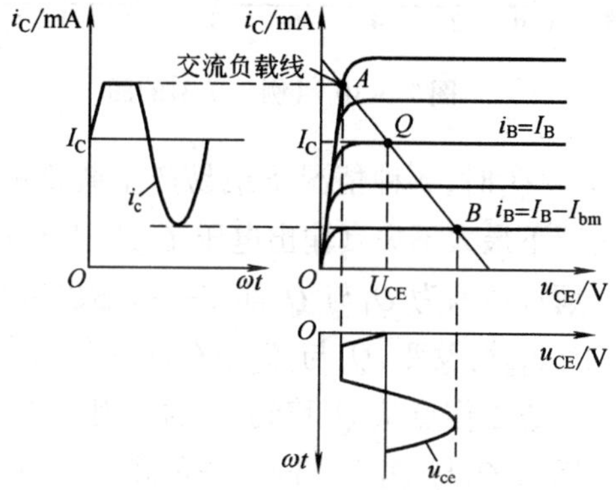

图 2.3.9　饱和失真

假若输入信号幅度过大,可能同时出现截止失真和饱和失真。为了减小和避免非线性失真,必须合理地设置静态工作点的位置,并适当地限制输入信号的幅度。一般情况下,静态工作点应大致设置在交流负载线的中点上。因 Q 点是交流负载线和直流负载线的交点,所以此时 Q 点的位置不是直流负载线的中点。

3)最大不失真输出电压及其估算　放大电路的最大不失真输出电压是指不产生截止失真和饱和失真时,放大电路所能输出的最大电压,一般以 U_{om} 表示,也可用峰-峰值 U_{opp} 表示,$U_{opp}=2\sqrt{2}U_{om}$。其估算方法是以 U_{CEQ} 为中心,取"$V_{CC}-U_{CEQ}$"和"$U_{CEQ}-U_{CES}$"这两段距离中较小的数值,这一数值为最大不失真电压的峰值,除以$\sqrt{2}$,则得到其有效值 U_{om}。

(6)图解法的适用范围

图解法的特点是能直观形象地反映三极管的工作情况，但是必须实测所用管子的特性曲线，而且用图解法进行定量分析时误差较大，也较麻烦。在实际应用中，主要用于信号波形及其失真分析，也用于 Q 点位置的合理性、最大不失真输出电压的分析。

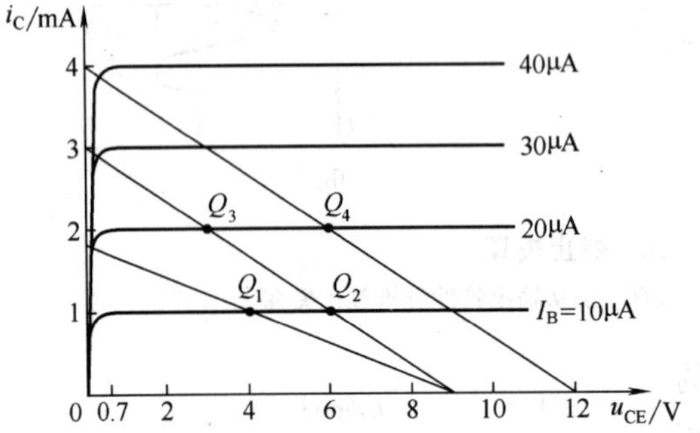

图 2.3.10 【例 2.3.3】的图

【例 2.3.3】 在图 2.2.1 所示基本共射放大电路中，由于电路参数的改变使静态工作点产生如图 2.3.10 所示的变化。试问：

(1)当静态工作点从 Q_1 移到 Q_2、从 Q_2 移到 Q_3、从 Q_3 移到 Q_4 时，分别是因为电路的哪个参数变化造成的？这些参数是如何变化的？

(2)当电路的静态工作点分别为 Q_1 ~ Q_4 时，哪种情况下最易产生截止失真？哪种情况下最易产生饱和失真？哪种情况下最大不失真输出电压 U_{om} 最大？其值约为多少？

解：(1)因为 Q_1 与 Q_2 都在一条输出特性曲线上，所以基极静态电流 I_{BQ} 相同，说明 R_b、V_{BB} 均没变；Q_1 与 Q_2 不在同一条负载线上，说明 R_c 变化了，由于负载线变陡，所以静态工作点从 Q_1 移到 Q_2 的原因是 R_c 减小。

因为 Q_3 与 Q_2 都在同一条负载线上，所以 R_c 没变；而 Q_3 与 Q_2 不在同一条输出特性曲线上，说明 R_b、V_{BB} 产生变化；从图上可知 Q_3 的 I_{BQ}(20 μA)大于 Q_2 的 I_{BQ}(10 μA)，因此从 Q_2 移到 Q_3 的原因是 R_b 减小或 V_{BB} 增大，当然也可能兼而有之。

因为 Q_4 与 Q_3 在同一条输出特性曲线上，所以输入回路参数没有变化；而 Q_4 所在负载线平行于 Q_3 所在负载线，说明 R_c 没变；从负载线与横轴交点可知，从 Q_3 移到 Q_4 的原因是集电极电源 V_{CC} 增大。

(2)从 Q 点在输出特性坐标平面中的位置可知，Q_2 最靠近截止区，因而此时电路最易出现截止失真；Q_3 最靠近饱和区，因而最易出现饱和失真；Q_4 距饱和区和截止区最远，所以此时电路的最大不失真电压 U_{om} 最大。

因为 Q_4 下 $U_{CEQ}=6$ V，正居负载线中点，所以其最大不失真电压有效值

$$U_{om}=\frac{U_{CEQ}-U_{CES}}{\sqrt{2}}\approx 3.54\ \text{V}$$

式中 U_{CES} 为管子的饱和压降，估算时一般取 1 V。

3.微变等效电路法

三极管是一种非线性器件，因此在分析放大电路时，一般不能采用线性电路的分

析方法,因而使分析变得复杂、困难。为便于分析计算,需要对它进行适当的近似,即在放大电路的输入信号电压幅值比较小的条件下,把三极管在静态工作点附近小范围内的特性曲线近似地用直线代替,这样三极管就可用一个线性有源网络来等效,从而把由三极管组成的非线性电路当作线性电路来分析,这就是微变等效电路分析法。这里的"微变"是指输入信号是小信号,其变化量足够小。

(1)三极管的微变等效电路

1)输入回路的等效　在图2.3.11(a)所示的输入特性曲线上,适当选择 I_B 值,使三极管工作在 Q 点附近的一小段,该工作段可认为是直线,即输入特性的线性区,则 Δu_{BE} 与 Δi_B 成正比,其比值用线性电阻 r_{be} 表示,于是

$$r_{be}=\frac{\Delta u_{BE}}{\Delta i_B} \tag{2.3.8}$$

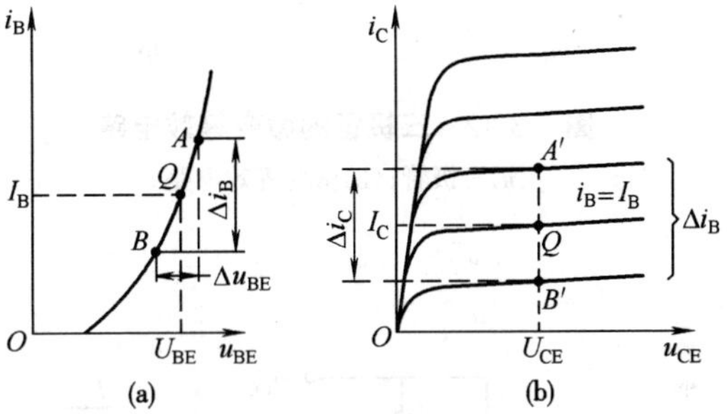

图2.3.11　三极管微变等效电路的求法

(a) r_{be} 的求法;(b) β 的求法

r_{be} 称为三极管的输入电阻,它是对变化量而言的,故又称为动态输入电阻。该阻值的倒数为 Q 点切线的斜率,不难看出,r_{be} 的大小和工作点 Q 的位置有关。r_{be} 通常用下面的公式估算:

$$r_{be}=r_{bb'}+(1+\beta)\frac{26\ \text{mV}}{I_{EQ}} \tag{2.3.9}$$

式中,I_{EQ}(单位为mA)为发射极静态电流;β 为共射电流放大倍数;$r_{bb'}$ 为三极管基区体电阻,它的大小与三极管的类型有关,低频小功率管为几百欧(常取300 Ω),高频管和大功率管为几欧至几十欧。因此对于低频小功率管,式(2.3.9)可写成:

$$r_{be}=300\ \Omega+(1+\beta)\frac{26\ \text{mV}}{I_{EQ}} \tag{2.3.10}$$

该式适用的范围为 $0.1\ \text{mA}<I_{EQ}<5\ \text{mA}$,否则将产生较大误差。在手册中,常常给出了 r_{be}(有的记作 h_{ie})的数值,或 r_{be} 与 I_{EQ} 的关系曲线。

2)输出回路的等效　若三极管工作在图2.3.11(b)所示输出特性曲线 Q 点附近,即工作在特性曲线的线性区,可认为该区域的特性曲线是间隔均匀的水平直线,从图中可以看出,因 Δi_B 引起的集电极电流变化 Δi_C 几乎与集电极电压变化 Δu_{CE} 无关,仅仅取决于基极电流的变化 Δi_B,电流放大系数为

$$\beta=\left.\frac{\Delta i_C}{\Delta i_B}\right|_{u_{ce}=\text{常数}}=\left.\frac{\Delta i_c}{\Delta i_b}\right|_{u_{ce}=0} \tag{2.3.11}$$

即　$i_c=\beta i_b$　(2.3.12)

因此,三极管c、e之间可以用一个受控电流源 βi_b 来等效,该受控电流源受 i_b 的

控制，其大小和流向都是由 i_b决定的。在有的文献中，β 记作 h_{fe}。

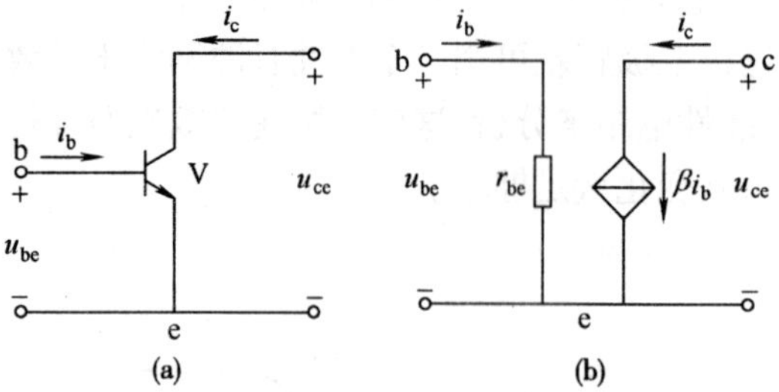

图 2.3.12 三极管的微变等效电路

(a)三极管；(b)微变等效电路

综上所述，可得到三极管的微变等效电路如图 2.3.12(b)所示。该微变等效电路不仅适用于 NPN 型三极管，也适用于 PNP 型三极管，且不必改变电压、电流的参考方向。

(2)用微变等效电路法分析基本共射放大电路

为了分析的方便，把基本共射放大电路重画在图 2.3.13(a)中。

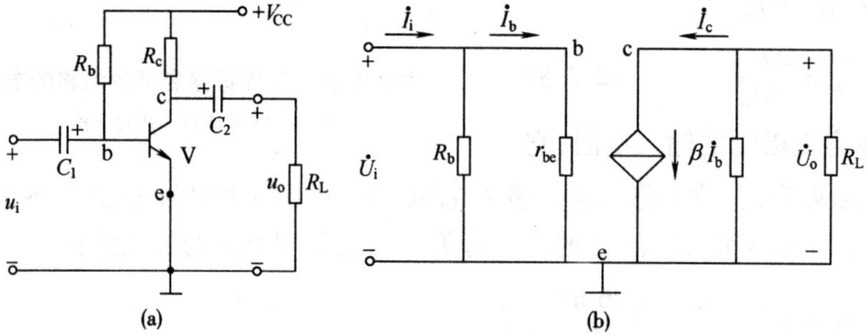

图 2.3.13 基本共射放大电路的微变等效电路

(a)电路图；(b)微变等效电路

由前面的分析可知，三极管用微变等效电路来等效，输入信号必须是微小的变化量条件下才能成立。因此，只能用它对放大电路进行动态分析。在共射放大电路的交流通路中(见 2.3.2 节)，用三极管微变等效电路取代三极管，就得到该放大电路的微变等效电路，如图 2.3.13(b)所示。由于分析和测试时常用正弦电压作为输入信号，所以在微变等效电路中的电压和电流用相量表示，其方向均为参考方向。

画出微变等效电路后，就可以根据分析线性电路的方法，列出电路方程，求解电压放大倍数 $\dot{A}_u$、输入电阻 R_i和输出电阻 R_o。

关于放大电路的电压放大倍数 $\dot{A}_u$、输入电阻 R_i和输出电阻 R_o的概念，已在前面进行过介绍，这里利用三极管的微变等效电路来求解它们具有普遍适用性的计算公式。

1)求电压放大倍数 $\dot{A}_u$　放大电路的电压放大倍数 $\dot{A}_u$等于输出电压 $\dot{U}_o$与输入电压 $\dot{U}_i$之比。由图 2.3.13(b)可知

$$\dot{U}_i = \dot{U}_{be} = \dot{I}_b r_{be} \tag{2.3.13}$$

$$\dot{U}_o = -\dot{I}_c(R_c /\!/ R_L) = -\beta\dot{I}_b R'_L \tag{2.3.14}$$

式中 $R'_L = R_c /\!/ R_L$。

由式(2.3.13)和式(2.3.14)可得电压放大倍数

$$\dot{A}_u = \frac{\dot{U}_o}{\dot{U}_i} = \frac{-\beta\dot{I}_b R'_L}{\dot{I}_b r_{be}} = -\beta\frac{R'_L}{r_{be}} \tag{2.3.15}$$

式中负号表示输出电压与输入电压相位相反。

2)求输入电阻 R_i　如图 2.3.14 所示,放大电路的输入电阻是从放大电路输入端 AA′看进去的等效电阻。从图 2.3.13(b)所示电路可知

$$\dot{I}_i = \frac{\dot{U}_i}{R_b} + \frac{\dot{U}_i}{r_{be}}$$

据式(2.1.4)可求得共射放大电路的输入电阻

$$R_i = \frac{\dot{U}_i}{\dot{I}_i} = r_{be} /\!/ R_b \tag{2.3.16}$$

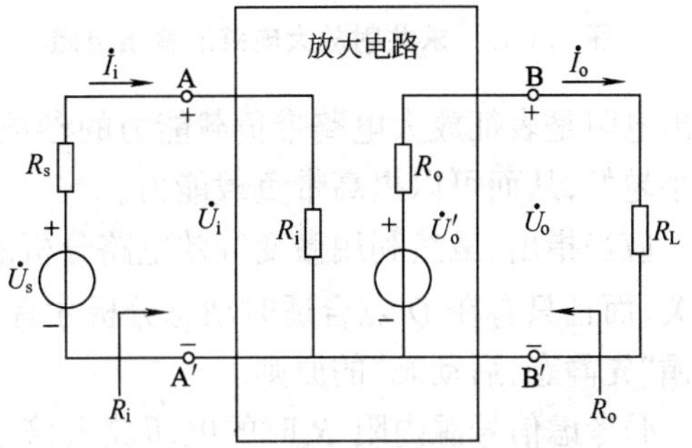

图 2.3.14　放大电路的输入电阻和输出电阻

因为一般情况下 $R_b >> r_{be}$,所以

$$R_i \approx r_{be} \tag{2.3.17}$$

应当注意,不要把放大电路的输入电阻 R_i 和三极管的输入电阻 r_{be} 混同起来,它们具有不同的物理意义。

若信号源有内阻 R_s(如图 2.3.14),则放大电路输入电压是信号源电压在输入电阻上的分压,即

$$\dot{U}_i = \dot{U}_s\frac{R_i}{R_i + R_s} \tag{2.3.18}$$

显而易见,$\dot{U}_i < \dot{U}_s$,说明输入电压有一定程度的衰减。R_i 越大,$\dot{U}_i$ 越接近于 $\dot{U}_s$,衰减越小。所以,输入电阻 R_i 是衡量放大电路对输入电压衰减程度的参数。一般来说,希望放大电路的输入电阻高一些为好,特别是在信号源内阻 R_s 较大的场合,这样可避免信号过多地衰减,作为放大电路的输入级尤其应当予以考虑,例如晶体管毫伏表、示波器等测量仪器的第一级放大电路,要求具有较大的 R_i,以使 $\dot{U}_i \approx \dot{U}_s$;但在有的场合,却希望输入电阻小一些,如用放大电路构成的电流表。

3)求输出电阻 R_o　放大电路的输出电阻是从放大电路输出端 BB' 看进去的等效电阻,如图 2.3.14 所示。可利用图 2.3.15 所示的电路来计算。图中信号源已被短路,负载 R_L 已断开,在输出端外加测试电压 $\dot{U}$ 的作用下,产生了相应的测试电流 $\dot{I}$。由于 $\dot{U}_s = 0$,有 $\dot{I}_b = 0$,故 $\beta\dot{I}_b = 0$,受控电流源作开路处理,则输出电阻为

$$R_o = \frac{\dot{U}}{\dot{I}} = R_c \tag{2.3.19}$$

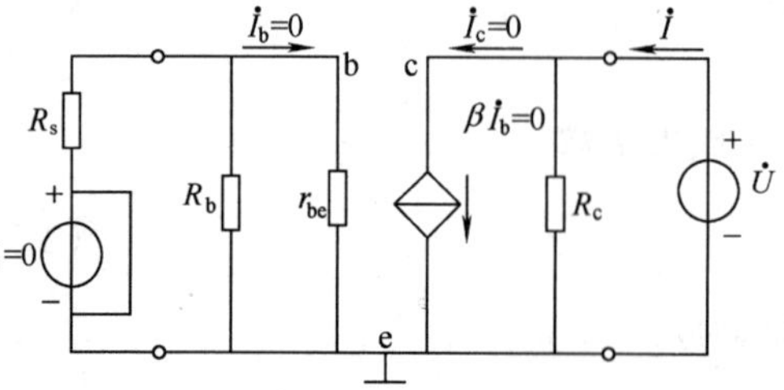

图 2.3.15 求共射放大电路的输出电阻

由图 2.3.14 可知，由于输出电阻 R_o的存在，放大电路接上负载后的输出电压为

$$\dot{U}_o = \dot{U}'_o - \dot{I}_o R_o$$

可见，R_o越大，则负载变化时，输出电压的变化也越大，说明放大电路带负载能力越弱；反之，则说明放大电路带负载能力越强。所以，输出电阻是表征放大电路带负载能力的参数。对于输出级来说，往往希望输出电阻越小越好，从而可以提高带负载能力。

应当指出，虽然利用微变等效电路分析的是动态参数，但是由于 r_{be}与 Q 点紧密相关，而且只有在 Q 点合适时动态分析才有意义，所以对放大电路进行分析时，总是遵循“先静态，后动态”的原则。

4)考虑信号源内阻 R_s时的电压放大倍数的计算　以上计算电压放大倍数时均未考虑信号源内阻 R_s的影响。当考虑信号源内阻 R_s后，电压放大倍数的定义为：输出电压 $\dot{U}_o$与信号源电压 $\dot{U}_s$之比，即

$$\dot{A}_{us} = \frac{\dot{U}_o}{\dot{U}_s} \tag{2.3.20}$$

该电压放大倍数称之为源电压放大倍数。

由图 2.3.16 所示共射放大电路的微变等效电路，可导出

$$\dot{A}_{us} = \frac{\dot{U}_o}{\dot{U}_s} = \frac{\dot{U}_o}{\dot{U}_i}\cdot\frac{\dot{U}_i}{\dot{U}_s} = \dot{A}_u\frac{\dot{U}_i}{\dot{U}_s}$$

而

$$\dot{U}_i = \frac{\dot{U}_s}{R_s + R_i}R_i$$

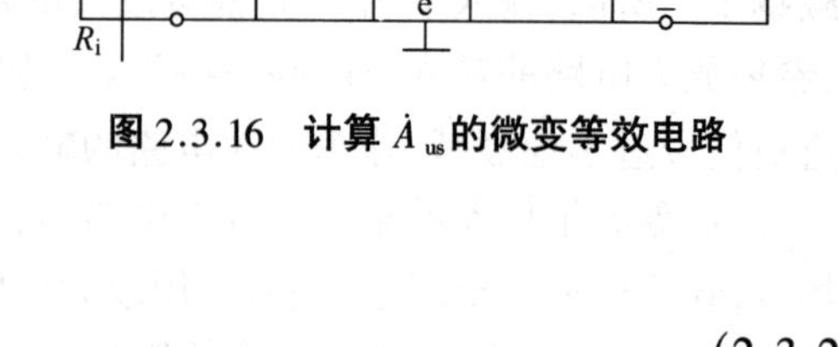

图 2.3.16 计算 $\dot{A}_{us}$的微变等效电路

于是

$$\dot{A}_{us} = \dot{A}_u \frac{R_i}{R_s + R_i} = -\beta \frac{R'_L}{r_{be}}\cdot\frac{R_i}{R_s + R_i} \tag{2.3.21}$$

因 $R_b >> r_{be}$时，$R_i \approx r_{be}$，则

$$\dot{A}_{us} \approx -\beta\frac{R'_L}{r_{be}}\cdot\frac{r_{be}}{R_s + r_{be}} = -\beta\frac{R'_L}{R_s + r_{be}} \tag{2.3.22}$$

将式(2.3.22)与式(2.3.15)比较，可见考虑信号源内阻 R_s后，电压放大倍数减小

了。

【例 2.3.4】 试用微变等效电路法计算图 2.3.17(a)所示放大电路的电压放大倍数 $\dot{A}_u$、输入电阻 R_i、输出电阻 R_o和源电压放大倍数 $\dot{A}_{us}$。已知 $V_{CC}=15$ V,三极管为硅管,$\beta=60$,电容 C_1和 C_2足够大,其他参数已在电路图中标出。

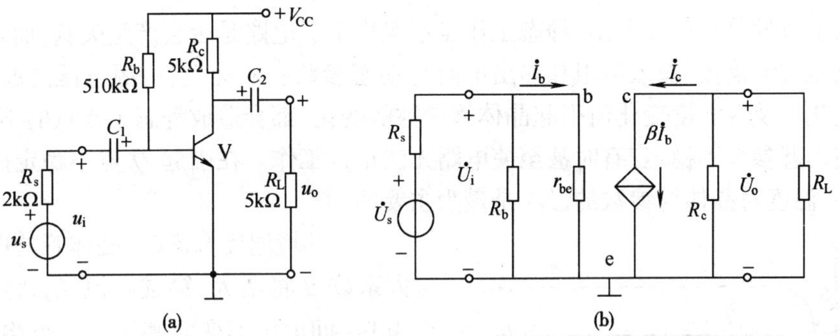

图 2.3.17 【例 2.3.4】电路

(a)电路图;(b)微变等效电路

解:为了计算 r_{be},需先求 I_E,根据图 2.3.17(a),可得

$$I_B=\frac{V_{CC}-U_{BE}}{R_b}=\frac{(15-0.7)\text{V}}{510\ \text{k}\Omega}\approx 0.028\ \text{mA}=28\ \mu\text{A}$$

$$I_E\approx I_C=\beta I_B=60\times 28\ \mu\text{A}=1.68\ \text{mA}$$

则

$$r_{be}=300\ \Omega+(1+\beta)\frac{26\ \text{mV}}{I_E}=300\ \Omega+(1+60)\frac{26\ \text{mV}}{1.68\ \text{mV}}\approx 1\ 244\ \Omega=1.24\ \text{k}\Omega$$

画出微变等效电路如图 2.3.17(b)所示。

根据式(2.3.15)、(2.3.16)、(2.3.19)、(2.3.21)可得

$$\dot{A}_u=-\beta\frac{R_c/\!/R_L}{r_{be}}=-60\times\frac{\left(\dfrac{5\times 5}{5+5}\right)\text{k}\Omega}{1.24\ \text{k}\Omega}\approx -121$$

$$R_i=r_{be}/\!/R_b=\frac{1.24\times 510}{1.24+510}\ \text{k}\Omega\approx 1.24\ \text{k}\Omega$$

$$R_o=R_c=5\ \text{k}\Omega$$

$$\dot{A}_{us}=\dot{A}_u\frac{R_i}{R_s+R_i}=-121\times\left(\frac{1.24}{2+1.24}\right)\approx -46.3$$

2.4 放大电路静态工作点的稳定

2.4.1 静态工作点稳定的必要性

从上节的分析可以看出，静态工作点不但决定了电路是否会产生失真，而且还影响着电压放大倍数、输入电阻和输出电阻等动态参数。实际上，电源电压的波动、元件的老化以及因温度变化所引起晶体管参数的变化，都会造成静态工作点的不稳定，从而使动态参数不稳定，有时甚至使电路无法正常工作。在引起 Q 点不稳定的诸多因素中，温度对晶体管参数的影响是最为主要的。

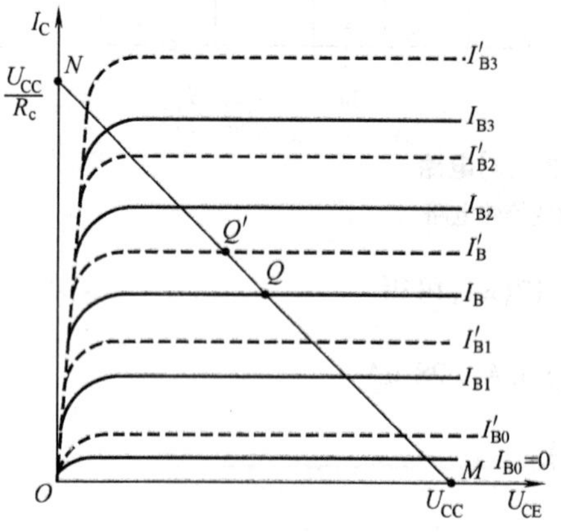

图 2.4.1 三极管在不同环境温度下的输出特性曲线

当环境温度升高时，晶体管的电流放大系数 β 将增大，穿透电流 I_{CEO} 将增大，当 b-e 间电压不变时基极电流也将增大，这一切集中地表现为温度升高时集电极电流明显增大；在共射放大电路中三极管的管压降 U_{CE} 将减小，Q 点将沿直流负载线上移，向饱和区变化。反之，当温度降低时，Q 点将沿直流负载线下移，向截止区变化。在图 2.4.1 中，实线为三极管在 20 ℃时的输出特性曲线，虚线为 50 ℃时的输出特性曲线。由于温度升高，静态工作点从 Q 移到 Q'。显然，要想使静态工作点重新回到原来位置，只要在温度升高时适当地减小基极电流 I_B 即可。由此可见，所谓稳定 Q 点，是指在环境温度变化时集电极静态电流 I_{CQ} 和管压降 U_{CEQ} 基本不变，即 Q 点在三极管输出特性坐标平面中的位置基本不变。因此，必然依靠 I_{BQ} 的变化来抵消 I_{CQ} 和 U_{CEQ} 的变化。

2.4.2 典型的静态工作点稳定电路

1. 电路组成和静态工作点的稳定原理

典型的工作点稳定电路如图 2.4.2(a)所示，它的偏置电路由电阻 R_{b1}、R_{b2}（称为分压电阻）和射极电阻 R_e 组成，故又称为射极偏置电路或基极分压式偏置电路。图 2.4.2(b)所示为其直流通路。

在图 2.4.2(b)所示电路中，B 点的电流方程为

$$I_2 = I_1 + I_{BQ}$$

为了稳定静态工作点，通常情况下，参数的选取应满足 $I_1 >> I_{BQ}$，因此，$I_2 \approx I_1$，

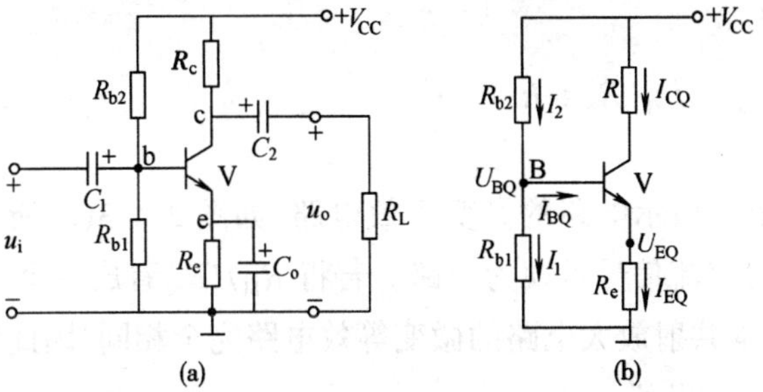

图 2.4.2　典型的工作点稳定电路及其直流通路

(a)电路图;(b)直流通路

故 B 点电位为

$$U_{BQ} \approx \frac{R_{b1}}{R_{b1}+R_{b2}} \cdot V_{CC} \tag{2.4.1}$$

式(2.4.1)表明基极电位几乎仅决定于 R_{b1} 与 R_{b2} 对 V_{CC} 的分压,而与环境温度无关,即当温度变化时,U_{BQ} 基本不变。

当温度升高时,集电极电流 I_C 增大,发射极电流 I_E 必然相应增大,因而射极电阻 R_e 上的电压 U_E(即发射极的电位)随之增大;因为 U_{BQ} 基本不变,而 $U_{BE}=U_B-U_E$,所以 U_{BE} 势必减小,导致基极电流 I_B 减小,I_C 随之相应减小。结果,I_C 随温度升高而增大的部分几乎被因 I_B 减小而减小的部分相抵消,I_C 将基本不变,U_{CE} 也将基本不变,达到稳定 Q 点的目的。这个过程可简单表述如下。

$$T(℃)\uparrow \rightarrow I_C\uparrow(I_E\uparrow) \rightarrow U_E\uparrow(\text{因为 } U_{BQ} \text{ 基本不变}) \rightarrow U_{BE}\downarrow \rightarrow I_B\downarrow$$

$$I_C \leftarrow$$

当温度降低时,各物理量向相反方向变化,读者可自行分析。

在上述分析中,为使 U_{BQ} 保持不变,则要求流过分压电阻的电流远大于基极电流,即满足 $I_1 \gg I_{BQ}$。另外,发射极电阻 R_e 起着重要的作用,R_e 越大,则在 R_e 上产生的压降越大,对 I_C 变化的抑制能力越强,电路稳定作用越明显。不过 R_e 太大,发射极电压 U_E 将过高,由于电源电压的限制,使三极管的管压降变得很小,静态工作点将接近饱和区,势必影响电路正常工作。

2.静态工作点的估算

已知 $I_1 \gg I_{BQ}$ 时

$$U_{BQ} \approx \frac{R_{b1}}{R_{b1}+R_{b2}} \cdot V_{CC}$$

所以

$$I_{CQ} \approx I_{EQ} = \frac{U_{BQ}-U_{BEQ}}{R_E} \tag{2.4.2}$$

$$I_{BQ}=\frac{I_{CQ}}{\beta} \tag{2.4.3}$$

$$U_{CEQ}\approx V_{CC}-I_{CQ}(R_c+R_e) \tag{2.4.4}$$

3.动态分析

画出图 2.4.2(a)所示电路的微变等效电路,如图 2.4.3(a)所示,电容 C_e 为旁路电容,容量很大,对交流信号可视为短路。若将 $R_{b1}//R_{b2}$ 看成一个电阻 R_b,则图 2.4.3(a)所示电路与基本共射放大电路的微变等效电路完全相同,因此动态参数

$$\dot{A}_u=\frac{\dot{U}_o}{\dot{U}_i}=-\frac{\beta R'_L}{r_{be}}\quad (R'_L=R_c//R_L) \tag{2.4.5}$$

$$R_i=\frac{\dot{U}_i}{\dot{I}_i}=R_{b1}//R_{b2}//r_{be} \tag{2.4.6}$$

$$R_o=R_c \tag{2.4.7}$$

倘若没有旁路电容 C_e,则图 2.4.2(a)所示电路的微变等效电路如图 2.4.3(b)所示。由图可知

$$\dot{U}_i=\dot{I}_b r_{be}+\dot{I}_e R_e+\dot{I}_b r_{be}+\dot{I}_b(1+\beta)R_c$$

$$\dot{U}_o=-\dot{I}_c R'_L=-\beta\dot{I}_b R'_L$$

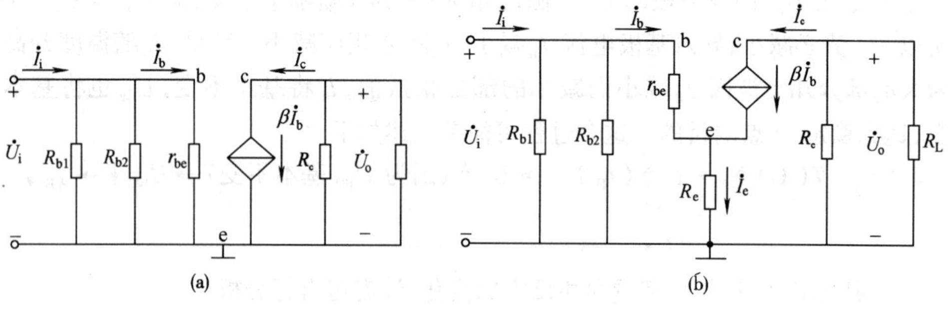

图 2.4.3 典型的工作点稳定电路的微变等效电路

(a)有 C_e 时的微变等效电路;(b)无 C_e 时的微变等效电路

所以

$$\dot{A}_u=\frac{\dot{U}_o}{\dot{U}_i}=-\frac{\beta R'_L}{r_{be}+(1+\beta)R_e}\qquad (R'_L=R_c//R_L) \tag{2.4.8}$$

$$R_i=\frac{\dot{U}_i}{\dot{I}_i}=R_{b1}//R_{b2}//[r_{be}+(1+\beta)R_e] \tag{2.4.9}$$

$$R_o=R_c \tag{2.4.10}$$

【例 2.4.1】 在图 2.4.2(a)所示电路中,已知 $V_{CC}=12\ V$, $R_{b1}=5\ k\Omega$, $R_{b2}=15\ k\Omega$, $R_e=2.3\ k\Omega$, $R_c=5.1\ k\Omega$, $R_L=5.1\ k\Omega$,三极管的 $\beta=100$。

(1)试估算静态工作点。

(2)分别求出有、无 C_e 两种情况下的 $\dot{A}_u$ 和 R_i。

解：

(1)求静态工作点 Q

$$U_{BQ} \approx \frac{R_{b1}}{R_{b1}+R_{b2}} \cdot V_{CC} = \left(\frac{5}{5+15} \times 12\right) \text{V} = 3 \text{ V}$$

$$I_{CQ} \approx I_{EQ} = \frac{U_{BQ}-U_{BEQ}}{R_e} = \left(\frac{3-0.7}{2.3}\right) \text{mA} = 1 \text{ mA}$$

$$I_{BQ} = \frac{I_{CQ}}{\beta} = \frac{1}{100} \text{ mA} = 0.01 \text{ mA} = 10 \text{ μA}$$

$$U_{CEQ} \approx V_{CC} - I_{CQ}(R_c + R_e) = [12 - 1 \times (5.1 + 2.3)] \text{V} = 4.6 \text{ V}$$

(2)求解 $\dot{A}_u$ 和 R_i

因为

$$r_{be} = 300\ \Omega + (1+\beta)\frac{26 \text{ mA}}{1 \text{ mA}} = 2\ 926\ \Omega \approx 2.93 \text{ k}\Omega$$

$$R'_L = R_c // R_L = \frac{5.1 \times 5.1}{5.1 + 5.1} \text{ k}\Omega = 2.55 \text{ k}\Omega$$

所以，当有 C_e 时

$$\dot{A}_u = -\beta \frac{R'_L}{r_{be}} = -100 \times \frac{2.55 \text{ k}\Omega}{2.93 \text{ k}\Omega} \approx -87$$

$$R_i = R_{b1} // R_{b2} // r_{be} = \frac{1}{\frac{1}{5} + \frac{1}{15} + \frac{1}{2.93}} \text{ k}\Omega \approx 1.64 \text{ k}\Omega$$

当无 C_e 时

$$\dot{A}_u = -\frac{\beta R'_L}{r_{be} + (1+\beta)R_e} = -\frac{100 \times 2.25}{2.93 + (1+100) \times 2.3} \approx -1.08$$

比接 C_e 时的放大倍数下降了许多。

$$R_i = R_{b1} // R_{b2} // [r_{be} + (1+\beta)R_e] = \frac{1}{\frac{1}{5} + \frac{1}{15} + \frac{1}{2.93 + (1+100) \times 2.3}} \text{ k}\Omega$$

$$\approx 3.69 \text{ k}\Omega$$

2.5　共集电极放大电路

2.5.1　电路结构与静态分析

1. 电路结构

图 2.5.1(a)所示为共集电极放大电路，也是一种基本放大电路，它的交流通路如图 2.5.1(b)所示。从交流通路可见，基极是信号的输入端，集电极则是输入、输出回

路的公共端，所以是共集电极放大电路。因为是从发射极输出信号，故又称之为射极输出器。

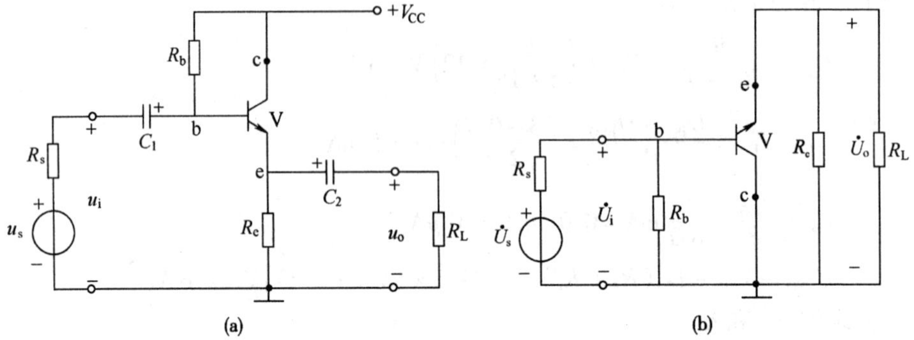

图 2.5.1　共集电极放大电路

(a)电路图；(b)交流通路

2.静态分析

在图 2.5.1(a)所示电路的直流通路中(未单独画出)，对基极回路可列方程

$$V_{CC}=I_{BQ}R_b+U_{BEQ}+(1+\beta)I_{BQ}R_e$$

则

$$I_{BQ}=\frac{V_{CC}-U_{BEQ}}{R_b+(1+\beta)R_e} \tag{2.5.1}$$

$$I_{CQ}=\beta I_{BQ} \tag{2.5.2}$$

$$U_{CEQ}\approx V_{CC}-I_{CQ}R_e \tag{2.5.3}$$

2.5.2　动态分析

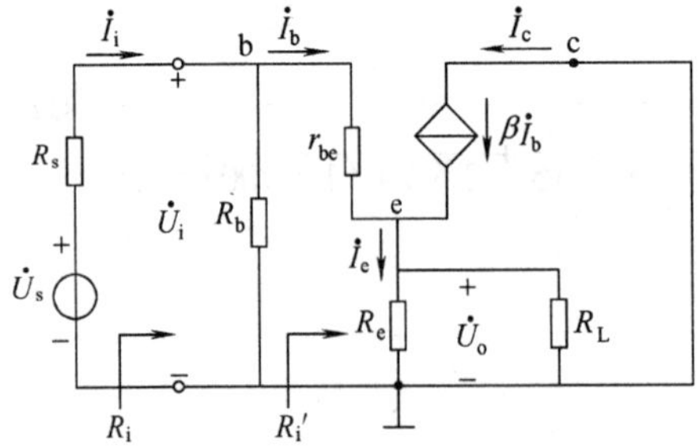

图 2.5.2　共集电极电路的微变等效电路

由图 2.5.1(b)所示交流通路，画出共集电极电路的微变等效电路如图 2.5.2 所示。

1.求电压放大倍数 $\dot{A}_u$

由图 2.5.2 所示电路可知

$$\dot{U}_i=\dot{I}_b r_{be}+\dot{I}_e R_L'=\dot{I}_b[r_{be}+(1+\beta)R_L']$$

$$\dot{U}_o=\dot{I}_e R_L'=\dot{I}_b R_L'$$

式中 $R_L'=R_c/\!/R_L$。

故

$$\dot{A}_u=\frac{\dot{U}_o}{\dot{U}_i}=\frac{\dot{I}_b(1+\beta)R_L'}{\dot{I}_b[r_{be}+(1+\beta)R_L']}=\frac{(1+\beta)R_L'}{r_{be}+(1+\beta)R_L'}<1 \tag{2.5.4}$$

一般$(1+\beta)R'_L >> r_{be}$，故$\dot{A}_u \approx 1$（略小于 1），这表明共集电极电路的输出信号电压和输入信号电压数值相近，相位相同，亦即输出信号跟随输入信号变化，所以共集电极电路可称为电压跟随器。虽然$\dot{A}_u < 1$，电路无电压放大能力，但是输出电流I_e远大于输入电流I_b，所以电路仍有功率放大作用。

2.输入电阻 R_i

由图 2.5.2 所示电路可知

$$R'_i = \frac{\dot{U}_i}{\dot{I}_b} = \frac{\dot{I}_b r_{be} + (1+\beta)\dot{I}_b R'_L}{\dot{I}_b} = r_{be} + (1+\beta)R'_L$$

$$R_i = R_b /\!/ R'_i = R_b /\!/ [r_{be} + (1+\beta)R'_L] \tag{2.5.5}$$

此式说明，共集电极电路的输入电阻比较大，它一般比共射极基本放大电路的输入电阻大几十倍到几百倍。

3.求输出电阻 R_o

作出计算 R_o的电路如图 2.5.3 所示，由图可得出

$$\begin{aligned}\dot{I} &= \dot{I}_{Re} + \dot{I}_b + \beta\dot{I}_b \\ &= \dot{I}_{Re} + (1+\beta)\dot{I}_b \\ &= \frac{\dot{U}_o}{R_e} + (1+\beta)\cdot\frac{\dot{U}}{r_{be} + R'_s}\end{aligned}$$

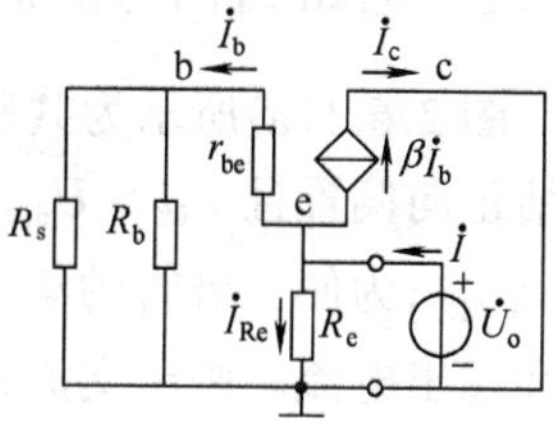

图 2.5.3　计算共集电极电路输出电阻电路

式中 $R'_s = R_s /\!/ R_b$。

故

$$R_o = \frac{\dot{U}}{\dot{I}} = \frac{1}{\dfrac{1}{R_e} + 1\Big/\dfrac{r_{be}+R'_s}{1+\beta}} = R_e /\!/ \left(\frac{r_{be}+R'_s}{1+\beta}\right)$$

通常有 $R_e >> \dfrac{r_{be}+R'_s}{1+\beta}$，故

$$R_o \approx \frac{r_{be}+R'_s}{1+\beta} = \frac{r_{be} + (R_s /\!/ R_b)}{1+\beta} \tag{2.5.6}$$

在上式中，信号源内阻 R_s和三极管输入电阻 r_{be}都很小，而管子的 β 值一般较大，所以共集电极电路的输出电阻比共发射极电路的输入电阻小得多，一般在几十欧左右。

4.特点和应用

射极输出器的主要特点是：输入电阻大；输出电阻小；电压放大倍数小于 1 而接近于 1；输出电压与输入电压相位相同；虽然没有电压放大作用，但仍有电流和功率放大作用。由于它具有这些特点，使得射极输出器在电子电路中应用十分广泛。

（1）作多级放大电路的输入级

采用输入电阻大的射极输出器作为放大电路的输入级，可使输入到放大电路的信号电压基本上等于信号源电压。例如，在许多测量电压的电子仪器中，就是采用射

极输出器作为输入级,可使输入到仪器的电压基本上等于被测电压,减小了误差,提高了精度。

(2)作多级放大电路的输出级

采用输出电阻小的射极输出器作为放大电路的输出级,可获得稳定的输出电压,提高了放大电路的带负载能力,因此对于负载电阻较小和负载变动较大的场合,宜采用射极输出器作为输出级。

(3)作多级放大电路的缓冲级

将射极输出器接在两级放大电路之间,利用其输入电阻大、输出电阻小的特点,可作阻抗变换用,在两级放大电路中间起缓冲作用。

2.6 共基极放大电路

2.6.1 电路结构与静态分析

图 2.6.1(a)所示为共基极放大电路。根据放大电路的组成原则,为使三极管发射结正向偏置且 $u_{BE} > U_{th}$,在其输入回路加电源 V_{BB},V_{BB}与 R_e共同确定发射极静态电流 I_{EQ};为使三极管的集电结反向偏置,在其输出端加电源 V_{CC},V_{CC}提供集电极电流和输出电流。画出交流通路如图 2.6.1(b)所示,可以看出输入回路与输出回路的公共端为基极。

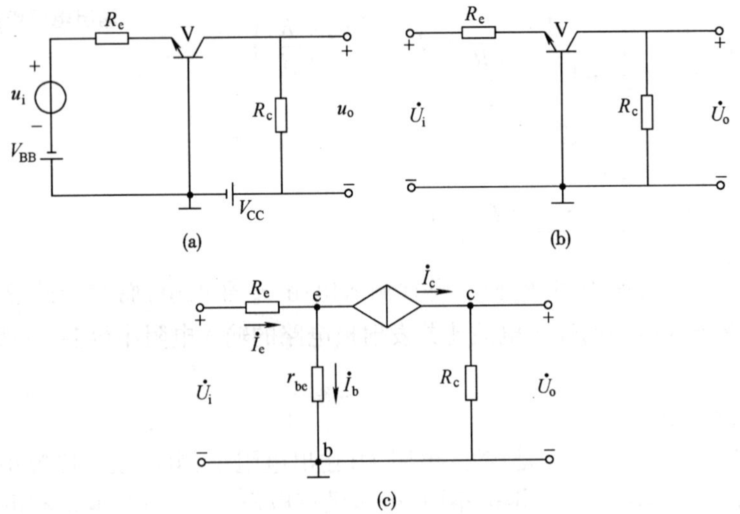

图 2.6.1 共基极放大电路

(a)电路;(b)交流通路;(c)微变等效电路

在图 2.6.1(a)所示电路中,令 $\dot{U}_i = 0$,发射极电位 $U_{EQ} = -U_{BE}$,集电极电位 U_{CQ}

$=V_{CC}-I_{CQ}R_c$，便可得出静态工作点。

$$I_{EQ}=\frac{V_{BB}-U_{BEQ}}{R_e} \tag{2.6.1}$$

$$I_{BQ}=\frac{I_{EQ}}{1+\beta} \tag{2.6.2}$$

$$U_{CEQ}=U_{CQ}-U_{EQ}=V_{CC}-I_{CQ}R_c+I_{BE} \tag{2.6.3}$$

2.6.2　动态分析

共基极放大电路的微变等效电路模型如图2.6.1(c)所示。根据前面所讲的微变等效电路法可得电压放大倍数 $\dot{A}_u$、输入电阻 R_i和输出电阻 R_o。

$$\dot{A}_u=\frac{\dot{U}_o}{\dot{U}_i}=\frac{\dot{I}_cR_c}{\dot{I}_cR_e+\dot{I}_br_{be}}=\frac{\beta R_c}{r_{be}+(1+\beta)R_e} \tag{2.6.4}$$

$$R_i=\frac{\dot{U}_i}{\dot{I}_i}=\frac{\dot{U}_i}{\dot{I}_e} \tag{2.6.5}$$

$$R_o=R_c \tag{2.6.6}$$

2.6.3　三极管共基极电流放大系数

在共基极接法中，三极管的输入电流为 $\dot{I}_e$，输出电流为 $\dot{I}_c$，因而三极管的共基极电流放大系数 α 为

$$\alpha=\frac{\dot{I}_c}{\dot{I}_e} \tag{2.6.7}$$

α 的值接近于1，但小于1，一般为0.98～0.99，从这个角度而言，共基极电路可称为电流跟随器。α 与三极管的共射极电流放大系数 β 的关系为

$$\alpha=\frac{\dot{I}_c}{\dot{I}_e}=\frac{\dot{I}_c}{\dot{I}_b+\dot{I}_c}=\frac{\dot{I}_c/\dot{I}_b}{1+\dot{I}_c/\dot{I}_b}=\frac{\beta}{1+\beta} \tag{2.6.8}$$

综上所述，共基极放大电路的特点是：电流放大倍数小于1而接近于1，但电压放大倍数较大，仍具有功率放大作用；输出电压与输入电压同相；输入电阻小，输出电阻较大。共基极放大电路允许的工作频率较高，高频特性较好，常用于高频电子电路中。

2.6.4　三种基本组态放大电路的比较

以上对共发射极、共集电极、共基极三种基本放大电路进行了分析，这三种组态又可以根据它们输出电压(电流)和输入电压(电流)之间的关系特征，分别归类为反相电压放大器、电压跟随器、电流跟随器。三种基本接法的特点归纳有如下几点。

①共发射极电路既能放大电流又能放大电压，输入电阻在三种电路中居中，输出电阻较大，频带较窄，宜作多级放大电路的中间级。

②共集电极电路只能放大电流不能放大电压，是三种接法中输入电阻最大、输出电阻最小的电路，并具有电压跟随的特点，常用于电压放大电路的输入级和输出级，在功率放大电路中也常采用射极输出的形式。

③共基极电路只能放大电压不能放大电流，输入电阻小，输出电阻较大，频率特性是三种接法中最好的，常用于高频电子电路中。

2.7 多级放大电路

2.7.1 耦合方式

在工程实际中，对放大电路的性能往往有多方面的要求。例如，对于电压放大电路，应有足够大的输入电阻，以减小从信号源索取的电流；应有足够小的输出电阻，以增强带负载的能力，当然还应有足够大的电压放大倍数。因此仅靠单管放大电路是不可能实现的，一般应采用多级放大电路。多级放大电路是由若干个基本放大电路连接而成的，一个基本放大电路称为一级，级与级之间的连接称为级间耦合。在多级放大电路中，常见的耦合方式有 4 种：直接四耦合、阻容耦合、变压器耦合和光电耦合。

1. 直接耦合

将前一级的输出端直接（或通过电阻）接到后一级的输入端，称为直接耦合，如图 2.7.1(*a*)所示。图中所示电路省去了第二级的基极电阻，而使 R_{c1} 既作为第一级的集电极电阻，又作为第二级的基极电阻，只要 R_{c1} 取值合适，就可以为 V_2 管提供合适的基极电流。

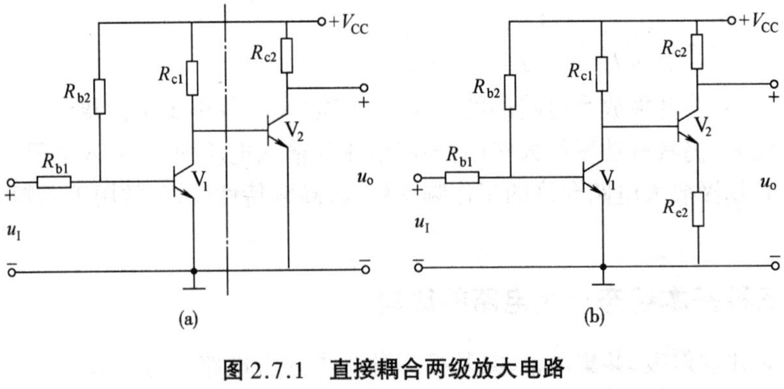

图 2.7.1 直接耦合两级放大电路

(a)第一级电路与第二级电路直接连接；(b)第二级加射极电阻

从图 2.7.1(a)所示电路中不难看出，静态时，V_1 管的管压降 U_{CEQ1} 等于 V_2 管的 b-e 间电压 U_{BEQ2}。通常情况下，若 V_1 为硅管，U_{BEQ2} 约为 0.7 V，则 V_1 管的静态工作点靠近饱和区,在动态信号作用时容易引起饱和失真。因此,为使第一级有合适的静态工作点,就要抬高 V_2 管的基极电位。为此,可以在 V_2 管的发射极加电阻 R_{e2},如图 2.7.1(b)所示。

直接耦合方式使各级之间的直流通路相连,因而静态工作点相互影响,这样就给电路的分析、设计和调试带来一定的困难。在求解静态工作点时,应写出直流通路中各个回路的方程,然后求解。当然,使用各种计算机辅助分析软件可使电路的设计和 Q 点的求解过程大大简化。

直接耦合放大电路的突出优点是具有良好的低频特性,可以放大变化缓慢的信号,并且由于电路中没有大容量电容,所以易于将全部电路集成在一片硅片上,构成集成放大电路。由于电子工业的飞速发展,使集成放大电路的性能越来越好,种类越来越多,价格也越来越便宜,所以直接耦合放大电路的应用越来越广泛。

关于直接耦合放大电路的零点漂移现象以及为克服这种现象而采用的差分放大电路,将在第4章专门进行分析。

2.阻容耦合

将放大电路的前级输出端通过电容接到后级输入端,称为阻容耦合方式,图 2.7.2 所示为两级阻容耦合放大电路,第一级为共射放大电路,第二级为共集放大电路。

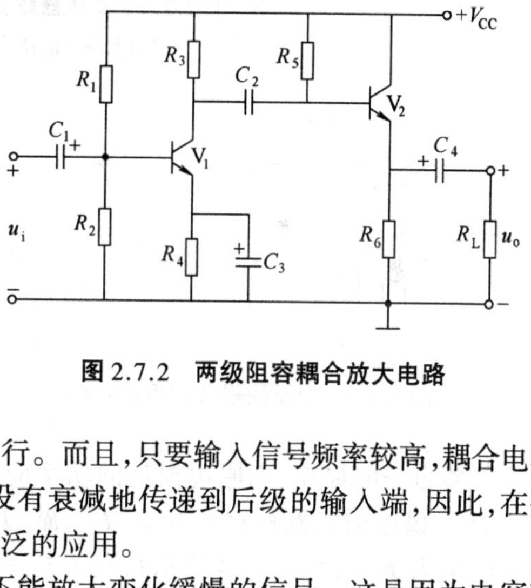

图 2.7.2　两级阻容耦合放大电路

由于电容对直流量的电抗为无穷大,所以阻容耦合放大电路各级之间的直流通路互不相通,各级的静态工作点相互独立,在求解或实际调试 Q 点时可按照单级放大电路进行处理,因而电路的分析、设计和调试简单易行。而且,只要输入信号频率较高,耦合电容容量较大,前级的输出信号就可以几乎没有衰减地传递到后级的输入端,因此,在分立元件电路中阻容耦合方式得到非常广泛的应用。

阻容耦合放大电路的低频特性差,不能放大变化缓慢的信号。这是因为电容对这类信号呈现出很大的容抗,信号的一部分甚至全部都衰减在耦合电容上,而根本不能放大。此外,在集成电路中制造大容量电容很困难,甚至是不可能的,所以这种耦合方式不便于集成。

应当指出,由于集成放大电路的应用越来越广泛,只有在特殊需要下,在分立元件组成的放大电路中才可能采用阻容耦合方式。

3.变压器耦合

将放大电路前级的输出端通过变压器接到后级的输入端或负载电阻上,称为变压器耦合。图 2.7.3(a)所示为变压器耦合共射放大电路,R_L 既可以是实际的负载电阻,也可以代表后级放大电路,图(b)是它的交流等效电路。由于变压器耦合电路的前后级靠磁路耦合,所以与阻容耦合电路一样,各级放大电路的静态工作点相互独立,便于分析、设计和调试。但它的低频特性差,不能放大变化缓慢的信号,且非常笨重,更不能集成化。与前两种耦合方式相比,其最大特点是可以实现阻抗变换,因而在分立元件功率放大电路中得到广泛应用。

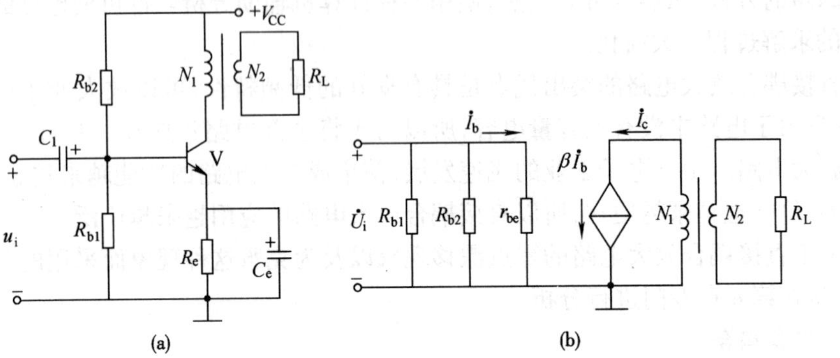

图 2.7.3 变压器耦合共射放大电路

(a)电路;(b)微变等效电路

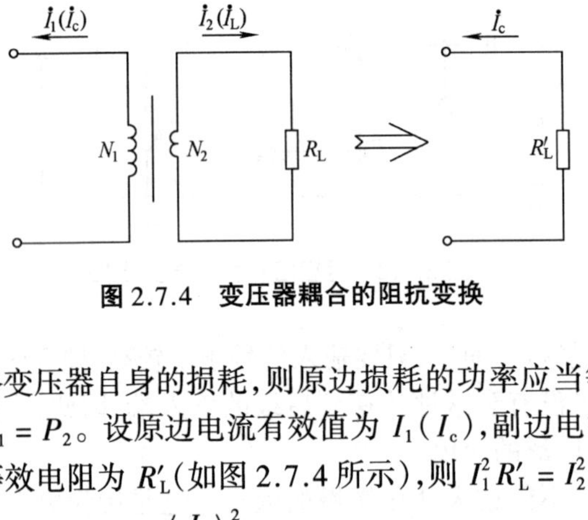

图 2.7.4 变压器耦合的阻抗变换

在电子系统中,负载电阻的数值往往很小。如扩音系统中的扬声器,其阻值一般为 4 Ω、8 Ω 和 16 Ω 等几种。把它们接到直接耦合或阻容耦合的任何一种放大电路的输出端,都将使其电压放大倍数的数值变得很小,从而使负载上无法获得大功率。采用变压器耦合时,若忽略变压器自身的损耗,则原边损耗的功率应当等于副边负载电阻所获得的功率,即 $P_1 = P_2$。设原边电流有效值为 $I_1(I_c)$,副边电流有效值为 I_2,将负载折算到原边的等效电阻为 R_L'(如图 2.7.4 所示),则 $I_1^2 R_L' = I_2^2 R_L$,即

$$R_L' = \left(\frac{I_2}{I_1}\right)^2 R_L$$

因为变压器副边电流与原边电流之比等于原边线圈匝数 N_1 与副边线圈匝数 N_2 之比,所以

$$R_L' = \left(\frac{N_1}{N_2}\right)^2 R_L \tag{2.7.1}$$

对于图 2.7.3 所示电路,可得电压放大倍数为

$$\dot{A}_u = \frac{\beta R_L'}{r_{be}} \tag{2.7.2}$$

根据所需的电压放大倍数，可以选择合适的匝数比，使负载电阻上获得足够大的电压。并且当匹配得当时，负载可以获得足够大的功率。在集成功率放大电路产生之前，几乎所有的功率放大电路都是采用变压器耦合的形式。而目前，只有在集成功率放大电路无法满足需要的情况下，例如需要输出特大功率或实现高频功率放大时，才考虑用分立元件构成变压器耦合放大电路。

4. 光电耦合

光电耦合是以光信号为媒介来实现电信号的耦合和传递的，因其抗干扰能力强而得到越来越广泛的应用。实现光电耦合的基本器件是光电耦合器。

(1)光电耦合器

光电耦合器是将发光器件(发光二极管)和光敏器件(光电二极管或光电三极管)封装在同一个管壳内组成的电 - 光 - 电器件，其符号如图 2.7.5 所示，其中(a)图为通用型无基极引线的光电耦合器，(b)图为通用型有基极引线的光电耦合器。两图中左边是发光二极管，右边是光电三极管。当在光电耦合器的输入端加电信号时，发光二极管发光，光电管受到光照后产生光电流，由输出端引出，于是实现了电 - 光 - 电的传输和转换。

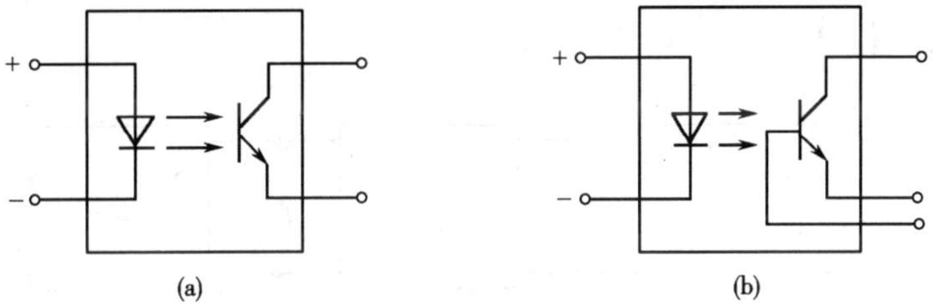

图 2.7.5　光电耦合器符号

(a)通用型无基极引线；(b)通用型有基极引线

光电耦合器的主要特点是：以光为媒介实现电信号传输，输入端与输出端在电气上是绝缘的，因此能有效地抗干扰、隔噪声，而且具有响应快、寿命长等特点；它代替继电器使用时，没有机械触点疲劳问题，具有很高的可靠性；代替变压器耦合时，具有失真小、工作频率高的优点；它还能实现电位隔离、电平转换等功能。因此，它在电子技术等领域中已得到越来越广泛的应用。

(2)光电耦合放大电路

图 2.7.6 所示为光电耦合放大电路，图中 V_1、V_2 构成两级直接耦合放大电路。将传感器或信号源信号经 C_1 送入由 V_1、V_2 构成的前置放大器，前置放

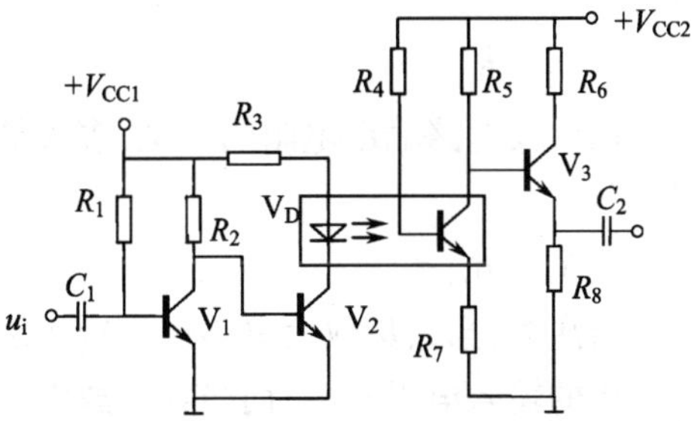

图 2.7.6　光电耦合放大电路

大器便将微弱的电信号变换为直流分量信号，放大变换后的信号就加到光电耦合器的发光二极管 V_D上，V_D的发光强弱将受 u_i信号的强弱变化。给光电耦合器中的光敏三极管加一定偏压，便可将 V_D发射过来的光信号变换为电信号并放大，最后经 V_3放大输出给后级作信号源。由此可看出，该电路不仅起到了信号级间隔离的作用，还起到放大信号的作用，且信号在进行传输放大时无损耗，也不会引起信号失真，以获得更原始的信号数据。

2.7.2　多级放大电路的静态分析

一个 n 级放大电路的交流等效电路可用图 2.7.7 所示方框图表示。由图可知，在多级放大电路中，中间任何一级既是前一级的负载，又是后一级的信号源，前级的输出电压就是后级的输入电压，即 $\dot{U}_{o1}=\dot{U}_{i2}$、$\dot{U}_{o2}=\dot{U}_{i3}$、…、$\dot{U}_{o(n-1)}=\dot{U}_{in}$。根据电压放大倍数的定义，对于 N 级放大电路，其电压放大倍数为

$$\dot{A}_u=\frac{\dot{U}_{o1}}{\dot{U}_i}\cdot\frac{\dot{U}_{o2}}{\dot{U}_{i2}}\cdots\frac{\dot{U}_o}{\dot{U}_{in}}=\dot{A}_{u1}\cdot\dot{A}_{u2}\cdots\dot{A}_{un}$$

即

$$\dot{A}_u=\prod_{j=1}^{n}\dot{A}_{uj} \tag{2.7.3}$$

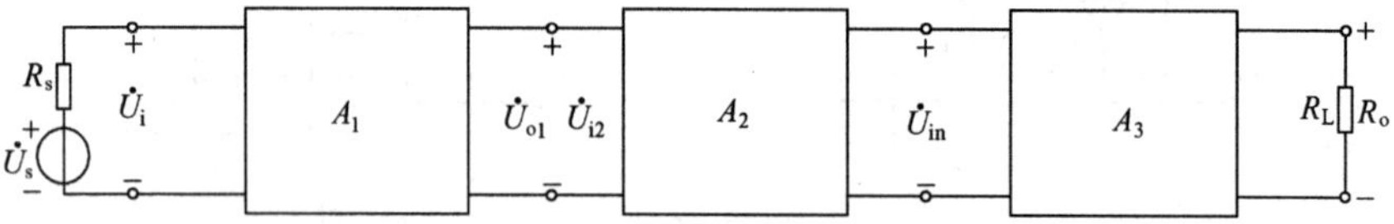

图 2.7.7　多级放大电路方框图

式(2.7.3)表明多级放大电路的放大倍数等于组成它的各级放大电路电压放大倍数之积。应当特别指出的是，在计算每一级的电压放大倍数时，都应将后级的输入电阻作为前级的负载电阻。

根据放大电路输入电阻的定义，多级放大电路的输入电阻就是其第一级的输入电阻，即

$$R_i=R_{i1} \tag{2.7.4}$$

根据放大电路输出电阻的定义，多级放大电路的输出电阻等于最后一级的输出电阻，即

$$R_o=R_{on} \tag{2.7.5}$$

应当注意，当共集放大电路作为输入级(即第一级)时，它的输入电阻与其负载，即第二级的输入电阻有关；而当共集放大电路作为输出级(即最后一级)时，它的输出电阻与其信号源内阻，即倒数第二级的输出电阻有关。

当多级放大电路的输出波形产生失真时，应首先确定是在哪一级先出现的失真，

然后再判断产生了饱和失真还是截止失真。

【例2.7.1】 已知图2.7.2所示电路中，$R_1 = 15\ \text{k}\Omega$，$R_2 = R_3 = 5\ \text{k}\Omega$，$R_4 = 2.3\ \text{k}\Omega$，$R_5 = 100\ \text{k}\Omega$，$R_6 = R_L = 5\ \text{k}\Omega$；$V_{CC} = 12\ \text{V}$；晶体管的 β 均为 50，$r_{be1} = 1.2\ \text{k}\Omega$，$r_{be2} = 1\ \text{k}\Omega$，$U_{BEQ1} = U_{BEQ2} = 0.7\ \text{V}$。试估算电路的静态工作点、$\dot{A}_u$、$R_i$ 和 R_o。

解：

(1)求静态工作点

由于电路采用阻容耦合方式，所以每一级的 Q 点都可以按单管放大电路的求解。

第一级为典型的固定偏置的共射放大电路，根据已知参数可得

$$U_{BEQ1} \approx \frac{R_1}{R_1 + R_2} \cdot V_{CC} = \left(\frac{5}{5+15} \times 12\right)\text{V} = 3\ \text{V}$$

$$I_{EQ1} = \frac{U_{BQ1} - U_{BEQ1}}{R_4} \approx \frac{3-0.7}{2.3}\ \text{mA} = 1\ \text{mA}$$

$$I_{BQ1} = \frac{I_{EQ1}}{1+\beta_1} \approx \frac{1}{50}\ \text{mA} = 0.02\ \text{mA} = 20\ \mu\text{A}$$

$$U_{CEQ1} \approx U_{CC} - I_{EQ1}(R_3 + R_4) = [12 - 1 \times (5+2.3)]\ \text{V} = 4.7\ \text{V}$$

第二级为共集放大电路，根据其基极回路方程求出 I_{BQ2}，便可得到 I_{EQ2} 和 U_{CEQ2}，即

$$I_{BQ2} = \frac{V_{CC} - U_{BEQ2}}{R_5 + (1+\beta_2)R_6} = \frac{12-0.7}{100+51\times 5}\ \text{mA} \approx 0.032\ \text{mA} = 32\ \mu\text{A}$$

$$I_{EQ2} = (1 + \beta_2 I_{BQ2}) \approx (1+50) \times 32\ \mu\text{A} = 1\ 600\ \mu\text{A} = 1.6\ \text{mA}$$

$$U_{CEQ2} \approx U_{CC} - I_{EQ2} R_6 = (12 - 1.6 \times 5)\text{V} = 4\ \text{V}$$

(2)求解 $\dot{A}_u$、R_i 和 R_o

画出图2.7.2所示电路的微变等效电路如图2.7.8所示。

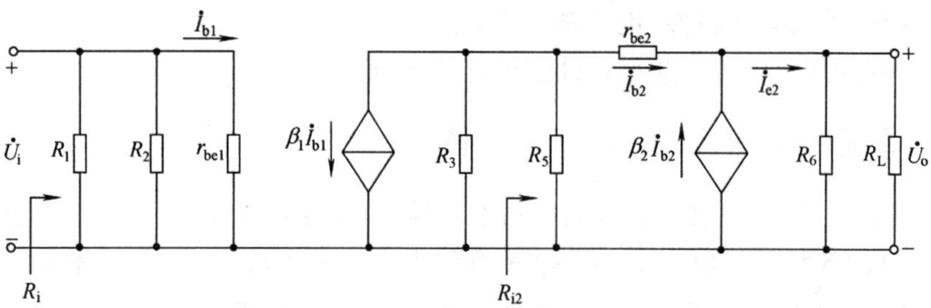

图2.7.8　图2.7.2所示电路的微变等效电路

为了求出第一级的电压放大倍数 $\dot{A}_{u1}$，首先应求出其负载电阻，即第二级的输入电阻

$$R_{i2} = R_5 /\!/ [r_{be2} + (1+\beta)(R_6 /\!/ R_L)] \approx 56\ \text{k}\Omega$$

$$\dot{A}_{u1}=-\frac{\beta_1(R_3/\!/R_{i2})}{r_{be1}}\approx\frac{50\times\frac{5\times56}{5+56}}{1.2}\approx-191$$

第二级的电压放大倍数应接近 1，根据电路求得

$$\dot{A}_{u2}=\frac{(1+\beta_2)(R_6/\!/R_L)}{r_{be2}+(1+\beta_2)(R_6/\!/R_L)}\approx\frac{51\times2.5}{1+51\times2.5}\approx0.992$$

将 $\dot{A}_{u1}$ 与 $\dot{A}_{u2}$ 相乘，便可得出整个电路的电压放大倍数

$$\dot{A}_u=\dot{A}_{u1}\cdot\dot{A}_{u2}\approx-191\times0.992\approx-189$$

根据输入电阻的物理意义，可知

$$R_i=R_1/\!/R_2/\!/r_{be1}=\left(\frac{1}{15}+\frac{1}{5}+\frac{1}{1.2}\right)\text{k}\Omega\approx1.1\ \text{k}\Omega$$

电路的输出电阻 R_o 与第一级的输出电阻有关，故

$$R_o=R_6/\!/\frac{r_{be2}+R_3/\!/R_5}{1+\beta_2}\approx\frac{r_{be2}+R_3}{1+\beta_2}=\frac{1+5}{1+50}\ \text{k}\Omega=0.118\ \text{k}\Omega=118\ \Omega$$

2.8　放大电路的频率特性

各种电子设备中的放大电路，所接受的信号各不相同，如电台播音中的语言和音乐信号、电视中的图像和伴音信号、检测仪表的测量信号等。这些信号并不是单一频率，而是可分解成各种频率和幅值的正弦波信号，其频率可以从几赫兹到几百兆赫兹以上。由于放大电路中存在电容和电感等一些电抗性元件，其电抗值必然随信号频率而变，将影响输出电压的幅度和相位的变化。如果用幅度不变而频率不断连续改变的正弦波信号加到放大电路的输入端，则其输出信号大小，即信号放大倍数值将随频率而变，这种特性称幅频特性；同时，输出信号与输入信号的相位差也随信号频率而变，这种特性称相频特性。这两者的综合，反映了放大电路对不同频率的正弦信号的稳态响应，称为频率特性，也称频率响应。

本节将对放大电路的频率特性进行定性分析。

2.8.1　单管共射放大电路的频率特性

在图 2.8.1 所示单管共射放大电路中，除耦合电容 C 外，在管子内部集电结和发射结处形成 PN 结的结电容 $C_{b'c}$（小功率管约为 2～10 pF）和 $C_{b'e}$（小功率管约为几十至几百皮法）。为了分析的方便，现将结电容近似看作极间电容 C_{bc} 和 C_{be}，如图 2.8.2 所示。

1. 中频区的电压放大倍数

在中频区范围内，C 的容抗很小，可看作短路；C_{bc} 和 C_{be} 的容抗较大，可看作开路。因此，中频区的电压放大倍数 A_{usm} 的相位差 φ 为 $-180°$。在前面的分析中，各种

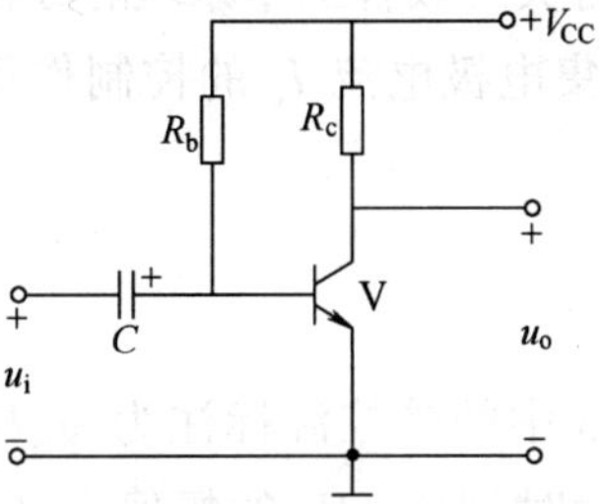

图 2.8.1　单管共射放大电路

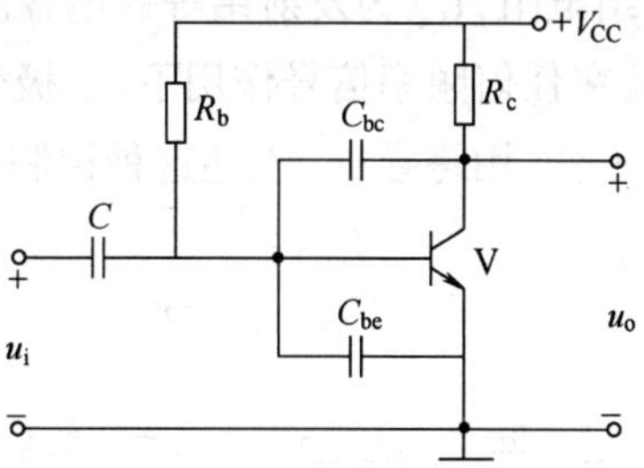

图 2.8.2　考虑极间电容时的单管共射放大电路

放大电路的电压放大倍数的公式均为中频段的表达式。而实质上,电压放大倍数是信号频率的函数。图 2.8.1 所示单管共射放大电路的中频段微变等效电路如图 2.8.3 所示。

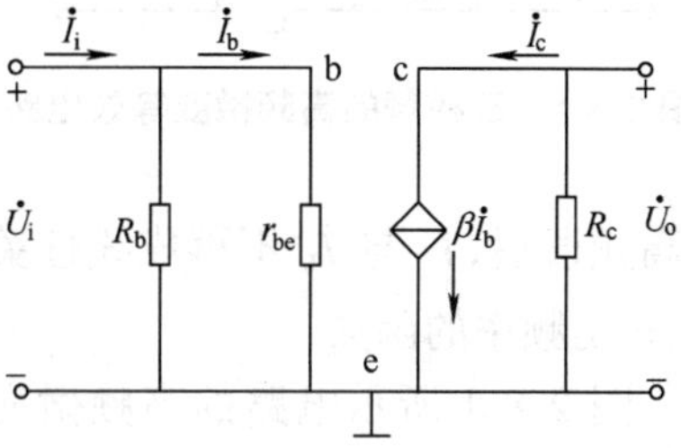

图 2.8.3　图 2.8.1 的中频段微变等效电路

其电压放大倍数

$$\dot{A}_{usm} = \frac{\dot{U}_o}{\dot{U}_i} = \frac{-\dot{I}_c R_C}{\dot{I}_b r_{be}} \tag{2.8.1}$$

式中物理量用复数表示,只表明它们的符号,而并不含有虚部,即没有其他原因所造成的相移。

2.耦合电容 C 对低频特性的影响

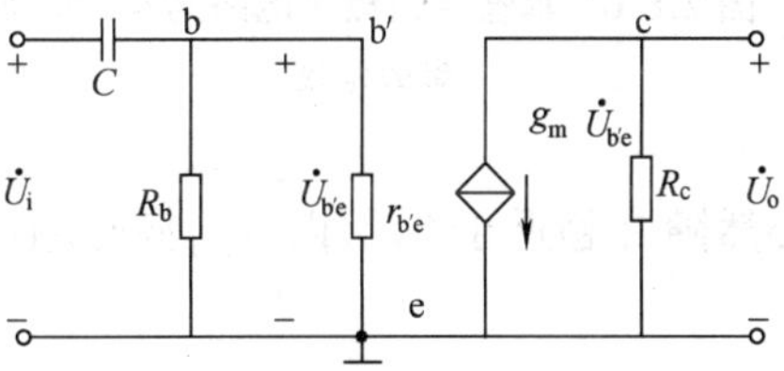

图 2.8.4　单管共射放大电路的低频微变等效电路

在低频段,考虑到耦合电容 C 的作用,图 2.8.1 所示电路的低频微变等效电路如图 2.8.4 所示。这时已不能将 C 视为短路,随着信号频率的变化,C 将表现出不同的容抗,即

$$X_C = 1/1/j\omega C \qquad (\omega = 2\pi f)$$

在输入电压 $\dot{U}_i$ 幅值不变的情况下,当信号频率逐渐降低时,$|X_C|$ 逐渐增大,$|\dot{U}_{b'e}|$ 将逐渐减小,$|\dot{U}_o|$势必随之减小,并且相移逐渐增大。因此,与中频段电压放大倍数 $\dot{A}_{usm}$相比,低频段的电压放大倍数 $\dot{A}_{usL}$($|\dot{A}_{usL}| = \dot{U}_o/\dot{U}_i$)的数值将会减小,并且产生超前相移。当信号频率 f 趋近于 0 时,$|X_C|$趋近于无穷大,$|\dot{U}_{b'e}|$趋近于 0,$|\dot{U}_o|$也将随之趋近于 0,所以$|\dot{A}_{usL}|$势必趋近于 0,此时产生的相移将趋近于 +90°。

3.发射结等效电容 C'_π 对高频特性的影响

在高频段,三极管各结电容的影响主要表现在发射结等效电容对电路的作用,三极管的高频微变等效电路如图 2.8.5 所示。图中 $r_{bb'}$ 为三极管基区体电阻,$r_{b'e}$ 为发射结电阻，C'_π 为发射结等效电容。根据半导体物理中有关三极管工作原理的分析可知，在任何频率信号作用下，三极管发射结电压 $\dot{U}_{b'e}$对集电极电流 $\dot{I}_c$ 的控制作用始终不变，用跨导 g_m 表述这种控制关系

$$g_m = \left.\frac{\dot{I}_c}{\dot{U}_{b'e}}\right|_{U_{CE}=\text{常数}}$$

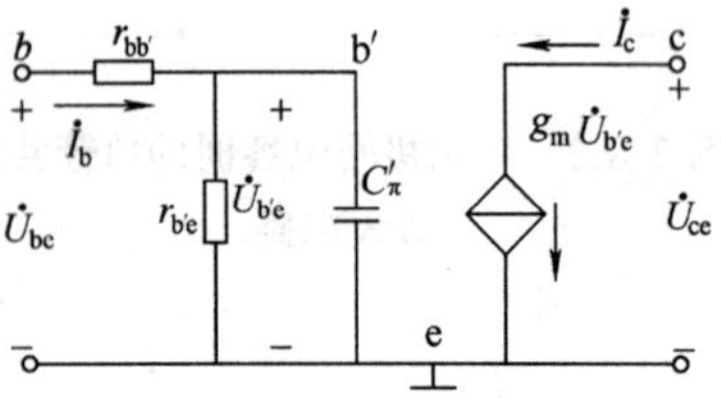

图 2.8.5　三极管的高频微变等效电路

所以，图 2.8.5 中的受控源标注为 $g_m\dot{U}_{b'e}$。在信号进入高频段时，假设 $\dot{U}_{be}$的幅值不变，信号频率愈高，C'_π 的容抗愈小。这样，一方面，从 b、e 两端看进去的总电抗数值减小，基极电流 $\dot{I}_b$ 的数值必然增大，且相移增大；另一方面，C'_π 与 $r_{b'e}$并联电抗的数值将会减小，结电压 $\dot{U}_{b'e}$的数值必然减小，导致 $\dot{I}_c$ 的数值减小。不难理解，进入高频段后，$\dot{I}_c$ 与 $\dot{I}_b$ 不再成线性关系，电流放大系数 β 的值将减小，且产生滞后相移，β 是频率的函数。

图 2.8.1 所示电路的高频微变等效电路如图 2.8.6 所示。在 $\dot{I}_i$ 幅值不变的情况下，即 $\dot{I}_{be}$幅值不变的情况下，当信号频率 f 升高时，$|\dot{U}_{b'e}|$将减小，$|\dot{I}_c|$必然减小，从而导致$|\dot{U}_o|$减小。因此，与中频段电压放大倍数 $\dot{A}_{usm}$相比，高频段的电压放大倍数 $\dot{A}_{usH}$ 的数值将减小，并且产生滞后相移。当信号频率 f 趋近于无穷大时，C'_π 的电抗趋近于 0，$\dot{U}_{b'e}$趋近于 0，$|\dot{I}_c|$也就趋近于 0，$|\dot{U}_o|$必然随之趋近于 0，所以 $\dot{A}_{usH}$势必趋近于 0，此时产生的相移将趋近于 $-90°$。

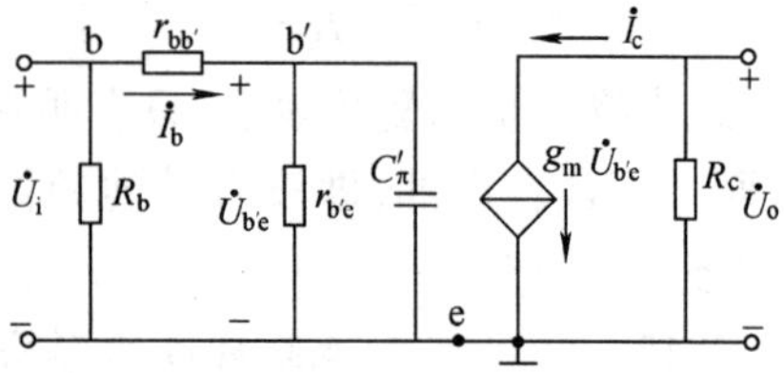

图 2.8.6　单管共射放大电路的高频微变等效电路

4.通频带及波特图

图 2.8.1 所示单管共射放大电路的频率特性可用两条曲线描述，一条是 $\dot{A}_{us}$与频率 f 的关系，称为幅频特性曲线，如图 2.1.3 所示，为了分析的方便，将图 2.1.3 重画于 2.8.7(a)；另一条是 $\dot{A}_{us}$的相位与频率 f 的关系，称为相频特性曲线，如图 2.8.7(b)所示。有关通频带的内容，在 2.1 节已有阐明，这里不再重述。由图 2.8.7(b)可知，在低频段，当 $f=f_L$时，$\dot{A}_{usL}$超前 $\dot{A}_{usm}$45°；在高频段，当 $f=f_H$时，$\dot{A}_{usH}$滞后 $\dot{A}_{usm}$45°。

为了开阔视野，将横轴坐标取对数 lg f。为了便于多级放大电路频率特性的研究，幅频特性的纵轴采用 20 lg$|\dot{A}_{us}|$，电压放大倍数用电压增益表示，其单位为分贝(dB)，例如$|\dot{A}_{us}|=100$，20 lg$|\dot{A}_{us}|=40$ dB，称增益为 40 dB。采用对数坐标所画的频率特性曲线称为波特图。图 2.8.1 所示电路的波特图如图 2.8.8 所示，其中(a)为对

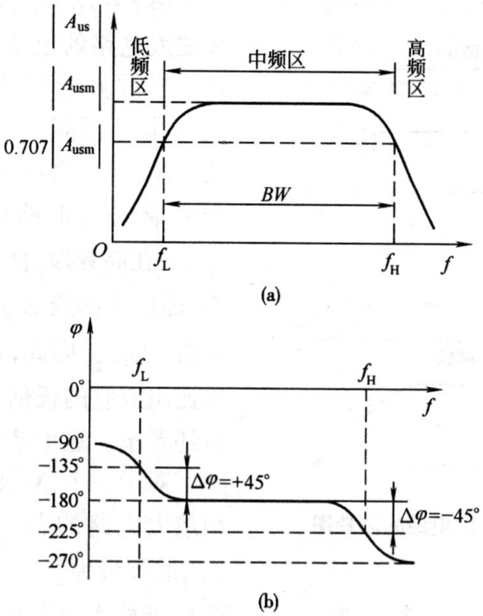

图 2.8.7　单管共射放大电路的频率特性曲线

(a)幅频特性;(b)相频特性

数幅频特性,(b)为对数相频特性。当 $f = f_L$ 或 $f = f_H$ 时,增益下降 3 dB。

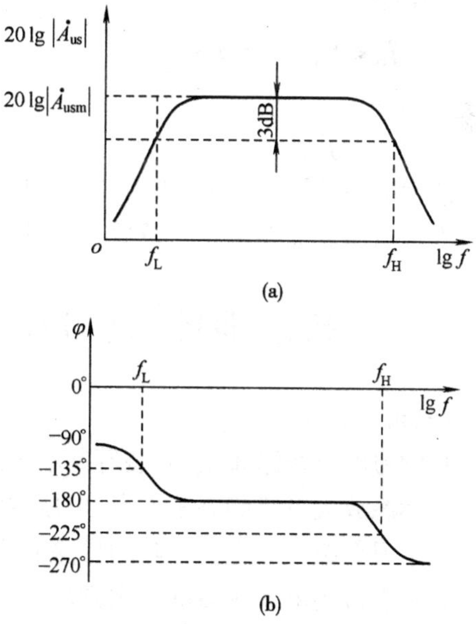

图 2.8.8　单管共射放大电路的波特图

(a)对数幅频特性;(b)对数相频特性

应当指出,在正常工作条件下,信号频率应在中频段。下限频率 f_L 取决于电路中电容及其时间常数,上限频率 f_H 取决于三极管的极间等效电容及其时间常数,f_L 和 f_H 可通过测试得到,也可以通过估算得到,关于定量估算本书从略。

2.8.2　多级放大电路的频率特性

现有一个两级放大电路,设第一级的中频电压放大倍数 $\dot{A}_{usm1}$ 与第二级的 $\dot{A}_{usm2}$ 相等,第一级的下限频率 f_{L1} 与第二级的 f_{L2} 相等,第一级的上限频率 f_{H1} 与第二级的 f_{H2} 相等,那么,它的对数幅频特性如图 2.8.9 所示。其中频段电压增益

$$20\ \lg|\dot{A}_{usm}| = 20\ \lg(|\dot{A}_{usm1}|\cdot|\dot{A}_{usm2}|) = 40\ \lg|\dot{A}_{usm1}|$$

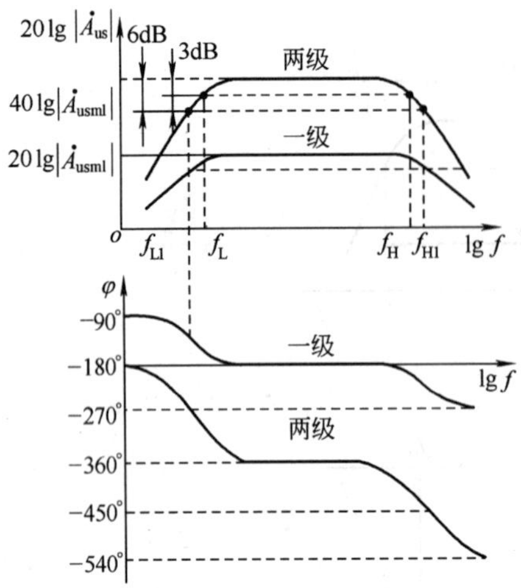

图 2.8.9　两级放大电路的波特图

当 $f = f_{L1} = f_{L2}$ 或 $f = f_{H1} = f_{H2}$ 时，每级放大电路的电压增益都下降 3 dB，所以整个放大电路的增益下降 6 dB。显然，根据下限频率和上限频率的定义，在低频段，使总增益下降 3 dB 的频率，即这个两级放大电路的下限频率 $f_L > f_{L1}$ (f_{L2})；在高频段，使总增益下降 3 dB 的频率，即这个两级放大电路的上限频率 $f_H < f_{H1}(f_{H2})$。因此，两级放大电路的通频带比组成它的任何一级放大电路的通频带还要窄。这个结论具有普遍意义。

对于一个 N 级放大电路，如果第一级放大电路的上、下限频率分别为 f_{L1}、f_{H1}，通频带为 f_{bw1}；第二级放大电路的上、下限频率分别为 f_{L2}、f_{H2}，通频带为 f_{bw2}；…第 N 级放大电路的上、下限频率分别为 f_{LN}、f_{HN}，通频带为 f_{bwN}；那么，这个 N 级放大电路的下限频率

$$f_L > f_{Lj} \quad (j = 1 \sim N)$$

上限频率

$$f_H < f_{Hj} \quad (j = 1 \sim N)$$

通频带

$$f_{bw} < f_{bwj} \quad (j = 1 \sim N)$$

放大电路的级数愈多，所用各种类型电容愈多，其通频带愈窄。因此，放大电路的放大倍数与其通频带相互矛盾，一般情况下，放大倍数愈大，通频带愈窄。

技能训练二(1)：单级放大电路的测试

一、训练目的

1.学习电子线路布线、安装等基本技能。

2.熟悉放大电路静态工作点、电压放大倍数、输入电阻和输出电阻的测量方法。

3.学习单级放大电路故障的排除方法，培养独立解决问题的能力。

4.熟悉常用电子仪器的使用方法。

二、仪器与材料

1.仪器：直流稳压电源、信号源、交流毫伏表、示波器、万用表各 1 台，面包板 1 块；

2.元器件：三极管 9014 1 只；1/8W 电阻 51 Ω、100 Ω、51 kΩ、24 kΩ、1.8 kΩ 各 1 只，

2 kΩ 2 只，5.1 kΩ 3 只；680 kΩ 电位器 1 只，电解电容 10 μF/16 V 3 只。

三、预习要求

1. 放大电路如图 2.1 所示，分析电路的工作原理，指出各元件的作用并说明元件值大小对放大器特性有何影响。

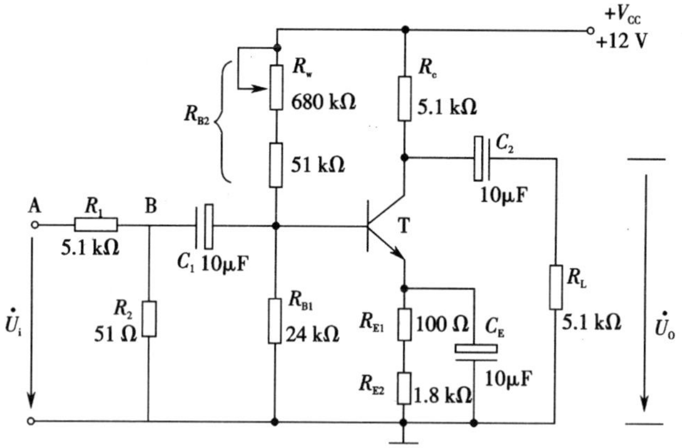

图 2.1　共发射极放大电路

2. 测量出三极管的 β 值，计算放大电路的静态工作点、电压放大倍数、输入电阻和输出电阻。

3. 复习有关电子仪器的使用方法以及放大电路调整与测试的基本方法。

四、训练内容及步骤

1. 连接电路并测量

(1)按图 2.1 连线(注意：接线前先测量好 + 12 V 的电源，调好后关断电源再接线)，将 R_W 的阻值调到最大。

(2)接线完毕仔细检查，确定无误后接通电源。改变 R_W，记录 I_c 分别为 0.5 mA、1 mA、1.5 mA 时三极管的 β 值(注意：电流的测量方法)，并将测量结果填入表 2.1 中。

表 2.1

I_C(mA)	I_B(μA)	β	β 的平均值
0.5			
1			
1.5			

2. 静态调整

调整 R_W 使 V_E = 2.2 V，测量表 2.2 中的参数并计算。

表 2.2

被测参数	实测值	计算值
U_{BE}(V)		
U_{CE}(V)		
I_B(μA)		
I_C(mA)		

3.动态测量

(1)将信号发生器调到 $f=1$ kHz,幅值为 6 mV,将示波器接到放大器的输入端 U_i 和输出端 U_o,观察波形并比较相位。

(2)保持信号源频率不变,逐渐增加幅度,观察 U_o不失真时的最大值并填入表 2.3 中。

表 2.3 ($R_L=\infty$)

实测		实测计算	估算
U_i(mV)	U_{om}(V)	A_u	A_u

(3)保持 $U_i=6$ mV 不变,接入负载 R_L,分别改变 R_c和 R_L的数值,并将测量结果填入表 2.4 中。

表 2.4

给定参数		实测		实测计算	估算
R_c(kΩ)	R_L(kΩ)	U_i(mV)	U_o(V)	A_u	A_u
5.1	5.1				
2	5.1				
2	2				

(4)保持 $U_i=6$ mV 不变,增大和减小 R_W,观察 U_o波形。

4.测量放大器的输入、输出电阻

(1)测量输入电阻

在输入端串接一个 5.1 kΩ 的电阻,如图 2.2 所示,测量 U_i和 U_o即可计算 R_i。

(2)测量输出电阻

在输出端接入一个 5.1 kΩ 电阻作为负载,测量有负载时的 U_o 和空载时的 U_{ot},

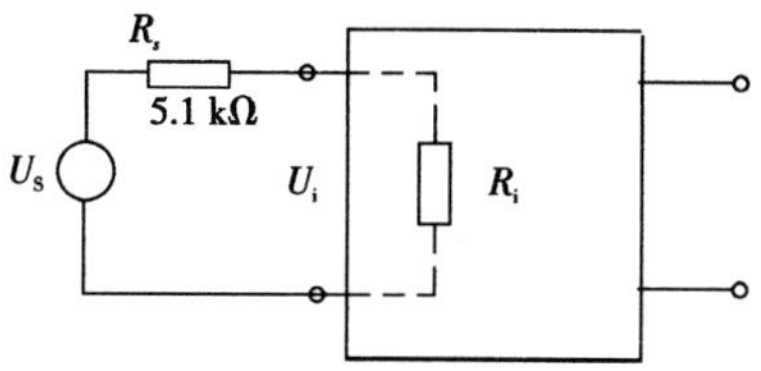

图 2.2　测量输入电阻

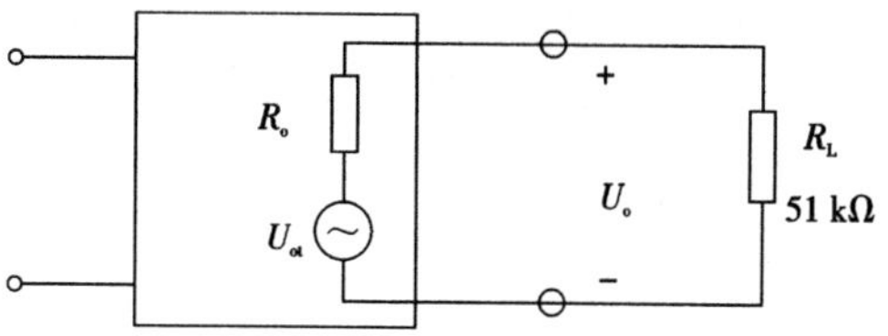

图 2.3　测量输出电阻

即可计算出 R_o。

将上述测量及计算结果填入表 2.5 中。

表 2.5

测量输入电阻 R_i(kΩ)(R_s = 5.1 kΩ)				测量输出电阻 R_o(R_L = 5.1 kΩ)			
U_s(mV)	U_i(mV)	测算 R_i	估算 R_i	U_{ot}(V)	U_o(V)	测算 R_o	估算 R_o

五、训练报告要求

1. 训练目的、测试电路及测试内容。

2. 整理测量数据，分析静态工作点、A_u、R_i、R_o 的测量值与理论值存在差异的原因。

3. 故障现象及其处理情况。

技能训练二(2)：阻容耦合放大电路的测试

一、训练目的

1. 学习电子线路布线、安装等基本技能。

2. 熟悉放大电路静态工作点的合理设置和调试方法。

3. 学习放大器的失真及消除方法，培养独立解决问题的能力。

4. 学会放大器频率特性的测试方法。

二、仪器与材料

1. 仪器：直流稳压电源、信号源、交流毫伏表、示波器、万用表各 1 台，面包板 1 块。

2. 元器件：三极管 9014 1 只；1/8 W 电阻 51 Ω、51 kΩ、47 kΩ、20 kΩ、1 kΩ 各 1 只，3k Ω 2 只，5.1 kΩ 2 只；680 kΩ、100 kΩ 电位器各 1 只，电解电容 10 μF/16 V 4 只。

三、预习要求

1. 复习静态工作点的调整与测试方法。

2.测量出三极管的 β 值,计算放大电路的静态工作点、电压放大倍数。

3.复习示波器、频率特性测试仪的使用方法。

4.学习放大器的失真及消除方法,培养独立解决问题的能力。

四、训练内容及步骤

1.设置静态工作点。

(1)按图 2.2 连线(注意:接线前先测量好 +12 V 的电源,调好后关断电源再接线),接线尽可能短。

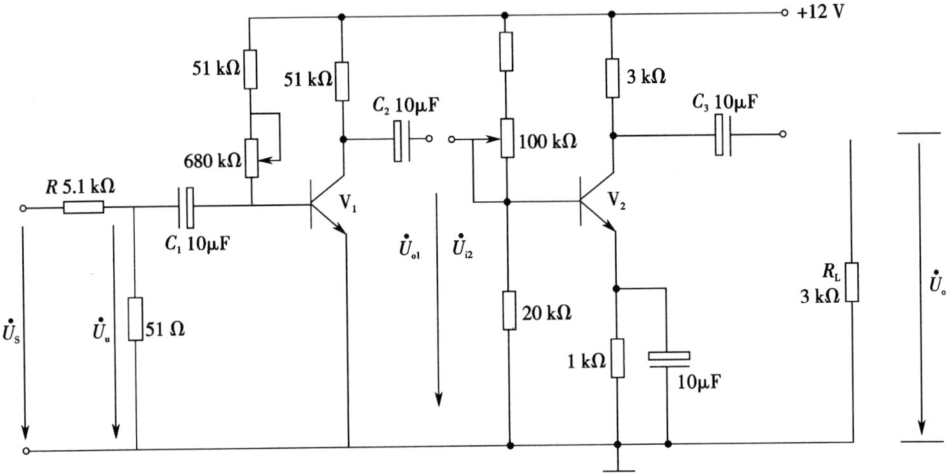

图 2.2　阻容耦合放大电路

(2)接线完毕仔细检查,确定无误后接通电源,设置静态工作点。第一级为增加信噪比,工作点应尽可能低,第二级要输出最大不失真电压(用示波器如何观察?)。

(3)在输入端加上 $f = 1$ kHz、$U_i = 2$ mV 的交流信号,调整工作点使输出信号不失真。

2.测量并计算。

按表 2.6 的要求测量并计算,将结果填入表 2.6 中(注意:测静态工作点时应断开输入信号)。

表 2.6

	静态工作点(mV)						输入/输出电压 (mV)			电压放大倍数		
	第一级			第二级						第一级	第二级	总体
	U_{c1}	U_{b1}	U_{e1}	U_{c2}	U_{b2}	U_{e2}	U_i	U_{o1}	U_{o2}	A_{u1}	A_{u2}	A_u
空载												
负载												

3.测量两级放大器的频率特性。

(1)将负载断开,先将输入信号频率调到 1 kHz,幅度调到使输出幅度最大而不失真。保持输入信号幅度不变,改变频率,按表 2.7 测量并记录。

(2)接上负载重复上述测量,将结果填入表 2.7 中。

表 2.7

频率 f(Hz)		10 Ω	100 Ω	1 kΩ	10 kΩ	100 kΩ	1 MΩ
U_o(mV)	$R_L=\infty$						
	$R_L=3\ k\Omega$						

五、训练报告要求

1.训练目的、测试电路及测试内容。

2.整理测量数据,分析影响两级放大电路电压放大倍数的因素。

3.根据实验测量结果分析输入信号频率对输出的影响。

4.故障现象及其处理情况。

习题二

2.1　在某电子电路中,测得 V_1、V_2、V_3三只 NPN 型三极管和 V_4、V_5、V_6三只 PNP 型三极管的基极、发射极、集电极的直流电位如下表所示,将其工作状态填入题表 2.1 内。

题表 2.1

参 数	管 号					
	V_1	V_2	V_3	V_4	V_5	V_6
基极电位(V)	0	0.7	0	0	0	0.7
发射极电位(V)	-0.7	0	0.7	0.7	-0.7	1.4
集电极电位(V)	-0.1	5	10	-10	-10	1
工作状态(饱和、放大、截止)						

2.2 试判断题图 2.1 所示电路是否有放大作用,为什么?若没有,应如何纠正?

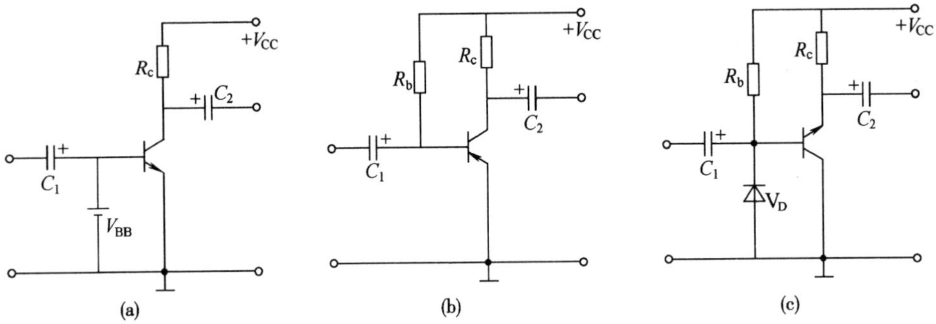

题图 2.1

2.3 已知题图 2.2 所示电路中的三极管均为硅管,且 $\beta=50$,试计算静态值 I_{BQ}、I_{CQ}和 U_{CEQ}值。

2.4 在题图 2.3 所示电路中,当电路参数改变时,静态工作点从 Q_1处移到 Q_2处,又移到 Q_3处。试问:

(1)静态工作点两次移动的原因是什么?

(2)设电路空载,分别说明静态工作点在 Q_1和 Q_3时,电路容易产生哪些失真,画出失真波形。

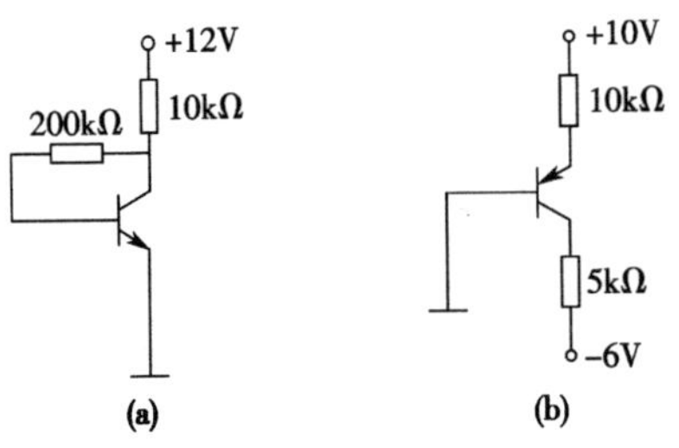

题图 2.2

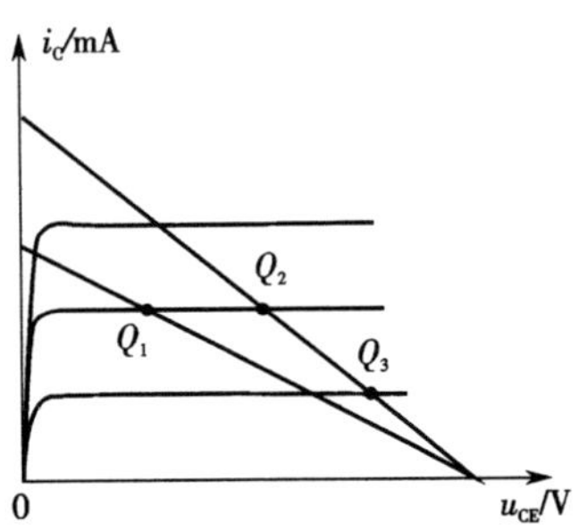

题图 2.3

2.5　题图 2.4 画出了某固定偏流式放大电路中三极管的输出特性及交、直流负载线，试求：

(1)电源电压 V_{CC}，静态电流 I_{BQ}、I_{CQ}和管压降 U_{CEQ}的值。

(2)电阻 R_b、R_c的值。

(3)输出电压的最大不失真幅值。

(4)要使该电路能不失真地放大，基极正弦电流的最大幅值是多少？

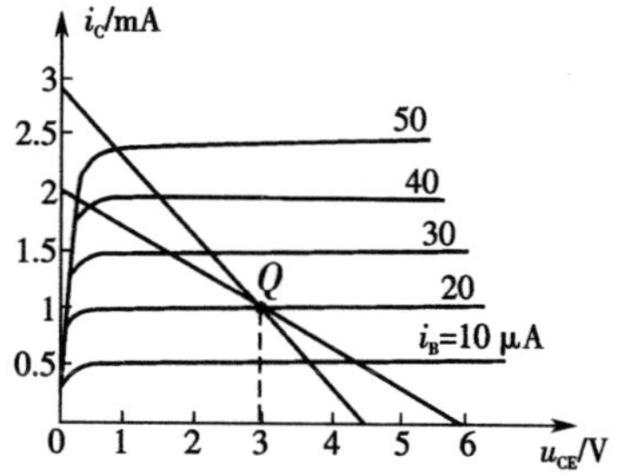

题图 2.4

2.6　如何判断 NPN 管放大电路输出波形的失真是饱和失真还是截止失真？若改用 PNP 管，则判断的结果又如何？

2.7　电路如题图 2.5(a)所示，由示波器测得该放大电路的输出波形如题图 2.5(b)、(c)、(d)所示。

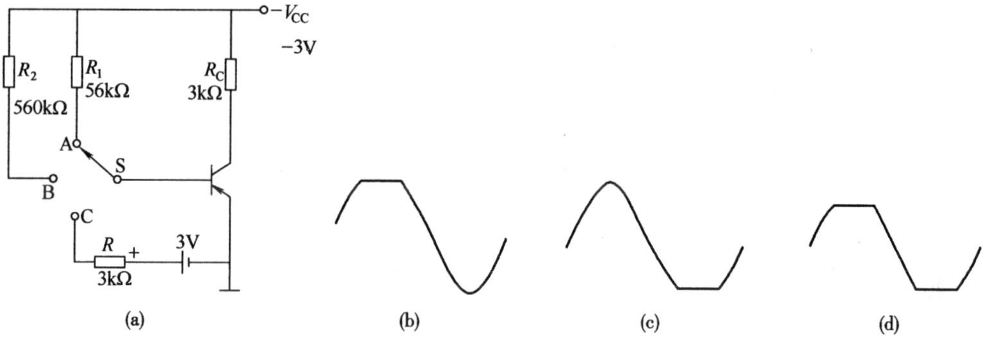

题图 2.5

(1)试分析这些波形属于何种失真？

(2)应如何调整电路参数以消除失真？

2.8　设题图 2.6 所示各电路的静态工作点均合适，试分别画出它们的交流通路。

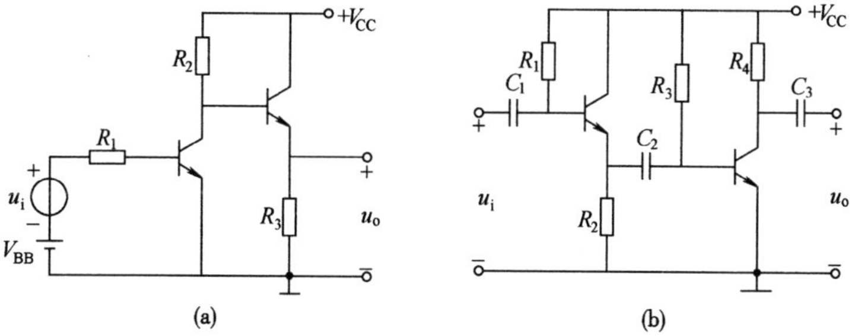

题图 2.6

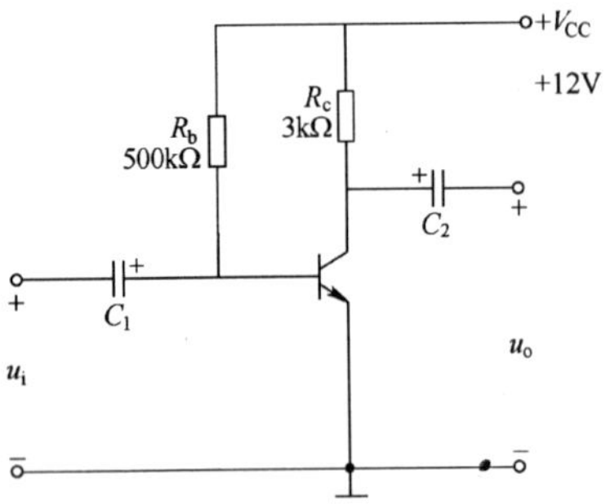

题图 2.7

2.9　已知题图 2.7 所示电路三极管的 $\beta=100$，负载电阻 $R_L=2\ \text{k}\Omega$，试用微变等效电路法求解下列问题：

(1)不接负载电阻时的电压放大倍数。

(2)接负载电阻 $R_L=2\ \text{k}\Omega$ 时的电压放大倍数。

(3)电路的输入电阻和输出电阻。

(4)信号源内阻 $R_S=500\ \Omega$ 时的源电压放大倍数。

2.10　已知题图 2.8 所示电路中的三极管 $\beta=50$，试求：

(1)静态工作点。

(2)电压放大倍数、输入电阻和输出电阻。

(3)电容 C_e 开路时电压放大倍数、输入电阻和输出电阻。

2.11　已知题图 2.9 所示电路中的三极管 $\beta=50$，试求：

(1)不接负载电阻 R_L 和接上负载后的电压放大倍数。

(2)接上负载后的输入电阻和输出电阻。

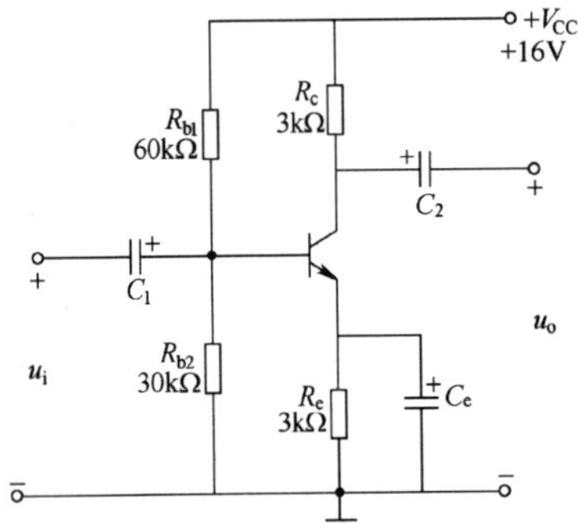

题图 2.8

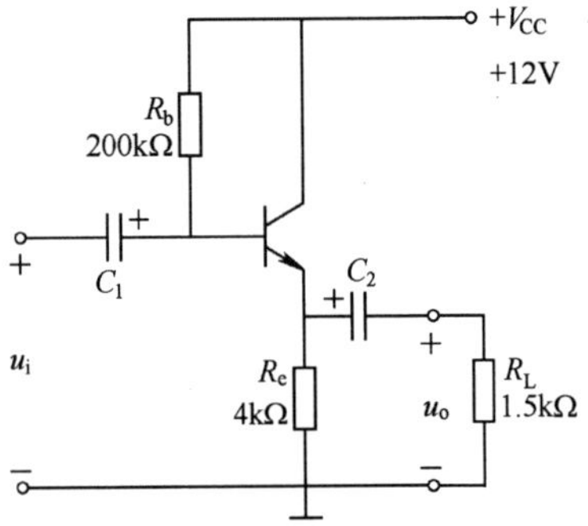

题图 2.9

2.12　已知题图 2.10 所示电路中的三极管 $\beta=50$，试求：

(1)电压放大倍数 $\dot{A}_{u1}\left(=\dfrac{\dot{U}_{o1}}{\dot{U}_i}\right)$ 及 $\dot{A}_{u2}\left(=\dfrac{\dot{U}_{o2}}{\dot{U}_i}\right)$。

(2)输入电阻 R_i 和输出电阻 R_{o1}、R_{o2}。

2.13　题图 2.11 所示为光电耦合器组成的无触点常开式开关电路，试说明其工作原理。

2.14　如题图 2.12 所示的偏置电路中，热敏电阻 R_t 具有负温度系数(其阻值随温度的升高而减小)，问能否起到稳定工作点的作用？

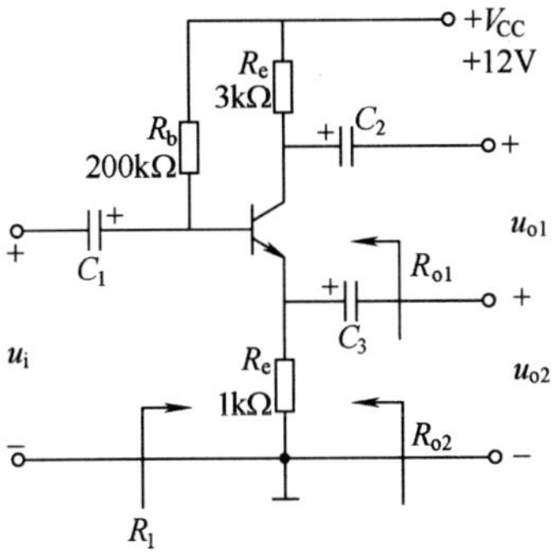

题图 2.10

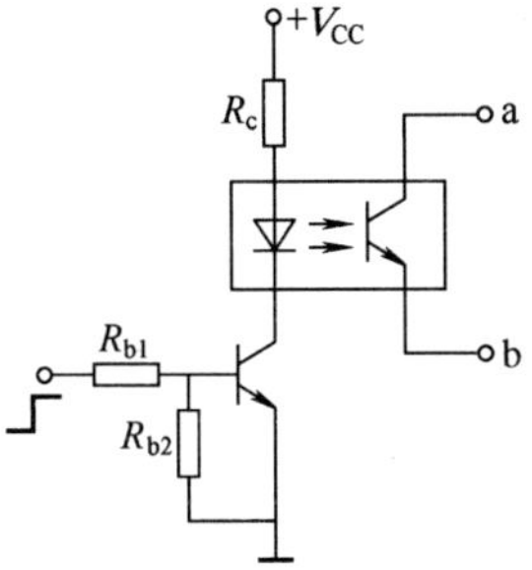

题图 2.11

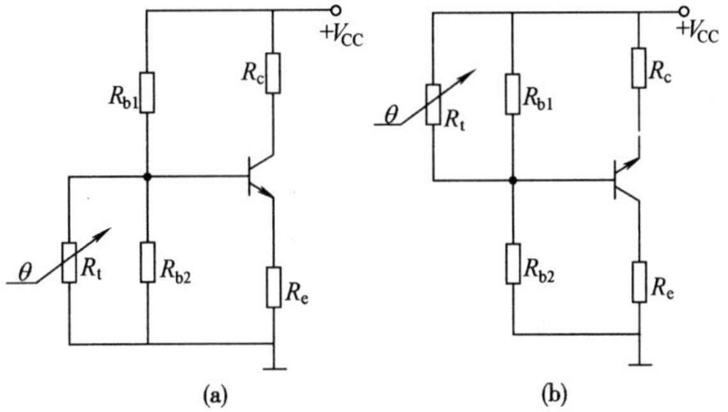

题图 2.12

2.15　在题图 2.13 所示的两级放大电路中，已知 $R_1=100\ \mathrm{k\Omega}$，$R_2=5\ \mathrm{k\Omega}$，$R_3=15\ \mathrm{k\Omega}$，$R_4=5\ \mathrm{k\Omega}$，$R_5=2\ \mathrm{k\Omega}$，$R_6=1\ \mathrm{k\Omega}$，$R_L=2\ \mathrm{k\Omega}$，$r_{be1}\approx r_{be2}\approx 1\ \mathrm{k\Omega}$，$\beta_1=\beta_2=50$，$V_{CC}=12\ \mathrm{V}$。试求解电路的电压放大倍数、输入电阻和输出电阻。

2.16　已知某放大电路的对数幅频特性如题图 2.14 所示。试求：

(1)下限频率 f_L、上限频率 f_H和通频带 f_{bw}。

(2)若加大电容 C_1和 C_2的容量，则下限频率 f_L是增大还是减小？为什么？

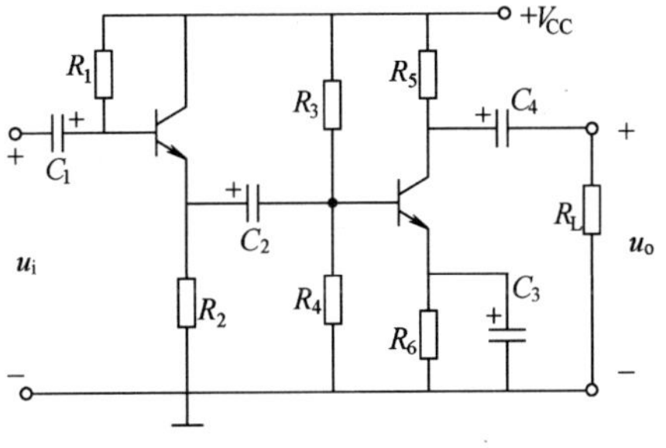

题图 2.13

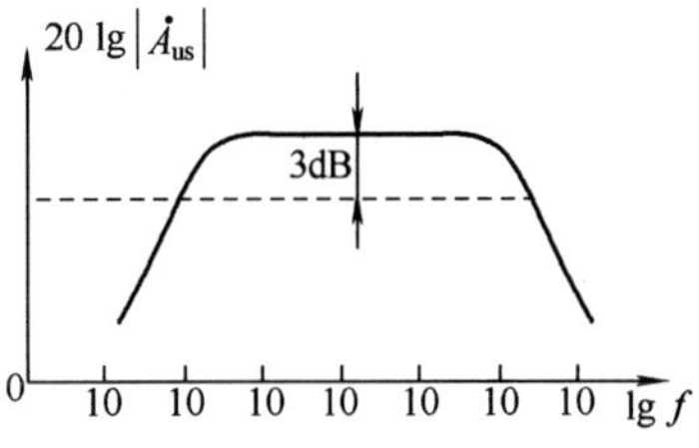

题图 2.14

第3章 负反馈放大电路

引言 负反馈就是将输出信号取出一部分或全部送回到放大电路的输入回路，与原输入信号相加或相减后再作用到放大电路的输入端。反馈有正负之分，在放大电路中主要引入负反馈，它可使放大电路的性能得到显著改善，所以负反馈放大电路得到了广泛应用。

本章主要介绍反馈的基本概念，反馈极性、类型的判断，负反馈对放大电路性能的影响。

3.1 负反馈的基本概念

将放大电路输出信号(电压或电流)的一部分或全部，通过一定的电路(反馈网络)送回到输入回路，这个过程称为反馈。反馈到输入回路的信号称为反馈信号。

3.1.1 反馈放大器的构成

1.反馈方框图

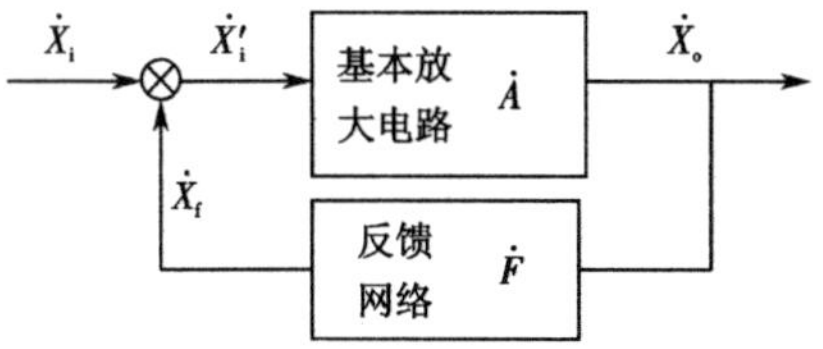

图 3.1.1 反馈方框图

如图3.1.1方框图所示，负反馈放大电路的结构通常分成两部分：一部分是基本放大电路；另一部分是反馈电路(或称反馈网络)。反馈网络的功能是将输出回路的信号，变换成与原输入端类型相同的信号，送回到输入回路。反馈网络通常是由电阻、电容等构成的无源网络，也可以是有源网络，其中起反馈作用的电阻、电容等，称为反馈元件。反馈信号可以是电压，也可以是电流。

负反馈放大电路的输入信号、净输入信号、反馈信号和输出信号(设各个信号都为正弦量)分别用相量 $\dot{X}_i$、$\dot{X}_i'$、$\dot{X}_f$ 和 $\dot{X}_o$ 表示。其中净输入信号 $\dot{X}_i'$ 是由 $\dot{X}_i$ 与 $\dot{X}_f$ 之差决定，即 $\dot{X}_i' = \dot{X}_i - \dot{X}_f$。

通常将 $\dot{A} = \dfrac{\dot{X}_o}{\dot{X}_i'}$ 称为反馈放大电路的开环放大倍数，将 $\dot{A}_f = \dfrac{\dot{X}_o}{\dot{X}_i}$ 称为闭环放大倍数。反馈系数 $\dot{F}$ 是反馈信号 $\dot{X}_f$ 与放大电路的输出信号 $\dot{X}_o$ 之比，即 $\dot{F} = \dfrac{\dot{X}_f}{\dot{X}_o}$。

2.基本关系式的推导

反馈放大电路中的闭环放大倍数 $\dot{A}_f$ 与开环放大倍数 $\dot{A}$、反馈系数 $\dot{F}$ 之间的关系如下：

$$\dot{A}_f=\frac{\dot{X}_o}{\dot{X}_i}=\frac{\dot{X}_o}{\dot{X}_i'+\dot{X}_f}=\frac{\dot{X}_o}{\dot{X}_i'+\dot{F}\dot{X}_o}$$
$$=\frac{\dot{X}_o}{\dot{X}_i'+\dot{A}\dot{F}\dot{X}_i'}=\frac{\dot{X}_o}{\dot{X}_i'+(1+\dot{A}\dot{F})}=\frac{\dot{A}}{1+\dot{A}\dot{F}} \tag{3.1.1}$$

式(3.1.1)就是负反馈放大电路的基本关系式。

在图 3.1.1 中，$\dot{X}_i$、$\dot{X}_i'$、$\dot{X}_f$、$\dot{X}_o$ 可以是电压或电流。若 $\dot{X}_i$、$\dot{X}_o$ 量纲不同，$\dot{A}_f$、$\dot{A}$、$\dot{F}$ 的物理意义也不同，电路的功能也不同，表 3.1 列出了几种负反馈放大电路的闭环放大倍数 $\dot{A}_f$ 的含义和电路功能。

表 3.1　几种负反馈放大电路的闭环放大倍数 $\dot{A}_f$ 的含义和电路功能

反馈方式	$\dot{X}_i$	$\dot{X}_o$	$\dot{X}_f$(量纲)	电路功能
电压串联负反馈	$\dot{U}_i$	$\dot{U}_o$	$\dot{A}_{uf}=\frac{\dot{U}_o}{\dot{U}_i}$(无量纲)	电压放大
电压并联负反馈	$\dot{I}_i$	$\dot{U}_o$	$\dot{A}_{rf}=\frac{\dot{U}_o}{\dot{I}_i}$(电阻)	将输入电流变换为输出电流
电流串联负反馈	$\dot{U}_i$	$\dot{I}_o$	$\dot{A}_{gf}=\frac{\dot{I}_o}{\dot{U}_i}$(电导)	将输入电压变换为输出电流
电流并联负反馈	$\dot{I}_i$	$\dot{I}_o$	$\dot{A}_{if}=\frac{\dot{I}_o}{\dot{I}_i}$(无量纲)	电流放大

3.反馈深度

在负反馈放大电路中，$1+\dot{A}\dot{F}$ 总是大于 1 的，$1+\dot{A}\dot{F}$ 越大，反馈越深，当 $\dot{A}\dot{F}$ 远远大于 1 时，可近似认为：

$$\dot{A}_f\approx\frac{1}{\dot{F}} \tag{3.1.2}$$

可见，当电路引入深度负反馈时，闭环放大倍数 $\dot{A}_f$ 几乎与放大电路的参数无关，而仅仅取决于反馈网络。为了分析方便，假设输入信号处于中频段，反馈网络为纯电阻，所以 A、F 都为实数(后面相同)，所以式(3.1.1)和式(3.1.2)可以写成 $A_f=\frac{A}{1+AF}$和 $A_f\approx\frac{1}{F}$。

【例 3.1.1】　已知某负反馈放大电路的开环放大倍数 $A=10^4$(即 80 dB)，当反馈系数 $F=1\%$时，求闭环放大倍数。

解：先求反馈深度 $1+AF=1+10^4\times1\%=101$(即 40.09 dB)，则闭环放大倍数 $A_f=\frac{A}{1+AF}=\frac{10^4}{101}=99.01$(即 39.91 dB)。

如果用式(3.1.2)近似计算(因为 $1+AF>>1$),则 $A_f\approx\frac{1}{F}=100$(即 40 dB),与精确计算相比,误差为 1%,这在工程上完全允许。

3.1.2 反馈放大器的分类

1. 正反馈和负反馈

根据反馈极性的不同,可将反馈分为正反馈和负反馈。

放大电路引入反馈后,如果反馈信号削弱了输入信号,使放大电路的净输入信号减小,导致电路的放大倍数降低,这种反馈称为负反馈;反之,则为正反馈。正反馈使放大电路的性能变差,但某些场合需要使用。

通常,可采用瞬时极性法来判断正负反馈类型。先假定输入信号在某一瞬间对地的极性为⊕,然后根据各级电路输出端与输入端的相位关系,标出电路各点的瞬时极性,得到反馈信号的极性,最后判断反馈的极性是增强还是削弱净输入信号,如果是削弱,便可判定是负反馈,反之则为正反馈(当输入信号和反馈信号在同一节点引入时,若两者极性相同,则为正反馈;两者极性相反,则为负反馈。当输入信号和反馈信号在不同节点引入时,若两者极性相同,则为负反馈;两者极性相反,则为正反馈)。

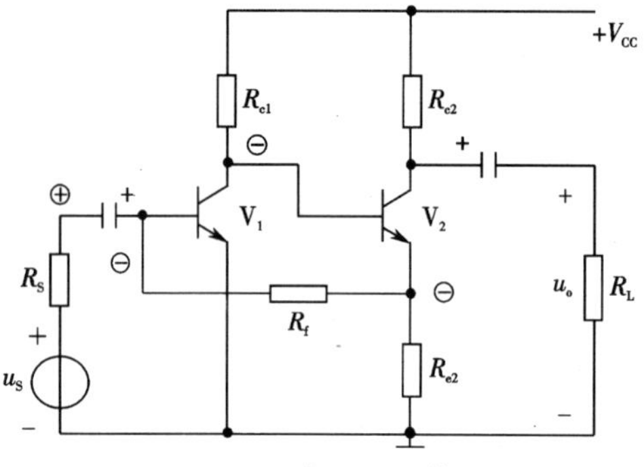

图 3.1.2 【例 3.1.2】图

【例 3.1.2】 试判断图 3.1.2 所示电路中的反馈是正反馈还是负反馈。

解:假定两级放大器输入端输入信号的极性为上正下负,即 V_1 基极为⊕,集电极倒相后为⊖,V_2 发射极输出为⊖,通过 R_f 反馈至 V_1 的基极端为⊖,则净输入量减小,可判断该反馈为负反馈。

2. 电压反馈和电流反馈

判断电压反馈和电流反馈,主要看从输出回路取样的对象是输出电压还是输出电流。若反馈取样是输出电压,则称为电压反馈;若反馈取样是输出电流,则称为电流反馈。

判别的方法是:设输出电压 $u_o=0$,即输出负载短路,若反馈信号消失,则为电压反馈,若反馈信号仍存在,则为电流反馈,如图 3.1.3 所示。

3. 串联反馈和并联反馈

串联反馈和并联反馈主要由反馈信号与输入信号的连接方式来区分。若放大器的净输入信号 $\dot{X}'_i$ 是由输入信号 $\dot{X}_i$ 与反馈信号 $\dot{X}_f$ 串联而成的,则为串联反馈;若放大器的净输入信号 $\dot{X}'_i$ 是由输入信号 $\dot{X}_i$ 与反馈信号 $\dot{X}_f$ 并联而成的,则为并联反馈,如图 3.1.4 所示。

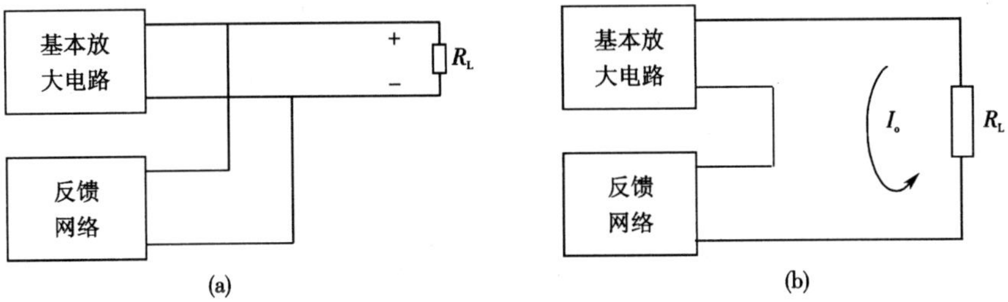

图 3.1.3　电压反馈和电流反馈

(a)电压反馈;(b)电流反馈

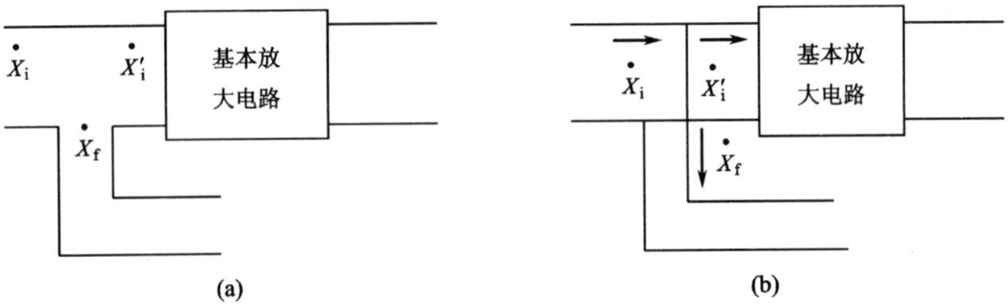

图 3.1.4　串联反馈和并联反馈

(a)串联反馈;(b)并联反馈

依据定义或者采用下述方法判断:假设将输入端短路,若反馈电压为零,则为并联反馈;若反馈电压仍存在,则为串联反馈。注意,串联反馈总是以反馈电压的形式作用于输入回路,而并联反馈总是以反馈电流的形式作用于输入回路。

3.2　负反馈放大电路的基本类型及分析

分析反馈放大电路时,一般可按以下顺序进行:首先,找出联系放大电路的输出回路与输入回路的反馈网络,并用瞬时极性法判别反馈极性(正反馈还是负反馈);其次,从放大电路的输出回路来分析,反馈网络是取样输出电压还是取样输出电流,确定为电压反馈还是电流反馈;最后,从放大电路的输入回路来分析,反馈信号是与输入信号串联连接还是并联连接,从而确定串联反馈还是并联反馈。因此,负反馈放大电路可有以下 4 种组合类型:电压串联负反馈放大电路、电压并联负反馈放大电路、电流串联负反馈放大电路、电流并联负反馈放大电路。

3.2.1　电压串联负反馈

图 3.2.1 是电压串联负反馈电路,下面对其进行分析。

1. 找出反馈网络,判别其极性

由图 3.2.1 可见,R_e、R_L两个并联电阻上的输出信号反送到输入回路。射极输

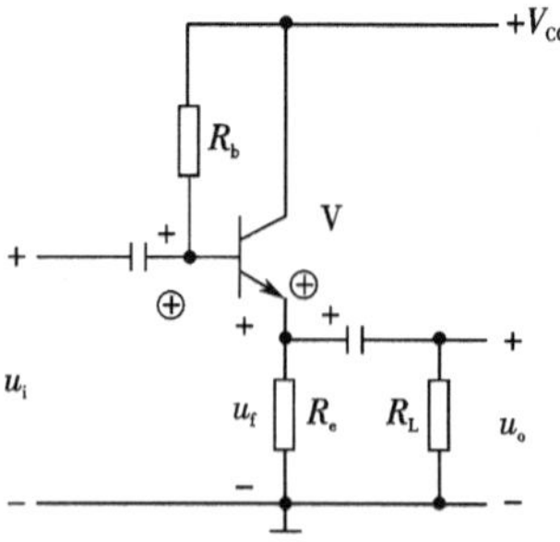

图 3.2.1　电压串联负反馈电路

出器的反馈电路就是输出回路。用瞬时极性法判别反馈的极性。在输入端假定 u_i 瞬时极性为⊕，通过正向传输⊕，发射极对地电压的瞬时极性也为⊕（共集电极电路输出电压与输入电压同相），输出信号电压为 u_o，它又是反馈电压 u_f。因反馈信号与输出电压极性相同，所以这时的净输入电压可写成 $u_{be}=u_i-u_f$，净输入电压因反馈电压而被削弱，故为负反馈。

2.反馈类型的判别

在输出端：将负载 R_L 短路，则 $u_o=0$，因为 $u_f=u_o$，u_f 也随之为零，反馈信号消失，可借此判断为电压反馈。

在输入端：u_i、u_f 及 u_{be} 三者以电压形式串联在输入回路，故为串联反馈。也可依据 $u_{be}=u_i-u_f$，即输入端反馈信号与输入信号以电压形式相叠加，判断为串联反馈。

因此，射极输出器是电压串联负反馈放大电路。

3.特点

电压串联负反馈稳定输出电压和闭环电压放大倍数 A_{uf}。当输入信号一定的情况下，若负载电阻 R_L 增加，使输出电压 u_o 增大，但是经过负反馈过程最终使 u_o 趋于稳定。其负反馈过程如图 3.2.2 所示。

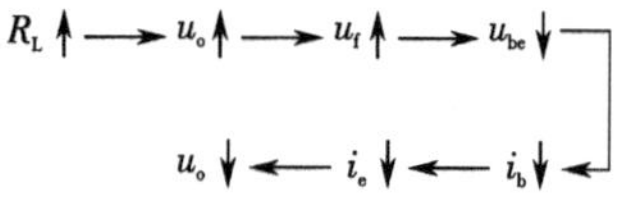

图 3.2.2　图 3.2.1 的负反馈过程图

$\dot{A}_{uf}=\dfrac{\dot{U}_o}{\dot{U}_i}$ 亦趋稳定。因为 $\dot{F}=\dfrac{\dot{U}_f}{\dot{U}_o}=1$，输出电压全部反馈至输入回路，故属深度负反馈。由式(3.1.2)知其闭环放大倍数 $A_{uf}\approx 1/F=1$。低内阻的电压信号源提供输入信号可取得满意的负反馈效果。

3.2.2　电压并联负反馈

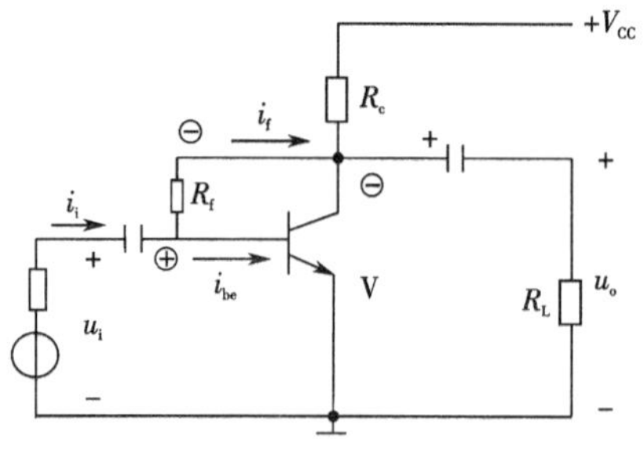

图 3.2.3　电压并联负反馈放大电路

图 3.2.3 是电压并联负反馈放大电路，下面对其进行分析。

1.找出反馈网络，判别极性

电阻 R_f 既是放大电路的偏置电阻，又是联系输出回路和输入回路的反馈电阻，构成反馈回路。

假设放大器输入端的极性为上正下负，即三极管 V 的基极为⊕，集电极对地电压的瞬时极性为⊖，因此，R_f 中的反馈电流 i_f 流出节点。在节点处有 $i_i = i_f + i_{be}$，因此有 $i_{be} = i_i - i_f$，i_f使基本放大电路净输入信号减小，故为负反馈。

2. 反馈类型的判别

在输出端：若将负载 R'_L 短路，则 $u_o = 0$。因 $i_f R_f = u_{be} - u_o$，u_{be}很小，所以 $i_f \approx -u_o / R_f \approx 0$，反馈信号消失，故为电压反馈；也可依据反馈网络直接接在放大电路电压输出端，判断为电压反馈。

在输入端：i_i、i_{be}、i_f三支路以电流形式并联于一个输入端（基极 B），故为并联负反馈；也可依据 $i_{be} = i_i - i_f$，即输入端反馈信号与输入信号以电流形式相叠加，判断为并联反馈。

因此，图 3.2.3 是电压并联负反馈放大电路。

3. 特点

稳定输出电压和闭环互阻放大倍数 $\dot{A}_{rf} = \dfrac{\dot{U}_o}{\dot{I}_i}$。当输入信号电流一定的情况下，如因某种原因导致输出电压 u_o上升，则通过以下负反馈过程（如图 3.2.4 所示），使 $\dot{U}_o$趋于稳定，$\dot{A}_{rf}$亦趋稳定。

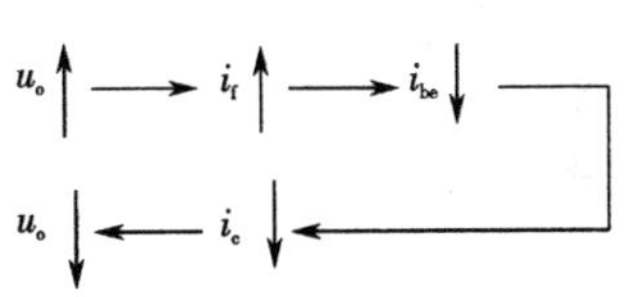

图 3.2.4　图 3.2.3 的稳压过程图

由高内阻的电流信号源提供输入信号，可取得满意的反馈效果。

3.2.3　电流串联负反馈

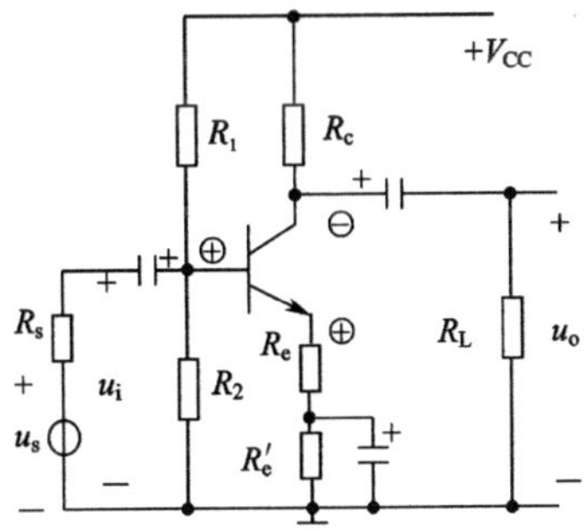

图 3.2.5　电流串联负反馈放大电路

图 3.2.5 是分压式偏置共射放大电路，下面对其进行分析。

1. 找出反馈网络，判别极性

我们不难看出，发射极电阻 R_e不仅是输出回路的一部分，而且也是输入回路的一部分。也就是说，通过 R_e的不仅有输出信号，而且也有输入信号。因而它能将输出信号的一部分取出来的同时，馈送给输入回路，从而去影响原输入信号。由此可见，R_e是该电路的反馈元件。用瞬时极性法来判断反馈极性：设输入信号（三极管基极为信号输入端）的瞬时极性为⊕，根据瞬时极性法推得，R_e对地电压 u_f的极性为⊕，因输入信号和反馈信号在不同端子引入且两者极性相同，故为负反馈。

2. 反馈类型的判别

在输出端：令 $u_o = 0$，因为 $u_f = i_e R_e$，反馈信号并未消失，故为电流反馈；也可依据反馈信号并非取自电压 u_o的输出端，判断为电流反馈。

在输入端：u_i、u_f及 u_{be}三者以电压形式串联在输入回路，故为串联反馈。

因此，图 3.2.5 是电流串联负反馈放大电路。

3.特点

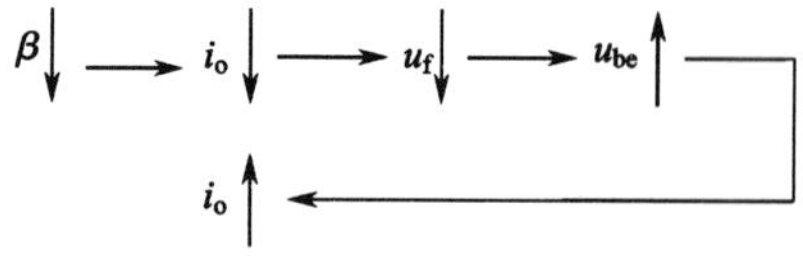

图 3.2.6　图 3.2.5 稳流过程图

稳定输出电流和闭环互导放大倍数 $\dot{A}_{gf}=\frac{\dot{I}_o}{\dot{U}_i}$。当运放内部三极管 β 值下降使输出电流 i_o减小时，则通过以下负反馈过程（如图 3.2.6 所示），使 i_o趋于稳定，$\dot{A}_{gf}$亦趋于稳定。

由低内阻的电压源提供输入信号，可取得满意的负反馈效果。

3.2.4　电流并联负反馈

图 3.2.7 为两级直接耦合放大电路。

1.找出反馈电路，判别反馈极性

由图 3.2.7 电路可见，R_f联系输出和输入回路，故 R_f为反馈元件。

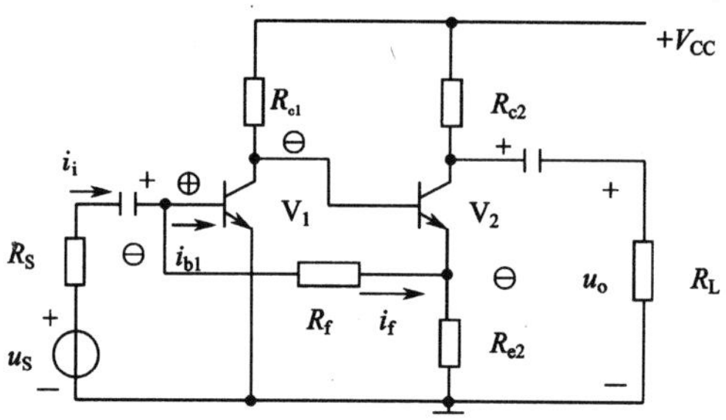

图 3.2.7　电流并联负反馈放大电路

设输入端瞬时极性如图 3.2.7 所示为⊕，经共射一级放大，V_1管集电极输出为⊖，再经 V_2管放大后，发射极的瞬时极性为⊖，因输入信号和反馈信号在同一节点引入且两者极性相反，故为负反馈。

2.反馈类型的判别

在输出端：令 $u_o=0$，反馈信号并未消失，故为电流反馈；也可依据反馈信号并非取自 u_o的输出端，判断为电流反馈。

在输入端：i_i、i_f及 i_{b1}三者以电流形式并联于输入端，故为并联反馈。

因此，图 3.2.7 是电流并联负反馈放大电路。

3.特点

稳定输出电流和闭环电流放大倍数 $\dot{A}_{if}$。当输入信号电流一定的情况下，如因某种原因使输出电流下降，负反馈放大电路通过反馈过程，使 i_o趋于稳定，$\dot{A}_{if}$也趋稳定

(过程请自行分析)。

由高内阻的电流源提供输入信号,可取得满意的负反馈效果。

3.3　负反馈对放大电路性能的影响

3.3.1　降低放大器的放大倍数,提高闭环放大倍数的稳定性

由反馈基本关系式 $A_f = \frac{A}{1+AF}$可知,负反馈放大电路的闭环放大倍数 A_f是 A 的 $\frac{1}{1+AF}$倍。反馈深度$(1+AF)$越大,闭环放大倍数 A_f越低。

放大电路即使在输入信号不变的情况下,由于各种外界条件如环境温度变化,元件参数变动,管子老化或电源波动等都会影响输出信号的稳定性。引入负反馈,特别是深度负反馈,即$|1+AF| \gg 1$时,闭环放大倍数 $A_f = \frac{A}{1+AF} \approx \frac{1}{F}$时,$A_f$只决定于反馈网络的反馈系数,而与基本放大电路的放大倍数无关。反馈网络一般选用性能比较稳定的无源线性元件组成,因此引入负反馈后,闭环放大倍数是比较稳定的。

从定量的角度分析,加入负反馈后,放大电路的放大倍数稳定性究竟提高多少呢?

对 $A_f = \frac{A}{1+AF}$求微分,可以得

$$\mathrm{d}A_f = \frac{(1+AF)\cdot \mathrm{d}A - AF\cdot \mathrm{d}A}{(1+AF)^2} = \frac{\mathrm{d}A}{(1+AF)^2}$$

将上式两边同除以 A_f得

$$\frac{\mathrm{d}A_f}{A_f} = \frac{\mathrm{d}A}{(1+AF)^2\cdot A_f} = \frac{1}{1+AF}\frac{dA}{A} \tag{3.3.1}$$

式(3.3.1)中 dA/A 和 $\mathrm{d}A_f/A_f$分别表示开环和闭环放大倍数的相对变化量。由式(3.3.1)看出,闭环放大倍数的相对变化量是开环放大倍数的相对变换量的 $1/(1+AF)$。引入负反馈以后 A_f降低了$(1+AF)$倍,而放大倍数的稳定性却提高了$(1+AF)$倍。

【例 3.3.1】 有一个负反馈放大电路的 $A=100$,反馈系数 $F=0.05$,如果 A 产生 $\pm 30\%$的变化,问 A_f的相对变化量多大?

解:闭环放大倍数为

$$A_f = \frac{A}{1+AF} = \frac{100}{1+100\times 0.05} = 16.67$$

A 产生$\pm 30\%$的变化,即 A 可低到 70,高达 130。由式(3.3.1)可知,A_f的相对变化量为 A 的相对变化量的 1/6,即 A_f的相对变化量为$\frac{1}{6}\times(\pm 30\%) = \pm 5\%$,即 A_f将

会低到 15.9,高到 17.5。可见闭环放大倍数的稳定性得到了很大程度的改善。

需指出两点:一是如果反馈系数 F 不稳定,则反馈信号就不能如实反映输出信号的变化,不能有效地对输出信号起到自动调节作用,相应的闭环放大倍数也就不能稳定,所以,应选用高稳定性的元件组成反馈网络,力求反馈系数稳定。二是不同类型的负反馈只能稳定各自的闭环放大电路。

3.3.2 减小非线性失真

放大电路中含有的非线性元件,或受到外界干扰,都可能引起输出波形的失真。引入负反馈后,一定程度上可以减小失真。

假定输出的失真波形是正半周大负半周小,如图 3.12(a)所示。当放大器引入负反馈时(以电压串联负反馈为例,来说明它是如何减少非线性失真的),由于反馈电压与输出电压成正比,使反馈电压的 u_f波形也为正半周大负半周小,将其反馈到输入端,与输入电压 u_i串联,由于净输入电压 $u_i' = u_i - u_f$,使净输入电压为负半周大正半周小,这种失真波形通过放大器放大后,就使输出波形趋于正弦波,减小了非线性失真,如图 3.3.1(b)所示。

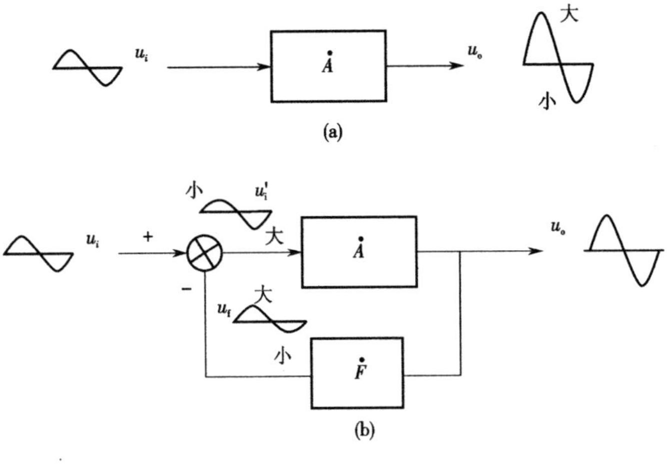

图 3.3.1 负反馈改善非线性失真

(a)无反馈信号时的波形;(b)有反馈信号时的波形

从本质而言,负反馈是利用失真了的输出波形来改善输出波形的失真(也是负反馈自动调整输出信号的作用)。为此,波形的失真只能改善,不能消除。还需指出:波形失真的改善程度与反馈深度有关;反馈网络中元件的线性度越好,效果也越好。

3.3.3 展宽频带

通频带 BW 反映放大电路对输入信号频率变化的适应能力。图 3.3.2 表示负反馈放大电路展宽通频带的原理。

在阻容耦合放大电路中，信号频率在低频区和高频区时，其放大倍数均要下降，由于负反馈放大电路具有稳定放大倍数的作用，因此，放大倍数在高、低频区的下降速率减慢，即相当于通频带展宽。具体如图 3.3.2 所示，中频段的开环放大倍数 A 较高，引入反馈后，中频段的闭环放大倍数 A_f 衰减较大。当信号频率在高频和低频段时，开环放大倍数随信号频率的升高或降低而随之减小，闭环放大倍数 A_f 在高频和低频段的衰减倍数就比中频段时小，因此，负反馈放大电路的上、下限频率向更高或更低的频率扩展，如图 3.3.2 所示。BW_f 为有负反馈时的通频带，由图中可见，$BW_f > BW$，频带展宽。可以证明：$BW_f \approx (1+AF)BW$。

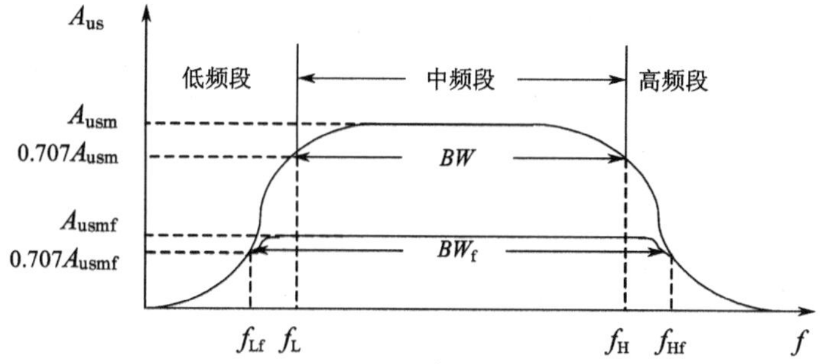

图 3.3.2　负反馈放大电路展宽通频带

3.3.4　负反馈放大电路对输入电阻和输出电阻的影响

1. 对输入电阻的影响

负反馈放大电路对输入电阻的影响，主要取决于串、并联反馈的类型，而与输出端取样的方式无关。

(1) 串联负反馈提高输入电阻（如图 3.3.3 所示）

在串联负反馈电路中，反馈网络与基本放大电路的输入电阻串联，故串联负反馈放大电路的输入电阻是增加的。输入电阻 R_{if} 为开环时输入电阻 R_i 的 $(1+AF)$ 倍。

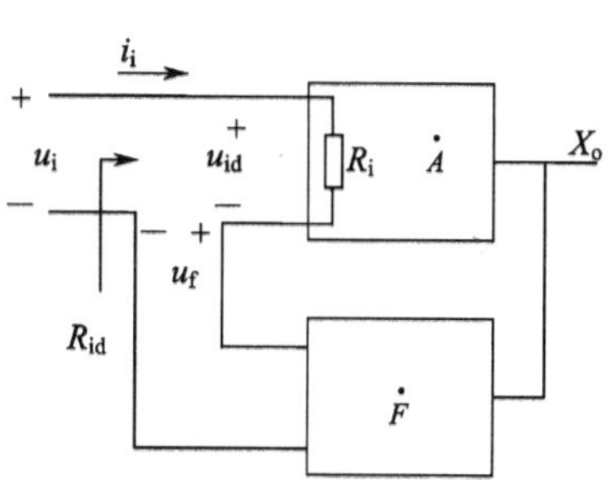

图 3.3.3　串联负反馈提高输入电阻

(2) 并联负反馈降低输入电阻（如图 3.3.4 所示）

在并联负反馈电路中，反馈网络与基本放大电路的输入电阻并联，故并联负反馈放大电路的输入电阻是减小的。输人电阻 R_{if} 为开环时输入电阻 R_i 的 $\dfrac{1}{1+AF}$ 倍。

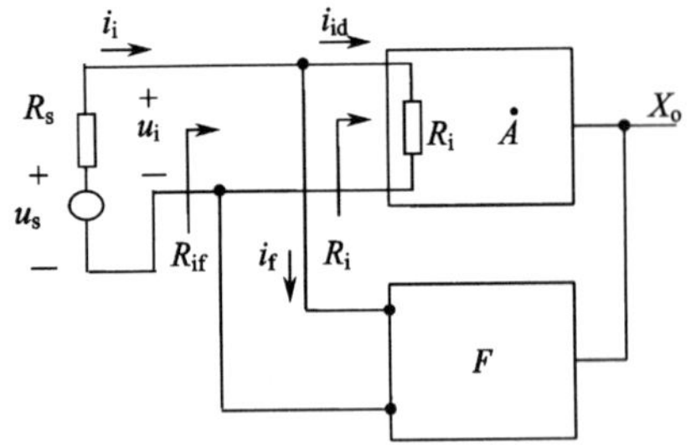

图 3.3.4 并联负反馈降低输入电阻

2.对输出电阻的影响

负反馈对放大电路输出电阻的影响主要取决于反馈取样的方式,即与电压或电流反馈类型有关,而与输入端连接方式无关。

(1)电压负反馈降低输出电阻

电压负反馈稳定输出电压,说明电压负反馈放大电路能在负载变动时,使输出电压基本不变,比无反馈时,放大电路的输出电阻降低,可以证明,有电压负反馈时的输出电阻 R_{of}是无反馈时 R_o的$\dfrac{1}{1+A_oF}$倍,其中 A_o为负载开路时的开环放大倍数,且反馈越深,输出电阻越小。因此,电压负反馈放大电路增强了带负载的能力。

(2)电流负反馈提高输出电阻

电流负反馈稳定输出电流,指出了电流负反馈放大电路的闭环输出电阻比开环时的输出电阻提高了,也可证明有电流负反馈时的输出电阻 R_{of}增大为无反馈时 R_o的$(1+A_oF)$倍,其中 A_o为输出端短路时的开环放大倍数,且反馈越深,输出电阻越大。

综上所述,负反馈放大电路的许多性能所以会得到一定程度的改善,归根结底是由于放大电路的输出信号(电压或电流)部分地或全部地引回到放大电路的输入端,因而可以对输出信号随时加以调整。无论是放大倍数的稳定、通频带的展宽、非线性失真的改善、反馈环内的干扰和噪声的抑制、输入电阻和输出电阻受反馈方式的不同而产生不同影响等等,其本质都在于负反馈放大电路不断地把输出信号同输入信号加以比较,并且根据比较的结果随时对输出信号给以修正的结果。反馈愈深,即$(1+AF)$值愈大,放大电路性能改善的程度就愈明显。

负反馈放大电路的应用极为广泛,希望读者通过以下实例进一步了解负反馈放大电路对性能的改善,并提高读图的能力。

图 3.3.5 是助听器放大电路。图中三个晶体管均为 PNP 类型。

V_1管形成输入级,V_1集电极引出的反馈(反馈元件为 R_{b1})为电压并联负反馈放大电路。其作用是稳定静态工作点,稳定输出电压,减小输入电阻。由于助听器的微音器是高内阻的信号源,接近恒流源性质,采用并联反馈降低输入电阻,使反馈作用更有效。

V_2管和 V_3管是两级直接耦合放大电路,都是共射放大电路,集电极为输出端,耳塞机为负载。V_3管发射极上引出的反馈是直流反馈(C_{e3}旁路电容与 R_{e3}并联),目的在于稳定静态工作点(反馈过程读者自行分析)。

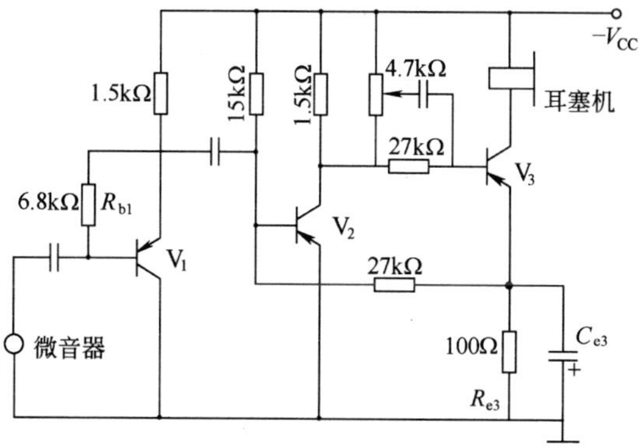

图 3.3.5　助听器放大电路

技能训练三:负反馈放大电路

一、训练目的

1. 了解负反馈放大电路的工作原理及对放大电路输入电阻、输出电阻的影响。

2. 学会测量放大电路输入电阻和输出电阻的方法。

3. 进一步巩固前面实验中已用过的示波器、函数信号发生器、交流毫伏表等电子仪器的使用方法。

二、仪器与材料

1. 函数信号发生器 1 台。

2. 可调直流稳压电源(0 ~ 30 V)1 台。

3. 交流毫伏表 1 台。

4. 双踪示波器 1 台。

5. 万用表 1 台。

6. 实验板 1 块。

三、训练内容及步骤

本实验电路图见图 3.1 所示

1. 按所给实验电路图对照实验板,熟悉各元件安装位置,检查布线,将 B 点接地,这样就构成一个基本放大电路。

2. 建立合适的静态工作点。在构成一个上述基本放大电路之后接通电源使 V_{CC} = + 12 V(注意极性),调解 R_w 使 $U_{CQ}(U_{C1}) = 9$ V,并测其他各点电位,记于表 3.1 中。

表 3.1

测量项目	U_{C1}	U_{BE1}	U_{E1}	$U_{B1} = U_{BE1} + U_{E1}$	U_{B2}	U_{E2}	U_{C2}
测量值							

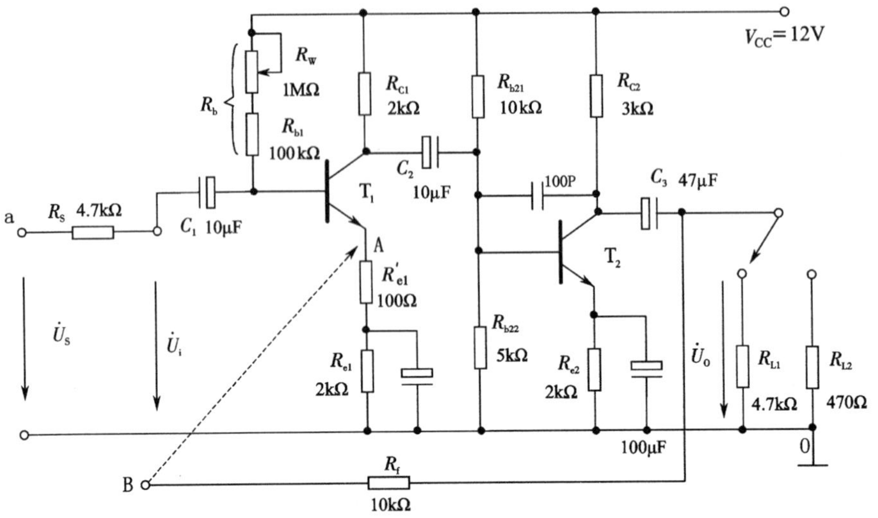

图 3.1 负反馈放大电路

3.测量基本放大电路性能。

(1)测量基本放大电路的放大倍数 A_u。从 a、o 间加入信号电压 U_s($f=1$ kHz),使 $U_i=3$ mV,负载开路,在输出波形不失真情况下测 U_o,接入负载 $R_L=4.7$ kΩ,测 U'_o记入表 3.2。

(2)测量此时的 U_s(令为 U_{s1})以作计算 r_i用。

4.测量反馈放大电路性能。

将“B”从“地”线中拆除,并与 A 点(即 T_1的发射极)相接,即构成了一个电压串联负反馈放大电路。

(1)测量反馈放大电路的放大倍数 A_{uf}。从 a、o 间加入信号电压 U_s($f=1$ kHz),使 $U_i=3$ mV,负载开路,在输出波形不失真情况下测量此时输出电压 U_{of},接入负载 $R_L=4.7$ kΩ,测 U'_{of},记入表 3.2。

(2)测出此时的 U_s(令为 U_{s2}),以作计算 r_{if}用。

5.分别测试基本放大电路,负反馈放大电路通频带宽,表格自拟。

6.示波器观察,比较负反馈加入前后电路输出波形。

表 3.2

条件		$U_i=3$ mV, $f=1$ kHz		
		$R_L=\infty$	$R_L=4.7$ kΩ	$R_S=4.7$ kΩ, $R_L=\infty$
待测值	基本放大电路	U_o=( )V	U'_o=( )V	U_{s1}=( )V
	负反馈放大电路	U_{of}=( )V	U'_{of}=( )V	U_{s2}=( )V

习题三

3.1　如题图 3.1 所示电路中，判别哪些电路是负反馈放大电路？哪些是正反馈电路？如果是负反馈放大电路，属于哪种类型？图中还有哪一些是直流负反馈，它们起何作用？（提示：反馈电路与电容并联时，为直流反馈，与电容串联则为交流反馈，不并又不串电容时，为交、直流反馈电路。）

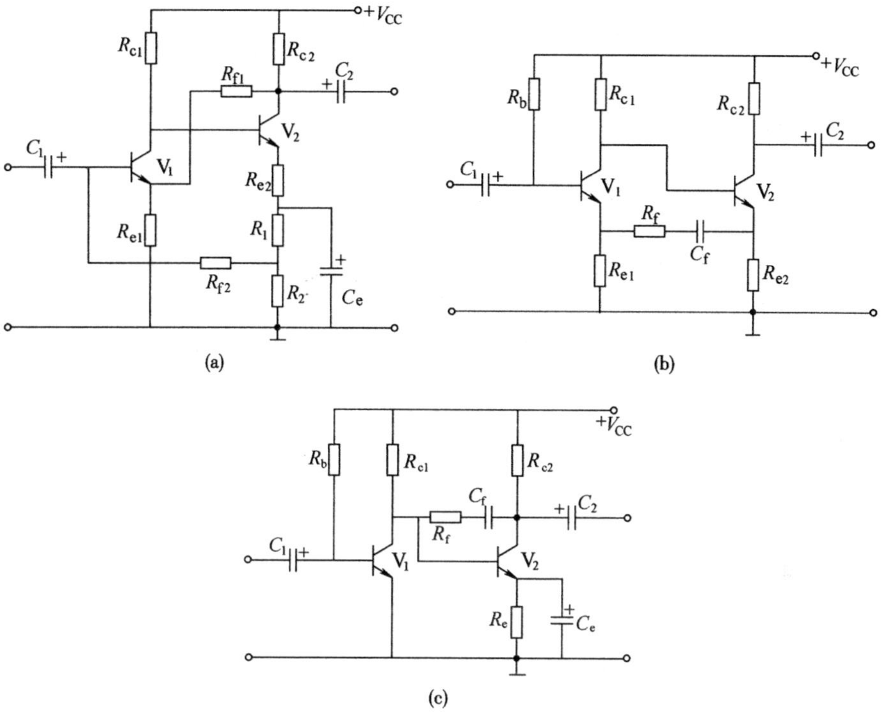

题图 3.1

3.2　反馈放大电路框图如题图 3.2 所示。已知开环电压放大倍数 $A=103$，$F=0.05$，如果输出电压 $U_o=2$ V，计算输入电压 U_i、反馈电压 U_f及净输入电压 $\dot{U}_i'$。

3.3　一个电压负反馈放大电路，已知闭环电压放大倍数 $A_f=80$，当开环电压放大倍数 A 变化 20% 时，要求闭环电压放大倍数 A_f变化不超过 1%，问 A 至少应是多少？这时反馈系数 F 是多少？

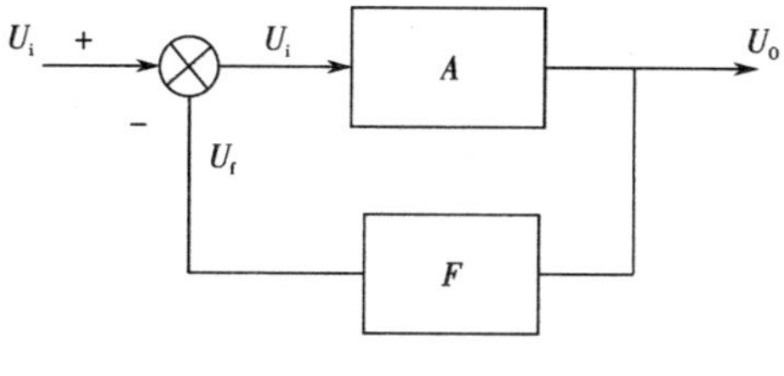

题图 3.2

3.4　一个电压串联负反馈放大电

路,开环电压放大倍数为 100 dB,为使其闭环电压放大倍数为 20 dB,则要求反馈深度$(1+AF)$为多少 dB? 反馈系数 F 约为多大?

3.5　填空题。

①某测量仪表要求较高,输出电压稳定,应选(　　　)负反馈电路。

②为获得一个电压控制电流源,应选(　　　)负反馈电路。

③为获得一个电流控制电流源,应选(　　　)负反馈电路。

④为了充分提高负反馈效果,当信号源为高内阻的电流信号源,又要求放大电路的输出电压稳定,应选(　　　)负反馈电路。

⑤稳定静态工作点,应加(　　　)(交流或直流)负反馈;提高闭环放大倍数的稳定性应加(　　　)(交流或直流)负反馈。稳定放大倍数应加(　　　)(交或直)负反馈。

第 4 章　集成运算放大器

引言　在半导体制造工艺的基础上，把整个电路中的元器件制作在一块硅基片上，构成特定功能的电子电路，称为集成电路。集成电路可分为模拟集成电路和数字集成电路两大类。集成运算放大器属于模拟集成电路。起初，它主要是用作各种模拟信号的运算，如比例、加、减、积分等，故称为集成运算放大器（简称集成运放）。后来，它的应用范围不断扩展，现已广泛应用于信号处理、信号转换等多方面。

本章主要讨论集成运算放大器电路的特点、集成运算放大器的线性应用和非线性应用。

4.1　集成运算放大器中的电流源电路

电流源是为集成电路内部的放大电路提供稳恒电流的电路。它的种类较多，常见的有镜像电流源、微电流源、多路电流源。

4.1.1　镜像电流源

镜像电流源电路如图 4.1.1 所示。图中的电流源的负载是电阻 R_c。三极管 V_1、V_2 完全对称，即 $U_{BE1}=U_{BE2}=U_{BE}$，$\beta_1=\beta_2=\beta$，故 $I_{B1}=I_{B2}=I_B$，$I_{C1}=I_{C2}=I_C$。从图中可知

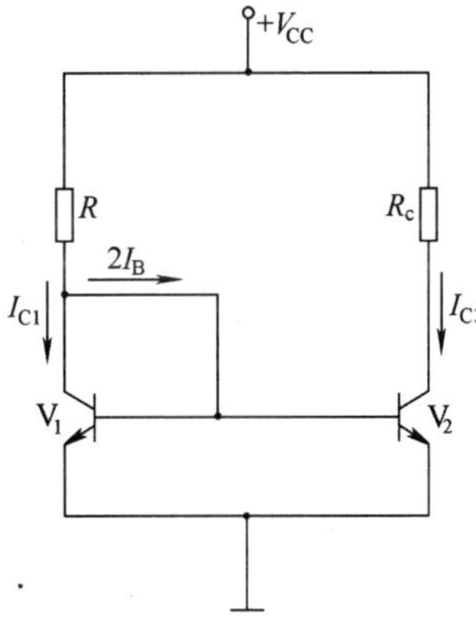

图 4.1.1　镜像电流源

$$I_R=\frac{V_{CC}-U_{BE}}{R}\approx\frac{V_{CC}}{R}$$

$$I_{C2}=I_{C1}=I_R-2I_B=I_R-\frac{2I_{C2}}{\beta}$$

可知　$$I_{C2}=\frac{I_R}{1+2/\beta}$$

当 β 较大时，基极电流 I_B 可以忽略，可以近似认为 I_{C2} 等于 I_R，即

$$I_{C2}\approx I_R=\frac{V_{CC}}{R} \tag{4.1.1}$$

因此，只要电路中的 V_{CC} 和 R 确定了，流过电阻 R 的电流 I_R 也就确定了，而流过负载 R_c 的电流 I_{C2} 就近似等于 I_R。左右两路的电流近似相等，如同镜像，故称镜像电流源。

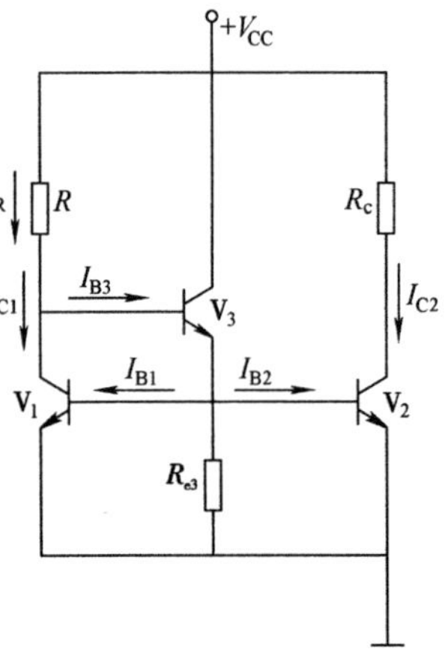

图 4.1.2　带缓冲的镜像电流源

但当 β 值不够大时，I_{C2} 与 I_R 的数值就会产生较大的误差。为了提高恒流精度，减小 I_B 对电路的影响，可在电路中加入了缓冲级，如图 4.1.2 所示。

电路中的 R_{e3} 是为了避免 V_3 的 I_{E3} 电流过小使 $\beta_3(\beta_3=\beta)$ 下降而设。

由图可知，当 R_{e3} 的阻值足够大，流过 R_{e3} 的电流 I_{Re3} 远远小于 I_{B1} 时，则可以认为

$$I_{B3}=\frac{I_{E3}}{1+\beta}\approx\frac{I_{B1}+I_{B2}}{1+\beta}=\frac{2I_{C2}/\beta}{1+\beta}\approx\frac{2I_{C2}}{\beta^2}$$

则

$$I_{C2}=I_R-I_{B3}=I_R-\frac{2I_{C2}}{\beta^2}$$

可知

$$I_{C2}=\frac{I_R}{1+2/\beta^2}\tag{4.1.2}$$

可见，该电路的 I_{C2} 更接近于 I_R。

4.1.2　微电流源

在集成运放的输入级，差动放大电路的工作电流很小，只有几十微安，则镜像电流源电路就不能满足要求了。因为在镜像电流源电路中，电流与电阻 R 的大小有关，要想获得小的电流，就必须增大 R 的阻值。但集成电路的制造工艺使其无法制造大的电阻。为此，人们对上述电路进行了改进，增加了电阻 R_{e2}，如图 4.1.3 所示。

分析该电路可知

$$I_{C2}\approx I_{E2}=\frac{U_{BE1}-U_{BE2}}{R_{e2}}\tag{4.1.3}$$

因为 $U_{BE1}-U_{BE2}$ 的数值很小，所以只要不大的 R_{e2}，就可获得很小的工作电流。

4.1.3　多路电流源

多路电流源电路如图 4.1.4 所示，它是由多个镜像电流源和微电流源构成。设各三极管的 U_{BE} 和 β 都相同，则有

$$I_E R_e=I_{E1}R_{e1}=I_{E2}R_{e2}=I_{E3}R_{e3}$$

又因为 $I_C=I_R-\sum I_B/\beta$，当 β 较大时，有 $I_C\approx I_R\approx I_E$，故有

$$I_R R_e\approx I_{C1}R_{e1}=I_{C2}R_{e2}=I_{C3}R_{e3}$$

可知

$$I_{Ci}=\frac{I_R R_e}{R_{ei}}\quad(i=1,2,3)\tag{4.1.4}$$

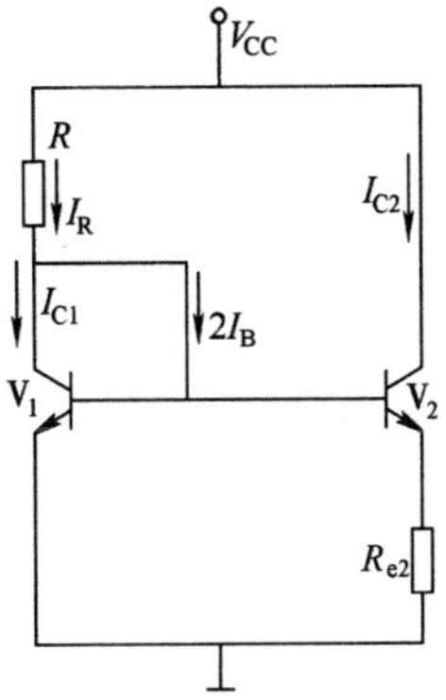

图 4.1.3　**微电流源**

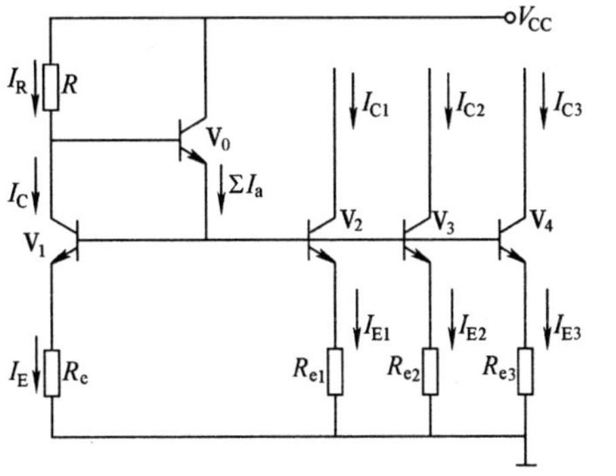

图 4.1.4　**多路电流源**

4.2　差分放大电路

在放大电路中，若把放大器的输入端短路，在输出端仍会有缓慢变化的电压产生，这个电压叫漂移电压，这种现象称零点漂移（简称零漂）。产生零点漂移的原因很多，如电源电压的波动、元件参数随温度的变化、元器件的老化等。在直接耦合的放大器中，漂移电压将随有用信号一起传送到下一级，进行逐级放大，在输出端将会难以分辨是有用信号还是漂移电压。为了克服零点漂移现象，集成运算放大器的输入级一般采用差分放大电路。

4.2.1　基本差分放大电路

1. 电路结构

基本差分放大电路如图 4.2.1 所示，它的主要特点是两边的电路完全对称，即三极管 V_1 和 V_2 特性完全相同，$R_{c1} = R_{c2} = R_C$。该电路有两个输入端，两个输出端，又称为双端输入、双端输出的差分放大电路。

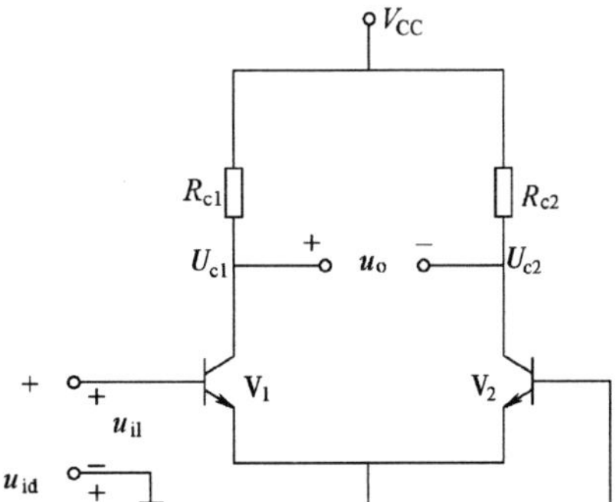

图 4.2.1　**基本差分放大电路**

2. 抑制零漂原理

输入信号为零时，即 $u_{i1} = u_{i2} = 0$，由于两边的电路完全对称，所以两三极管的集电极电流 $I_{c1} = I_{c2}$，因而两三极管的集电极电位相同，即 $U_{c1} = U_{c2}$，故输出电压 $U_o = U_{c1} - U_{c2} = 0$。

当温度发生变化时，由于电路对称，两

三极管的参数变化是相同的，所以两三极管的集电极电流变化相等，即 $\Delta I_{c1}=\Delta I_{c2}$。因此，两三极管的集电极电位的变化也相同，即 $\Delta U_{c1}=\Delta U_{c2}$，则输出电压为 $U_o=(U_{c1}+\Delta U_{c1})-(U_{c1}+\Delta U_{c2})=0$。

由此可见，虽然电路中各元件的参数发生了变化，但由于电路的对称性，使变化量相互抵消，抑制了零点漂移。虽然在实际情况下，两三极管的特性不可能完全一致，但是输出的漂移电压已大大减小。由于差分电路有抑制零漂的作用，所以被广泛应用于放大电路的输入级。

4.2.2 带射极电阻的差分放大电路

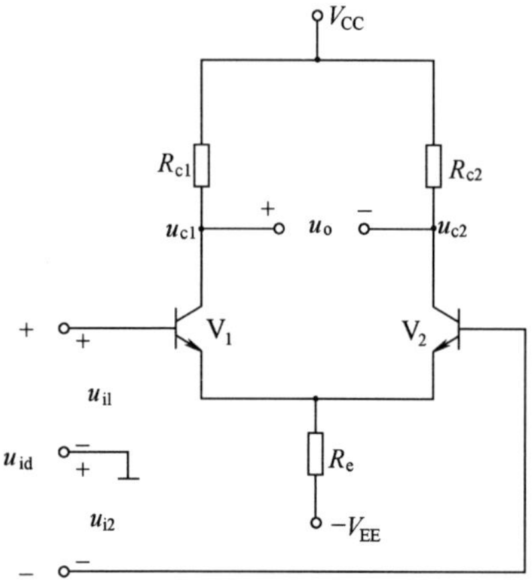

图 4.2.2 带射极电阻的差分放大电路

上述基本差分放大电路对零点漂移的抑制能力是有限的。为进一步提高电路对零点漂移的抑制能力，在两差分放大管的发射极上接入了公共电阻 R_e，该电路称为带射极电阻的差分放大电路（又叫长尾式差动放大电路或射极耦合差动放大电路）。为使 R_e 的取值大些，提高对零点漂移的抑制能力，可在发射极电路上接入了一个负电源，补偿 R_e 上的压降，保证三极管有合适的静态工作点，如图 4.2.2 所示。

1. 静态分析

当没有输入信号时，$u_{i1}=u_{i2}=0$，因此 $U_{B1}=U_{B2}=0$。

由图可知 $U_{Re}=V_{EE}-U_{BE}$

又 $U_{Re}=2I_E R_e$

所以 $I_{E1}=I_{E2}=\dfrac{V_{EE}-U_{BE}}{2R_e}$

$$I_{B1}=I_{B2}=\frac{V_{EE}-U_{BE}}{2(1+\beta)R_e}$$

由此得

$$I_{C1}=I_{C2}=\frac{V_{EE}-U_{BE}}{2(1+\beta)R_e}$$

当 β 远大于 1 时

$$I_{C1}=I_{C2}\approx\frac{V_{EE}-U_{BE}}{2\beta R_e} \quad (4.2.1)$$

$$U_{C1}=U_{C2}=V_{CC}-I_C R_C \quad (4.2.2)$$

2.动态分析

(1)差模输入分析

在差分放大电路的两个输入端加上大小相等、极性相反的信号,即 $u_{i1}=-u_{i2}$,则有 $u_{id}=u_{i1}-u_{i2}=2u_{i1}$,这个信号叫差模信号。

1)双端输入、双端输出差模电路分析

当差分放大电路输入差模信号时,由于电路对称,集电极电流 I_{C1} 的增加量和 I_{C2} 的减小量是相等的,因此发射极上 I_{E1} 的增加量等于 I_{E2} 的减小量,这两个电流在 R_e 上相互抵消,故 R_e 上不存在差模信号,R_e 可视为短路。图 4.2.3 为双端输入、双端输出的差模交流通路。

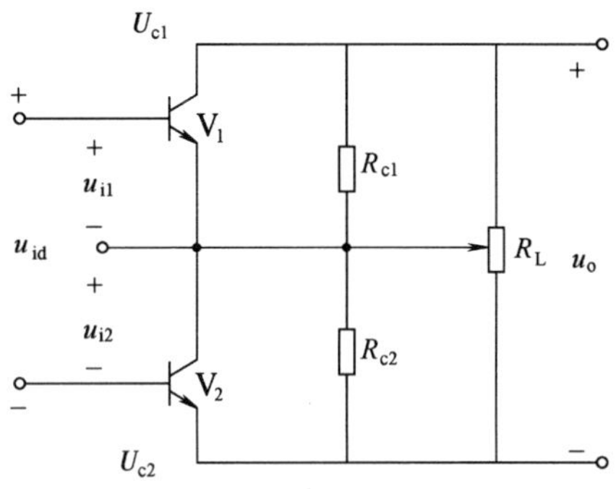

图 4.2.3　双入、双出的差模交流通路

双端输出时,差模电压放大倍数为

$$A_{ud}=\frac{u_o}{u_{id}}=\frac{u_{o1}-u_{o2}}{u_{i1}-u_{i2}}=\frac{2u_{o1}}{2u_{i1}}=\frac{u_{o1}}{u_{i1}}$$

$$=-\frac{\beta R_c}{r_{be}} \tag{4.2.3}$$

下面分析接入负载时的情况。设两个输出端之间接上负载 R_L,当输入差模信号时,u_{c1} 和 u_{c2} 的电位向相反方向变化,且变化量相等,则负载 R_L 的中点电位不变,相当于接地,因此三极管 V_1、V_2 的负载是相等的,都是 $R_L/2$。

此时差模电压放大倍数为

$$A_{ud}=\frac{R'_L}{r_{be}} \tag{4.2.4}$$

式中,$R'_L=R_c/\!/\frac{R_L}{2}$。

输入电阻是从放大器的输入端看进去的等效电阻。从图 4.2.3 可以看出,该电路输入电阻 R_{id} 为

$$R_{id}=2r_{be} \tag{4.2.5}$$

输出电阻是从放大器的输出端看进去的等效电阻。从图 4.2.3 可以看出,该电路输出电阻 R_o 为

$$R_o=2R_c \tag{4.2.6}$$

2)双端输入、单端输出的差模电路分析　该电路结构如图 4.2.4 所示,其特点是输出电压取自其中一只三极管的集电极,所以称之为单端输出。

由于只取一只三极管集电极电压变化量,所以该电路差模电压放大倍数只有双端输出时的一半,即

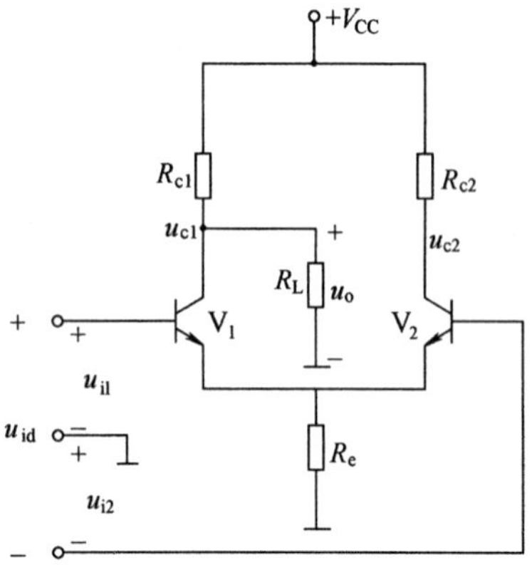

图 4.2.4　双入、单出差分放大电路

$$A_{ud1}=\frac{u_{o1}}{u_{i1}-u_{i2}}=\frac{u_{o1}}{2u_{i1}}=\frac{A_{ud}}{2}=-\frac{\beta R_c}{2r_{be}} \tag{4.2.7}$$

接入负载后，差模电压放大倍数为

$$A_{ud1}=-\frac{\beta R_L'}{2r_{be}} \tag{4.2.8}$$

式中，$R_L'=R_C//R_L$。

(2)共模输入分析

1)双端输出的共模电压放大倍数和共模抑制比　当差分放大电路两个输入端接入共模信号时，即 $u_{i1}=u_{i2}=u_{ic}$，则两管的电流变化量相同，在 R_e 上产生的压降是每管发射极电流产生的压降的 2 倍。对每只三极管来说，相当于在发射极上分别接入 $2R_e$ 的电阻。其交流通路如图 4.2.5 所示。

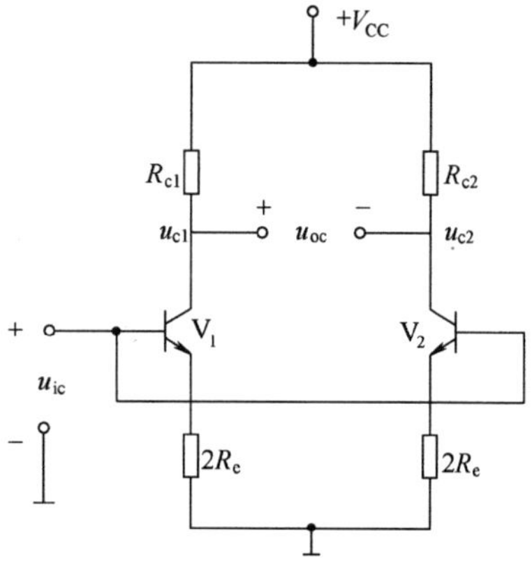

图 4.2.5　双入、双出共模交流通路

由于电路对称，当输入共模信号时，输出电压 $u_{oc}=u_{oc1}-u_{oc2}=0$，则共模电压放大倍数为

$$A_{uc}=\frac{u_{oc}}{u_{ic}}=\frac{u_{oc1}-u_{oc2}}{u_{ic}}=0 \tag{4.2.9}$$

差动放大电路既能放大差模信号，又能抑制共模信号。为了说明差动放大电路对共模信号的抑制能力，引入了共模抑制比(K_{CMR})这个概念，它等于放大电路的差模电压放大倍数和共模电压放大倍数之比的绝对值，即

$$K_{CMR}=\left|\frac{A_{ud}}{A_{uc}}\right| \tag{4.2.10}$$

K_{CMR}值越大，电路对共模信号的抑制能力越强，电路性能愈好。在理想情况下，由于 $A_{uc}=0$，所以 $K_{CMR}=\infty$。但由于电路参数不可能绝对对称，所以共模抑制比不可能为无穷大。

2)单端输出的共模电压放大倍数和共模抑制比　双端输入、单端输出的共模交流通路如图 4.2.6 所示。由图可知，共模电压放大倍数为

$$A_{uc1}=\frac{u_{oc}}{u_{ic}}=-\frac{\beta R_L'}{r_{be}+2(1+\beta)R_e}$$

$$\approx-\frac{\beta R_L'}{2(1+\beta)R_e}$$

由于 β 远大于 1,故上式可简化为

$$A_{uc1} \approx -\frac{R'_L}{2R_e} \tag{4.2.11}$$

其共模抑制比由式(4.2.8)和式(4.2.11)可得

$$K_{CMR} = \left|\frac{A_{ud1}}{A_{uc1}}\right| \approx \frac{\beta R_e}{r_{be}} \tag{4.2.12}$$

从共模交流通路可以看出,电路的输入电阻为

$$R_{ic} = \frac{u_{ic}}{2i_b} = \frac{r_{be} + 2(1+\beta)R_e}{2} \tag{4.2.13}$$

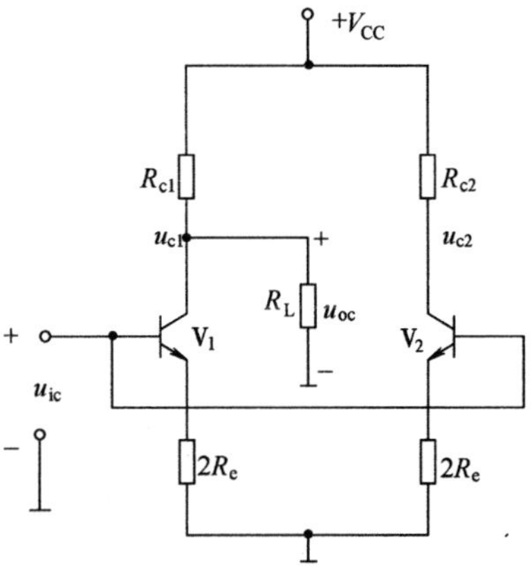

图 4.2.6　双入、单出共模交流通路

4.2.3　具有恒流源的差分放大电路

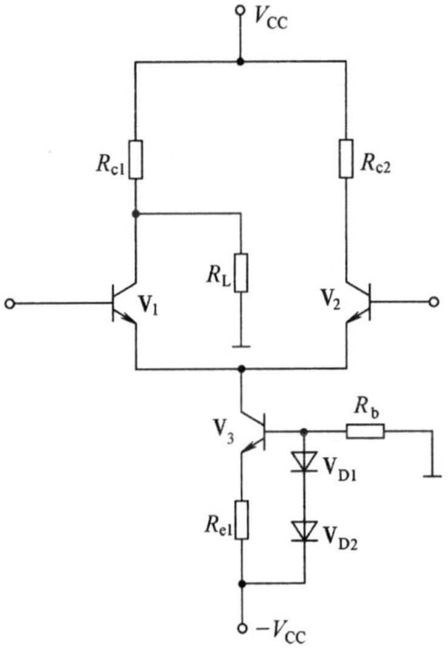

图 4.2.7　带恒流源的差分放大电路

由式(4.2.12)可知,增大 R_e 的数值,就可以提高差分放大电路的共模抑制比。但是集成电路中难以制造大阻值电阻,而且电阻加大了,就会使电路的静态工作点下降。要保持工作点不变,就必须提高电源电压,但是电源电压的提高是有限的。为解决这个问题,可使用恒流源取代电阻 R_e,电路如图 4.2.7 所示。由于恒流源的交流等效电阻很大,而直流压降不大,因此可以大大提高共模抑制比。

在图 4.2.7 中,设 $U_{BE3} = U_{VD1}$,则 $U_{VD2} = U_{Re1}$,即

$$I_{C3} \approx I_{Re1} = \frac{U_{VD2}}{R_{e1}}$$

只要改变 R_{e1} 的阻值,就可以改变电路中的电流。该电路的差模电压放大倍数、输入电阻、输出电阻的计算方法和前面介绍的相同。

4.2.4　差分放大电路的四种基本接法

差分放大电路有两个输入端、两个输出端,因此它的电路接法有四种形式:双端输入、双端输出;双端输入、单端输出;单端输入、单端输出;单端输入、双端输出。前两种我们在前面已介绍过,下面介绍后两种。

在实际应用中,有时要求放大电路的输入端有一端接地,这种输入方式就叫做单端输入,如图 4.2.8 所示。此时两输入端的输入信号不同。在求解这种电路时,我们

可以采用等效变换的方式，把原有信号分解为差模信号和共模信号。

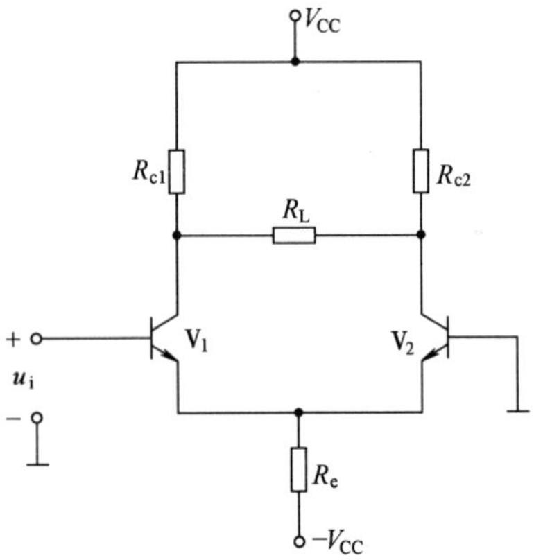

图 4.2.8　单端输入差分放大电路

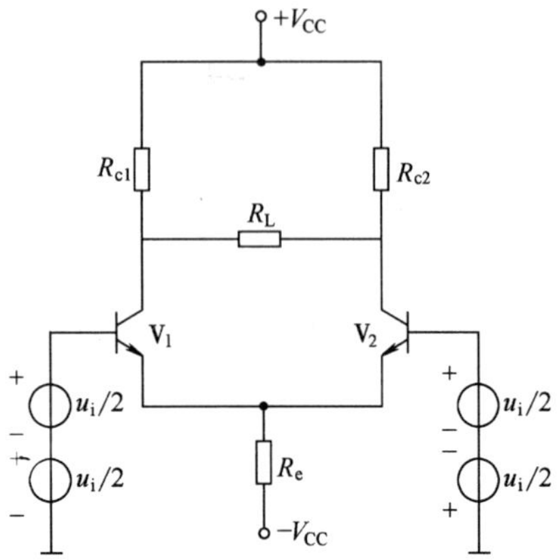

图 4.2.9　单端输入信号的分解

1. 输入信号分解

如图 4.2.8 所示的单端输入差分放大电路，在加信号的一端，输入信号可分解为两个串联的信号，大小均为 $u_i/2$，且方向一致，在接地的一端，也可等效为两个串联信号，大小均为 $u_i/2$，但是方向相反，相互抵消，如图 4.2.9 所示。

从图中可知，同双端输入一样，左右两端所获得的差模信号为 $\pm u_i/2$，且两边还同时输入了 $+u_i/2$ 的共模信号。在输入差模信号的同时有共模信号输入，这是单端输入与双端输入的不同之处。

2. 单端输入差分放大电路分析

由于输入端同时存在着差模信号和共模信号，故输出信号也由两部分组成，即输出电压为

$$u_o = u_{id}A_{ud} + u_{ic}A_{uc} \tag{4.2.14}$$

(1)双端输出时

此时，理想状态下共模电压放大倍数 A_{uc} 为零，因此

$$u_o = u_{id}A_{ud} = -u_{id}\frac{\beta R'_L}{r_{be}} = u_i\frac{\beta R'_L}{r_{be}} \tag{4.2.15}$$

其中，$R'_L = R_c // \frac{1}{2}R_L$。此时，该电路的输出结果与双端输入、双端输出的差分放大电路完全一样。

(2)单端输出时

因 A_{uc} 不为零，所以输出信号是差模输出和共模输出信号之和，如图 4.2.10(a)所示。由式(4.2.8)和式(4.2.11)可得

$$u_o = u_{id}A_{ud} + u_{ic}A_u = -u_i\frac{\beta R'_L}{2r_{be}} - \frac{u_i}{2}\frac{R'_L}{2R_e} \tag{4.2.16}$$

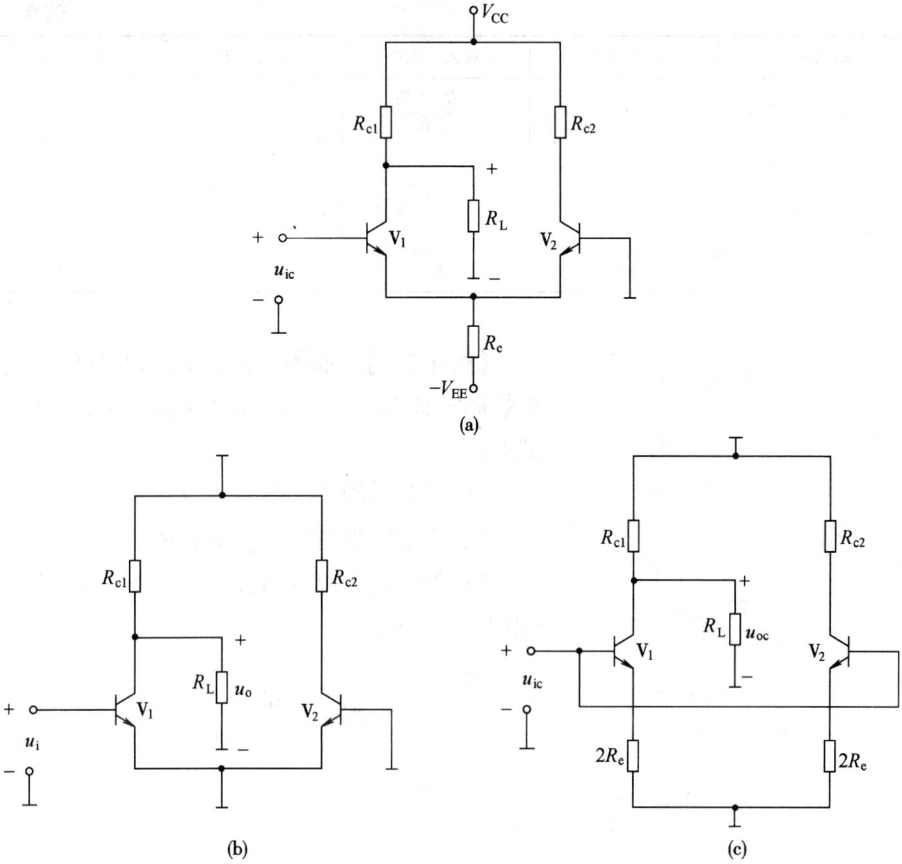

图 4.2.10　单端输入差分放大电路分析

(a)单入、单出差分放大电路；(b)单端输出交模交流电路；(c)单端输出共模交流电路

差模交流通路如图 4.2.10(b)所示，可得差模输入电阻为

$$R_{id} = 2r_{be} \tag{4.2.17}$$

共模交流通路如图 4.2.10(c)所示，可得共模输入电阻为

$$R_{ic} = \frac{r_{be} + 2(1+\beta)R_e}{2} \tag{4.2.18}$$

差模输出电阻为

$$R_o = R_c \tag{4.2.19}$$

3. 四种差分放大电路的比较

电路接法	双入、双出	双入、单出	单入、双出	单入、单出
电路图	图 4.2.3	图 4.2.4	图 4.2.8	图 4.2.10(a)
差模电压放大倍数 A_{ud}	$-\frac{\beta(R_c /\!/ R_L/2)}{r_{be}}$	$-\frac{\beta(R_c /\!/ R_L)}{2r_{be}}$	$-\frac{\beta(R_c /\!/ R_L/2)}{r_{be}}$	$-\frac{\beta(R_c /\!/ R_L)}{2r_{be}}$

续表

电路接法	双入、双出	双入、单出	单入、双出	单入、单出
共模电压放大倍数 A_{uc}	0	$\approx\frac{R_c // R_L}{2R_e}$	0	$\approx\frac{R_c // R_L}{2R_e}$
差模输入电阻 R_{id}	$2r_{be}$			
共模输入电阻 R_{ic}	$\frac{r_{be}+(1+\beta)2R_e}{2}$			
输出电阻 R_o	$2R_c$	R_c	$2R_c$	R_c

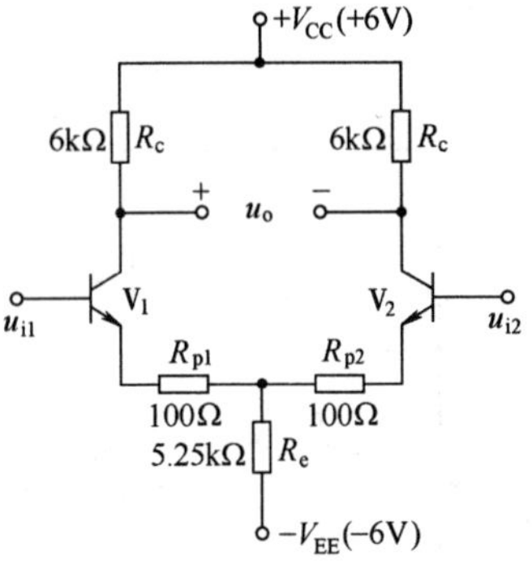

图 4.2.11

【例 4.2.1】　如图 4.2.11 所示差分放大电路，参数标示如图，$\beta_1=\beta_2=100$，$U_{BE1}=U_{BE2}=0.7$ V，试求：

(1)静态时的 I_{c1}、I_{c2}、U_{C1}、U_{C2}。

(2)双端输出时的 A_{ud}、R_{id}、R_o。

(3)单端输出时的 A_{uc1}、R_{ic}和共模抑制比 K_{CMR}(由 V_1管输出)。

解：

(1)由图可得

$$I_B=\frac{V_{EE}-U_{BE}}{(1+\beta)R_{p1}+2(1+\beta)R_e}$$

$$=\frac{6-0.7}{(1+100)\times 0.1+2\times(1+100)\times 5.25}\ \text{mA}\approx 0.005\ \text{mA}$$

$$I_C=I_{C1}=I_{C2}=0.005\ \text{mA}\times 100=0.5\ \text{mA}$$

$$U_{C1}=U_{C2}=V_{CC}-I_C R_C=6\ \text{V}-0.5\ \text{mA}\times 6\ \text{k}\Omega=3\ \text{V}$$

(2) $r_{be}=300\ \Omega+(1+\beta)\frac{26\ \text{mV}}{I_E}=5.55\ \text{k}\Omega$

电路的差模交流通路如图 4.2.12 所示，则双端输出时差模电压放大倍数为

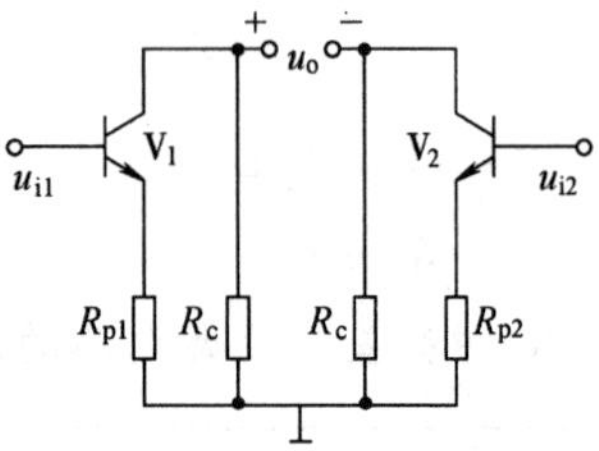

图 4.2.12

$$A_{ud}=-\frac{\beta R_c}{r_{be}+(1+\beta)R_{p1}}$$

$$=-\frac{100\times 6}{5.55+101\times 0.1}\approx -38.3$$

$$R_{id}=2[r_{be}+(1+\beta)R_{p1}]=31.3\ \text{k}\Omega$$

$$R_o=2R_c=12\ \text{k}\Omega$$

(3)单端输出时的共模交流通路如图 4.2.13 所示，则共模电压放大倍数为

$$A_{uc1} = -\frac{\beta R_c}{r_{be} + (1+\beta)(R_{p1} + 2R_e)}$$

$$= -\frac{100 \times 6}{5.55 + (1+100) \times (0.1 + 2 \times 5.25)}$$

$$\approx -0.56$$

$$R_{id} = \frac{r_{be} + (1+\beta)(R_{p1} + 2R_e)}{2}$$

$$= \frac{5.5 + (1+100) \times (0.1 + 2 \times 5.25)}{2}$$

$$\approx 538\ \text{k}\Omega$$

$$K_{CMR} = \left|\frac{A_{ud1}}{A_{uc1}}\right| = \left|\frac{A_{ud}/2}{A_{uc1}}\right| \approx 34.2$$

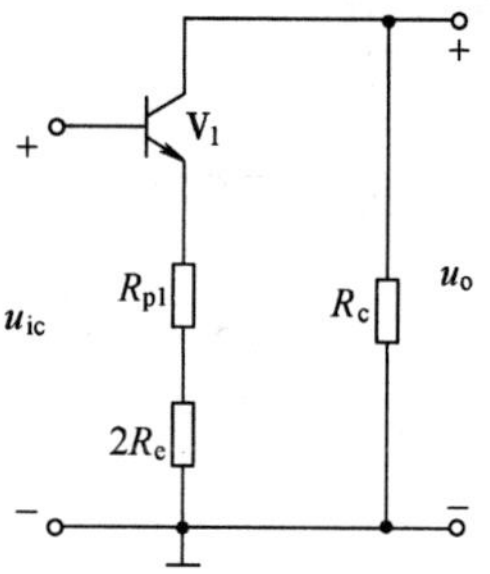

图 4.2.13

4.3　集成运算放大器

4.3.1　集成运算放大器概述

随着电子技术的发展，目前集成运放的应用几乎渗透到电子技术的各个领域，成为组成电子系统的基本功能单元。

1. 集成运放的发展与应用

集成运放的发展，从技术性能来看，可以分为三个阶段。第一阶段是通用型集成运放，此种运放的集成度低，各项性能指标均较低，可满足一般要求。第二阶段是出现了在某些方面具有较高性能指标的专用运放，如高速型、高输入阻抗型、高压型、大功率型、低功耗型的集成运放。第三阶段是研制了各项参数指标均很高的全能型集成运放，进一步提高电路的集成度，实现了在一个集成块内就可容纳多个独立单元的多元运放。

集成运放具有电压放大倍数高(可达 $10^3 \sim 10^5$ 倍)、输入电阻大(可达 $10^6\Omega$)、输出电阻小(可小到只有几十欧)、电路通用性强、使用灵活方便、成本低、用途广、互换性好、性能优良等特点，因此得到了极为广泛的应用。

2. 集成运放的封装方式和引脚功能

常见的集成运放的封装方式有金属封装和塑料封装两种。金属封装的外形跟金属封装的三极管形状相似，引脚的识别方法也相同，在这里不再叙述。塑料封装的有双列直插式和扁平封装两种，引脚一般为 8 脚或 14 脚。对于双列直插式运放，以缺口作为辨认标记，由器件顶部向下看，缺口朝向自己，缺口右边第一根引脚为引脚 1，然后逆时针旋转，就可依次数出各脚。

各种不同的运放主要引脚有如下 5 个：同相输入端、反相输入端、正电源端、负电源端、输出端。集成运放在电路中一般用图 4.3.1 所示的符号来表示，正负电源通常省略不画。

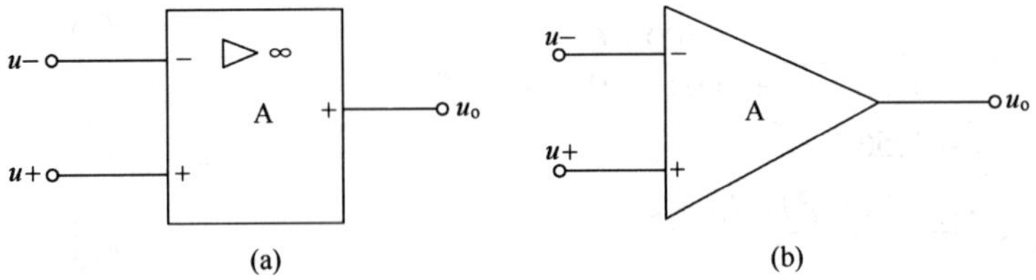

图 4.3.1　集成运放的符号

(a)新符号;(b)旧符号

3.集成运放的特点

集成运放有如下特点。

①集成运放采用直接耦合放大电路,对直流信号和交流信号都有放大作用。

②为克服零漂现象,提高共模抑制比,输入端全部采用差分放大电路,并采用恒流源供电。

③采用复合管提高电路的增益。

④电路中的无源器件多用有源器件来代替。

4.集成运放的主要类型

集成运放的种类很多,除了通用型集成运放之外,还有适用于各种特殊用途的运放,下面进行简单介绍。

(1)通用型

通用型运放的指标能满足电路的一般要求,适用于对技术指标无特殊要求的电路。它的输入失调电压一般在 2 mV 左右,开环增益一般在 100 dB 左右。

(2)高速型

高速型运放的转换速率很高,可达几百伏/微秒,常用于快速数/模、模/数转换电路。

(3)高精度型

高精度型运放输入失调电压很小、温漂小、共模抑制比高,适用于精密测量、自动控制仪表等设备。

(4)低功耗型

低功耗型运放能在较低的电源电压下工作,工作电流很小,并有良好的电气性能,适用于对能源有严格限制的遥感、遥测、生物医学、航空航天领域。

(5)高压型

高压型运放可以工作在较高的电源电压下,具有较高的差模输入电压范围,有较大的输出电流和输出功率。

(6)高输入阻抗型

高输入阻抗型运放输入级一般采用 MOS 场效应管,输入阻抗可达 $10^9\Omega$ 以上,输入电流极小，几乎不从信号源索取电流，适用于测量和采样电路。

除以上种类之外，集成运放还有宽带型、电流型、超高速型运放等。一般情况下，应优先采用通用型集成运放。

4.3.2　集成运算放大器的内部电路

1.集成运算放大器内部组成

集成运算放大器有多种类型、多种结构形状，它们的内部电路也不相同。实际上，所有运算放大器都可以看成是由图 4.3.2 所示的四部分电路组成，即输入级、中间电压放大级、输出级、偏置电路，只是各部分电路的结构有所不同。

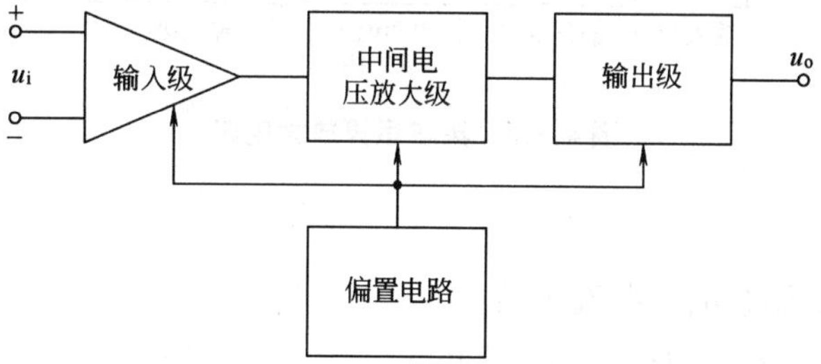

图 4.3.2　集成运放内部组成方框图

(1)输入级

由于集成运算放大器为直流耦合放大器，且放大倍数极高，零漂是运算放大器的一个重要指标，而输入级是减小零漂的关键。为了减小零漂，提高电路的共模抑制比，集成运放的输入级无一例外的采用了带恒流源的差分放大电路。它有两个输入端，一个叫同相输入端，信号从该端输入时，输出信号与输入信号同相；另一个叫反相输入端，信号从该端输入时，输出信号与输入信号反相。

(2)中间电压放大级

中间电压放大级由多级电压放大器组成，有很高的电压放大倍数。集成运放的电压增益主要由该级完成。其一般采用带恒流源的共射放大电路，放大倍数可达数千倍。

(3)输出级

输出级由三极管射极输出器构成的互补推挽电路组成，有较低的输出电阻、较高的输出电压和较大的输出电流。它可以提供较大的带负载能力，并带有过载保护功能。

(4)偏置电路

偏置电路由各种电流源组成，为各级电路提供合适的静态工作点。

2.集成运放内部电路分析

图 4.3.3 为一简化的集成运放电路原理图，按虚线可划分以上 4 个部分。

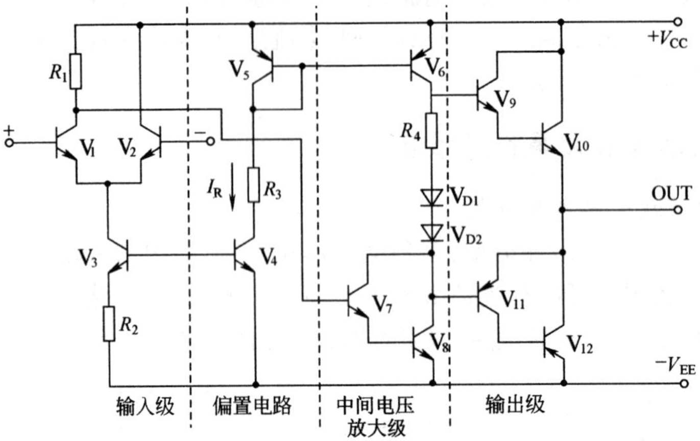

图 4.3.3 集成运算放大电路

(1)偏置电路

从图中可见,流过 R_3的电流 I_R为

$$I_R = \frac{V_{CC} + V_{EE} - 2U_{BE}}{R_3} \approx \frac{V_{CC} + V_{EE}}{R_3}$$

只要 V_{CC}和 V_{EE}恒定不变,则电流 I_R就恒定不变,所以称 I_R为偏置电路的基准电流。三极管 V_3与 V_4构成微电流源,V_3的集电极电流为 V_1、V_2提供静态电流。V_6与 V_5构成镜像电流源,V_6的集电极电流为 V_7、V_8构成的复合管提供静态电流,同时又通过 R_4、V_{D1}、V_{D2}为 V_{11}、V_{12}提供偏置电流,使静态时该复合管处于微导通状态,以避免产生交越失真。同时,V_6又作为 V_7、V_8的集电极负载。

(2)输入级

输入级为双端输入、单端输出的具有恒流源的差分放大电路。它由 V_1、V_2构成差分放大电路,来抑制电路的零漂,其发射极所接的 V_3、V_4构成的恒流源电路,一方面为差分输入级提供稳恒电流,另一方面可以提高电路的共模抑制比。

若在 V_1的基极输入正极性信号,用瞬时极性法可知,输出信号也为正极性,由于输入信号和输出信号极性相同,因此把 V_1的基极称为同相输入端。若在 V_2的基极输入正极性信号,则输出端为负极性信号,输入信号和输出信号极性相反,因此把 V_2的基极称为反相输入端。

(3)中间电压放大级

该级是由 V_7、V_8构成的 NPN 型复合管共射放大电路,有很高的电压放大倍数。V_5、V_6构成的恒流源作为集电极有源负载,使该级有很高的电压增益。

(4)输出级

输出级是由 V_9、V_{10}、V_{11}、V_{12}构成的准互补电路。这种电路的输出电压高、输出电流大、输出电阻小，适合推动大功率负载。其中，V_9、V_{10}构成 NPN 型复合管，V_{11}、V_{12}构成 PNP 型复合管。为避免产生交越失真，输出级工作在甲乙类放大状态。

除此之外，运放的输出端一般还有过流保护电路。

4.3.3　集成运算放大器的主要技术指标

集成运放的技术指标较多，了解这些指标可以帮助我们了解运放的性能，便于正确地选择和应用。下面介绍常用的几种技术指标。

1. 开环差模电压增益 A_{uo}

A_{uo}是表示集成运放无负反馈电路，且工作在线性状态时的差模电压增益。常用 $20\lg|A_{uo}|$表示，单位为 dB，数值越大性能越好。

2. 输入失调电压 U_{io}及失调电压温漂$\frac{dU_{io}}{dT}$

由于集成运放的输入级不可能做到完全对称，当输入电压为零时，输出电压并不为零。为了使输出电压为零，在输入端人为地加上一个补偿电压，该补偿电压称为失调电压 U_{io}。该电压一般在 10 mV 以下，好的可达到 1 mV 以下。输入失调电压随温度、电源电压的变化而变化，通常将输入失调电压对温度的平均变化率称为输入失调电压温度漂移，用$\frac{dU_{io}}{dT}$表示。这两个数值越小，集成运放的性能越好。

3. 输入失调电流 I_{io}及失调电流温漂$\frac{dI_{io}}{dT}$

在静态时，放大器两个输入端的基极电流之差称为输入失调电流 I_{io}，$I_{io}=|I_{B1}-I_{B2}|$。输入失调电流反映了两输入三极管的参数匹配情况。输入失调电流对温度的平均变化率称为输入失调电流温漂，用$\frac{dI_{io}}{dT}$表示。这两数值越小越好。

4. 差模输入电阻 R_{id}

R_{id}是指集成运放两输入端之间的动态电阻，它反映了集成运放从信号源索取电流的大小，R_{id}愈大愈好。

5. 输出电阻 R_o

R_o是指集成运放在开环状态时，从输出端看进去的等效电阻，它反映了集成运放的带负载能力。R_o愈小，电路带负载能力越强。

6. 共模抑制比 K_{CMR}

$$K_{CMR}=20\lg\left|\frac{A_{ud}}{A_{uc}}\right|$$

K_{CMR}反映了集成运放对共模信号的抑制能力。K_{CMR}越大，集成运放的质量越好。

7.截止频率 f_H

截止频率 f_H 是指集成运放的开环差模电压增益 A_{uo} 下降 3 dB 时的信号频率，又叫集成运放的 -3 dB 带宽，是表征集成运放的信号频率特性的参数。

8.转换速率 S_R

S_R 是表明集成运放对高速变化的信号的响应情况，单位为 V/μs。

$$S_R=\frac{du_o}{dt}\Big|_{max}$$

4.4 集成运算放大器的应用

4.4.1 理想集成运放的特点

1.理想集成运放

所谓理想集成运放就是各方面参数都理想化的集成运放。它有以下主要参数。

①开环差模电压放大倍数 $A_{uo}=\infty$。

②差模输入电阻 $R_{id}=\infty$。

③输出电阻 $R_o=0$。

④共模抑制比 $K_{CMR}=\infty$。

⑤输入偏置电流 $I_{B1}=I_{B2}=0$。

⑥带宽 $BW=\infty$。

在分析集成运放的工作原理时，由于集成运放的参数比较高，用理想集成运放替代实际集成运放所产生的误差很小，完全能够胜任一般的工程运算，所以在以后的电路分析中，均将集成运放看成理想集成运放。

2.集成运放的传输特性

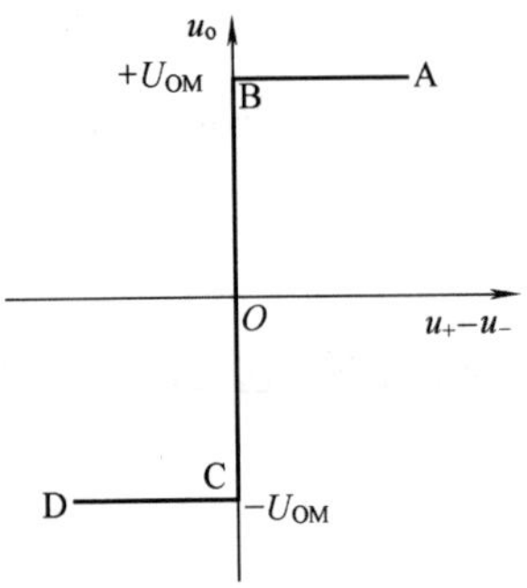

图 4.4.1　运放传输特性

集成运放的输出与输入关系特性，称为集成运放的传输特性。集成运放的传输特性可分为线性区和非线性区两个区域，如图 4.4.1 所示。

(1)线性区

当集成电路引入深度负反馈时，可以认为集成运放工作在线性区，如图 4.4.1 中的 BC 段。此时，输入信号和输出信号应满足

$$u_o=A_{uo}(u_+-u_-)$$

在线性工作区，理想集成运放具有以下重要特点。

①由于理想集成运放的 A_{uo} 为无穷大，而输出电压 u_o 是个有限值，故差模输入电

压 $u_{id}=\frac{u_o}{A_{uo}}\approx 0$,即 $u_+ - u_- \approx 0$,可以近似认为 $u_+ = u_-$。由于两个输入端之间的电压为零,但又不是真正短路,故称为“虚短”。

②由于理想集成运放的输入电阻为无穷大,故可以认为输入端电流为零,不从信号源索取电流,即 $i_- = i_+ \approx 0$,好像输入端内部开路,称为“虚断”。

利用“虚短”和“虚断”这两个重要特点来分析和处理各种运算电路是十分方便的。

(2)非线性区

集成运放工作在开环状态或运放存在正反馈时,集成运放就会工作于非线性区,如图 4.4.1 中的 AB 和 CD 段。它也有以下重要特点。

①当 $u_+ > u_-$ 时,$u_o = U_{OM}$;当 $u_+ < u_-$ 时,$u_o = -U_{OM}$,即同相输入端 u_+ 和反相输入端 u_- 不等时,就会有输出电压,且这电压不是 U_{OM} 就是 $-U_{OM}$,其中 U_{OM} 是运放输出电压的最大值。

②由于理想集成运放的输入电阻为无穷大,故净输入电流为零,即 $i_+ = i_- = 0$。

4.4.2　基本运算放大器

集成运放的最初用途就是数学运算,利用集成电路和其他外围元件,可以实现比例、求和、积分、微分、指数等运算功能。此时要求运放工作在线性区,因此电路中都存在深度负反馈。在分析这些电路时,都是将集成运放看成是理想运放。

1.反相比例运算电路

图 4.4.2 为反相比例运算电路。电路实际上是一个电压并联负反馈电路,信号从反相输入端输入,同相输入端通过电阻 R_2 接地,R_f 为反馈电阻。由“虚断”的概念可知 $i_+ = i_- = 0$,可得 $u_+ = 0$;由“虚短”的概念可知 $u_+ = u_- = 0$。反相输入端与同相输入端的电位均为零,与地电位相同,但又不是真正接地,故称为“虚地”。由电路分析可知,$i_i = i_f$,即

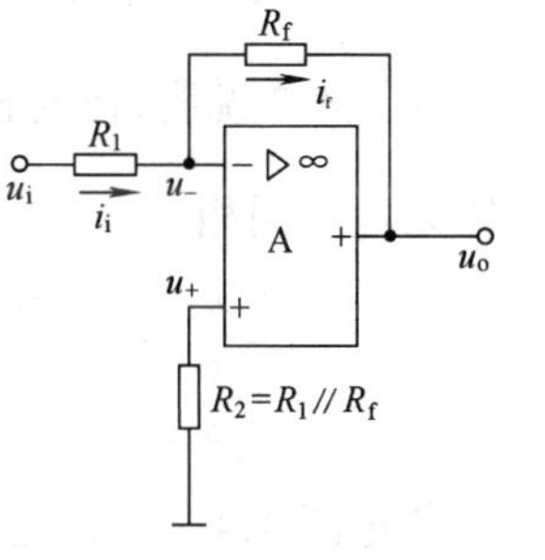

图 4.4.2　反相比例运算电路

$$\frac{u_i - u_-}{R_1} = \frac{u_- - u_o}{R_f}$$

将 $u_- = 0$ 代入可得

$$u_o = -\frac{R_f}{R_1}u_i \tag{4.4.1}$$

由此可见,u_o 与 u_i 的比例关系是 $-\frac{R_f}{R_1}$,式中的负号说明输入信号与输出信号的相位相反,该电路的放大倍数为

$$A_{uf}=\frac{u_o}{u_i}=-\frac{R_f}{R_1}$$

图中的 R_2为平衡电阻，也叫补偿电阻，为保证集成运放输入级差动放大电路的对称性，它的阻值应等于反相输入端各支路电阻并联的等效值，使用中应使 $R_2=R_1//R_f$。

2. 同相比例运算电路

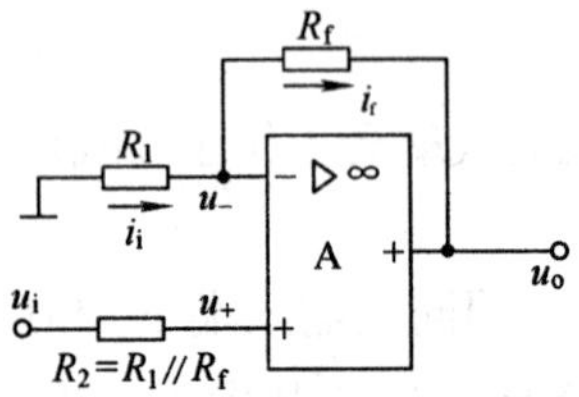

图 4.4.3 同相比例运算电路

图 4.4.3 是同相比例运算电路。从图中可知，信号从同相输入端输入，反相输入端通过电阻接地，并引入了电压串联负反馈。

由“虚短”和“虚断”概念可知 $u_+=u_-$，$i_+=i_-=0$，得

$$u_+=u_-=u_i,\ i_i=i_f$$

分析电路可得

$$\frac{0-u_-}{R_1}=\frac{u_--u_o}{R_f}$$

因 $u_+=u_-$，整理得

$$u_o=\left(1+\frac{R_f}{R_1}\right)u_-=\left(1+\frac{R_f}{R_1}\right)u_+ \tag{4.4.2}$$

$$u_o=\left(1+\frac{R_f}{R_1}\right)u_i \tag{4.4.3}$$

式 4.4.3 说明，在同相比例运算电路中，u_o与 u_i的比例关系是 $1+\frac{R_f}{R_1}$，输出电压与输入电压同相。电路的电压放大倍数为

$$A_{uf}=\frac{u_o}{u_i}=1+\frac{R_f}{R_1}$$

3. 电压跟随器

若把图 4.4.3 所示电路中的 R_1去掉，就变成了电压跟随器，如图 4.4.4 所示。由图可知，$u_i=u_+=u_-=u_o$

由上式可知，u_o与 u_i大小相等，相位相同，不论输入电压如何变化，输出电压总是与它相等，故称电压跟随器。它的电压放大倍数为 1。

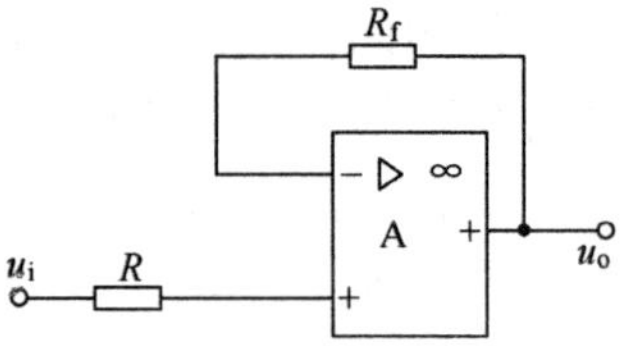

图 4.4.4 电压跟随器

4.4.3 运算放大器的应用

除上述的比例运算之外，运算放大器还能进行其他的数学运算，下面对几种常用的运算电路进行介绍。

1.加法运算电路

加法运算电路如图 4.4.5 所示，该电路所完成的功能是对多个输入信号求和。该电路的反相输入端有多个输入信号，同相输入端通过电阻接地，电路形式与反相比例运算放大器相似。

图中 $R_3 = R_1//R_2//R_f$。由“虚短”和“虚断”的概念，分析电路可知

$$i_1 + i_2 = i_f$$

即

$$\frac{u_{i1} - u_-}{R_1} + \frac{u_{i2} - u_-}{R_2} = \frac{u_- - u_o}{R_f}$$

因 $u_+ = u_- = 0$，得

$$\frac{u_{i1}}{R_1} + \frac{u_{i2}}{R_2} = \frac{-u_o}{R_f}$$

整理上式有

$$u_o = -R_f\left(\frac{u_{i1}}{R_1} + \frac{u_{i2}}{R_2}\right) \tag{4.4.4}$$

式中，当 $R_1 = R_2 = R$ 时，有

$$u_o = -\frac{R_f}{R}(u_{i1} + u_{i2}) \tag{4.4.5}$$

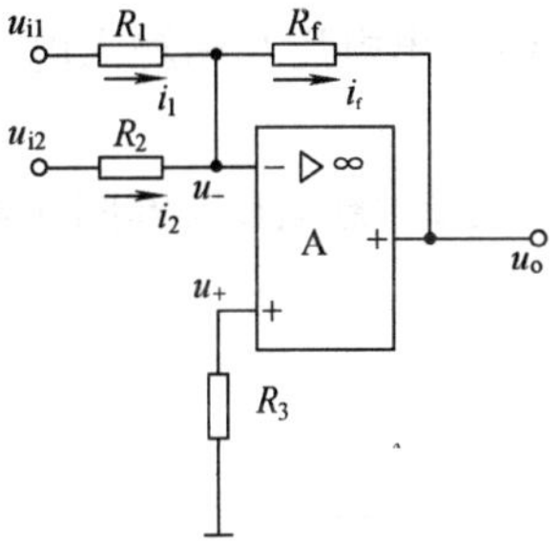

图 4.4.5　加法运算电路

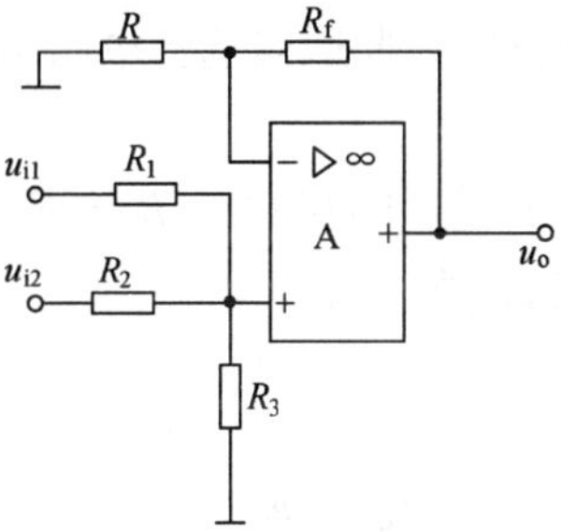

图 4.4.6　同相比例加法电路

上述电路是用反相比例运算放大器构成的求和电路，除此之外，用同相比例运算电路也可构成求和电路，其电路形式如图 4.4.6 所示。

该电路的输入与输出关系式是

$$u_o = \frac{R_f}{R_1}u_{i1} + \frac{R_f}{R_2}u_{i2}$$

电路中，$R//R_f = R_1//R_2//R_3$。具体的计算过程读者可以自行分析。

2.减法运算电路

图 4.4.7 为双端输入的减法运算电路。它的特点是信号分别从反相输入端和同相输入端输入。

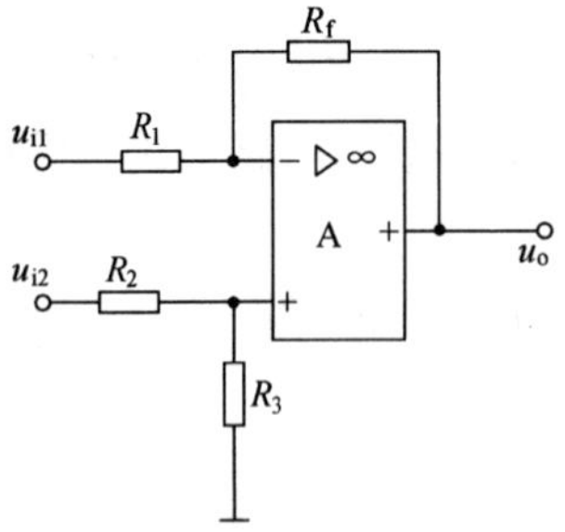

图 4.4.7 双端输入的减法运算电路

当输入信号 u_{i1} 为零时，电路相当于同相比例运算放大器，输出信号为

$$u_o = \left(1 + \frac{R_f}{R_1}\right) u_+$$

当输入信号 u_{i2} 为零时，电路相当于反相比例运算放大器，输出信号为

$$u_o = -\frac{R_f}{R_1} u_{i1}$$

当同相输入端和反相输入端均有信号输入时，由叠加原理可得

$$u_o = \left(1 + \frac{R_f}{R_1}\right) u_+ - \frac{R_f}{R_1} u_{i1}$$

式中，$u_+ = \frac{R_2}{R_2 + R_3} u_{i2}$，代入上式变为

$$u_o = \left(1 + \frac{R_f}{R_1}\right) \frac{R_2}{R_2 + R_3} u_{i2} - \frac{R_f}{R_1} u_{i1}$$

若 $R_1 = R_2$，$R_3 = R_f$，则输出电压为

$$u_o = \frac{R_f}{R_1}(u_{i1} - u_{i2}) \tag{4.4.6}$$

由此可见，只要适当选择电路中的电阻，就可使输出电压与两输入电压的差值成比例。

【例 4.4.1】 已知 $R_1 = R_3 = R_4 = 10\ \text{k}\Omega$，$R_2 = R_5 = 100\ \text{k}\Omega$，求解图 4.4.8 所示电路 u_o 与 u_{i1}、u_{i2} 的关系式。

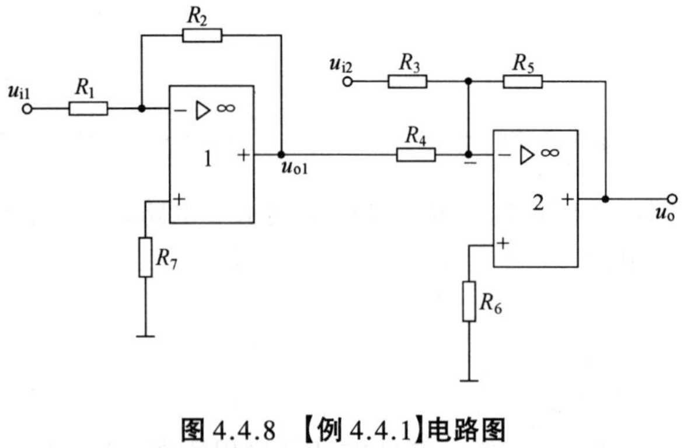

图 4.4.8 【例 4.4.1】电路图

解： 运放 1 构成反相比例运算放大器，由公式(4.4.1)可知

$$u_{o1} = -\frac{R_2}{R_1} u_{i1} = -\frac{100}{10} u_{i1} = -10 u_{i1}$$

运放 2 构成加法运算电路，故有

$$u_o = -\left(\frac{R_5}{R_3}u_{i2} + \frac{R_5}{R_4}u_{o1}\right)$$

$$= -\left(\frac{100}{10}u_{i2} + \frac{100}{10}u_{o1}\right)$$

$$= 100u_{i1} - 10u_{i2}$$

本题是由两个运放实现的减法运算电路。

3.积分电路

图 4.4.9 为积分运算电路。分析该电路，由“虚短”和“虚断”的概念可知，$u_+ = u_- = 0$，电阻 R 上流过的电流与电容 C 上流过的电流相等，即

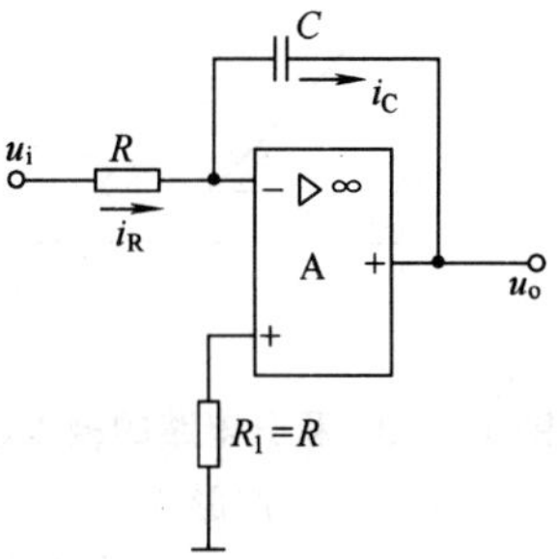

图 4.4.9　积分运算电路

$$i_C = i_R = \frac{u_i}{R}$$

电路的输出电压等于电容器两端的电压，即

$$u_o = -u_C$$

u_C等于 i_C在时间 t 上的积分，则输出电压为

$$u_o = -u_C = -\frac{1}{C}\int_{t_0}^{t} i_C \mathrm{d}t + u_C|_{t_0}$$

又　$i_C = i_R = \dfrac{u_i}{R}$，得

$$u_o = -\frac{1}{RC}\int_0^t u_i \mathrm{d}t + u_C|_{t_0} \tag{4.4.7}$$

其中，$u_C|_{t_0}$是 t_0时刻电容两端的初始电压。

当输入电压 u_i如图 4.4.10(a)所示变化时，有

$$u_o = -\frac{u_i}{RC}t + u_C|_{t_0} \tag{4.4.8}$$

当 t_0时刻 $u_C = 0$ 时，输出电压

$$u_o = -\frac{u_i}{RC}t = -\frac{u_i}{\tau}t \tag{4.4.9}$$

其中，$\tau = RC$ 为积分时间常数。当 $t = \tau$ 时，$u_o = -u_i$，当 $t > \tau$ 时，u_o继续增大，直到运放达到饱和，此时 $u_o = -U_{OM}$，输出电压将不再变化。如果此时去掉输入信号 u_i，但由于电容器无放电回路，输出电压将维持 $-U_{OM}$不变，如图 4.4.10(b)所示。

实际应用中，由于运算放大器的放大倍数、输入电阻、输出电阻、电容器的漏电阻等影响，当无输入信号时，输出端仍会有缓慢变化的电压，这种现象称为积分漂移。为了克服这种现象，在电容 C 两端并联一个负反馈电阻 R_f，就可有效抑制积分漂移。不过 R_f的阻值要远远大于 R，否则会产生较大的积分误差。

积分电路:除了可进行积分运算外,还常用于波形转换,它可以方便地将方波转换为锯齿波,电视机的行、场扫描电路都是利用积分电路来产生锯齿波的。

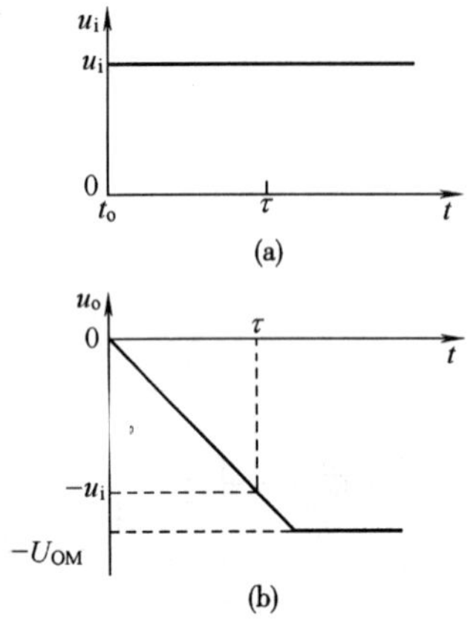

图 4.4.10　积分电路的输入、输出波形

(a)输入电压波形;(b)输出电压波形

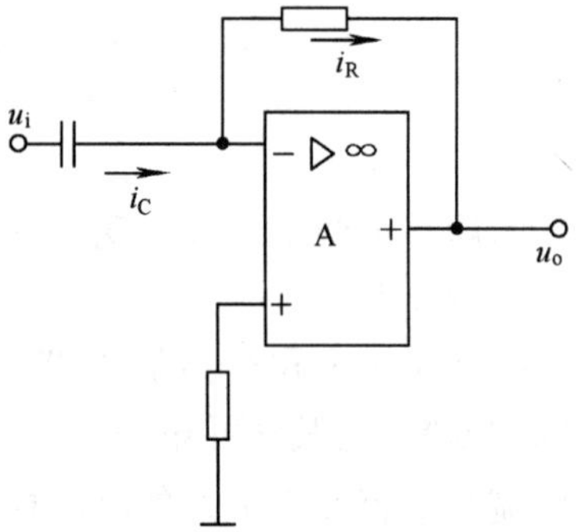

图 4.4.11　微分运算电路

4.微分电路

将图 4.4.9 中的 R 和 C 互换,就可构成微分电路,如图 4.4.11 所示。

因 $i_C = i_R$,故 $u_o = -i_C R$,又因 $i_C = C\dfrac{du_i}{dt}$,故

$$u_o = -i_C R = -RC\frac{du_i}{dt} \tag{4.4.10}$$

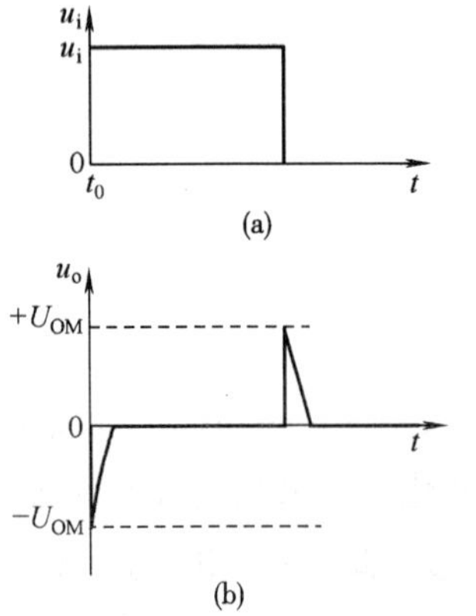

图 4.4.12　微分电路的输入、输出波形

(a)输入电压波形;(b)输出电压波形

微分电路的输入、输出波形如图 4.4.12(a)(b)所示。

从图中可以看出,当输入信号发生突变时,输出端将会出现尖脉冲电压,脉冲幅度的最大值可达到 $\pm U_{OM}$。当输入电压不变时,输出电压为零。

微分电路对输入信号的变化十分敏感,因此易受外界信号的干扰,尤其对于高频信号,电路的抗干扰能力差。为改善电路性能,一般在电阻 R 上并联一个容量很小的电容器,使高频信号的放大倍数下降,从而抑制高频干扰。

【例 4.4.2】　分析图 4.4.13 所示电路。

(1)试写出输入输出关系式。

(2)若 $u_i = 1$ V,电容器的初始电压为 0 V,求输出电压何时达到 0 V。

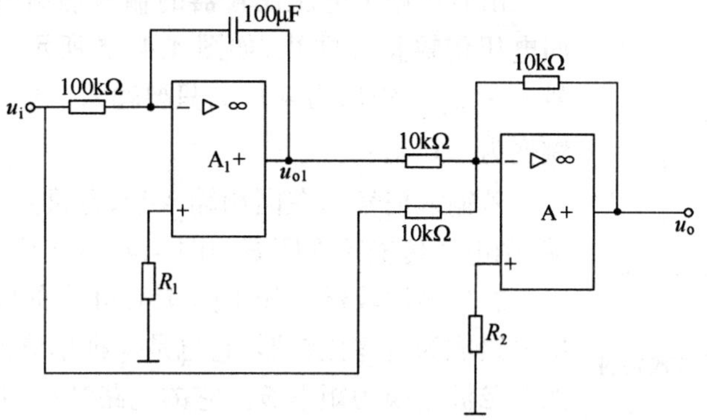

图 4.4.13 【例 4.4.2】电路

解：

(1)经分析可知，A_1为积分电路，A 为反相加法器，u_i经积分后再与 u_i进行反相求和运算。由此得

$$u_{o1} = -\frac{1}{RC}\int_{t_0}^{t} u_i \mathrm{d}t + u_c|_{t_0}$$

$$u_o = -u_{o1} - u_i$$

(2)设 t_1时刻 u_o达到 0 V，因 $u_c|_{t_0} = 0$ V，$u_i = 1$ V 为恒定值，故有

$$u_o = \frac{u_i}{RC}t_1 - u_i = 0$$

将图中参数代入，得

$$t_1 = RC = 1 \times 10^5 \times 1 \times 10^{-4} = 10 \text{ s}$$

5. 电压比较器

电压比较器是将输入信号与基准信号进行比较，输出比较信号去实现相关控制的电路单元。常用的电压比较器有单值比较器和滞回比较器。

在比较器中，我们把比较器的输出电压 u_o从一个电平跳变到另一个电平时刻所对应的输入电压值称为转折电压，也叫阈值电压或门槛电压，用 U_T表示。

(1)单值电压比较器

1)单值电压比较器的电路结构和工作原理

图 4.4.14 所示为单值电压比较器电路，其中运放工作在开环状态，基准信号加在同相输入端，比较信号从反相输入端输入。

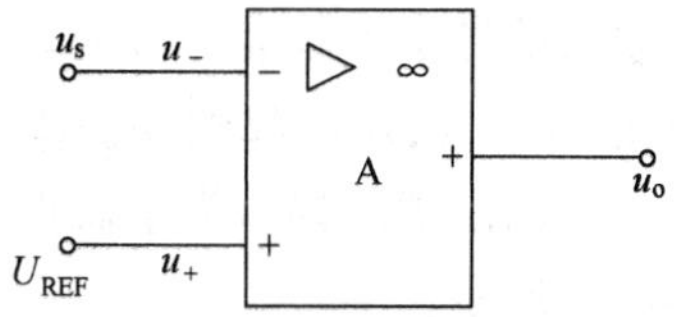

图 4.4.14 单值电压比较器电路

由理想运放的特点可知：当 $u_{id} = u_- - u_+ > 0$，即 $u_s > u_{REF}$时，$u_o = -U_{OM}$；当 $u_{id} = u_- - u_+ < 0$，即 $u_s < u_{REF}$时，$u_o = +U_{OM}$。

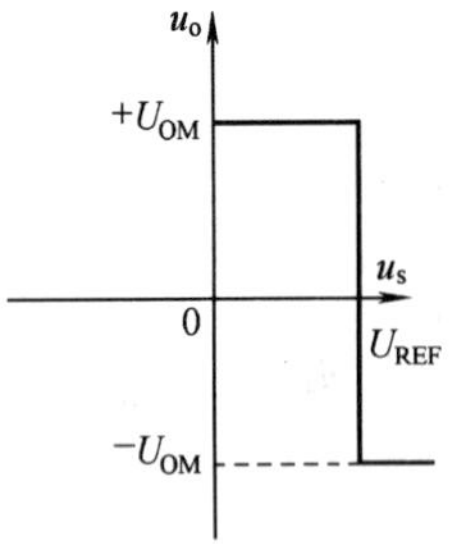

图 4.4.15　电压传输特性

由此可做出电压比较器的输入输出电压关系曲线，也叫电压传输特性曲线，如图 4.4.15 所示。可见，若输入信号 $u_s < u_{REF}$，输出为 $+U_{OM}$，只要输入信号 $u_s > u_{REF}$，输出就跳变为 $-U_{OM}$。

若输入信号加在同相输入端，基准信号加在反相输入端，则电压传输特性刚好与图 4.4.15 相反。

2)过零比较器　如果图 4.4.14 中的同相输入端接地，则电路成为过零比较器，它也是一种单值比较器，能将输入的正弦波转换为矩形波。它的电路结构和电压传输特性分别如图 4.4.16(a)(b)所示。

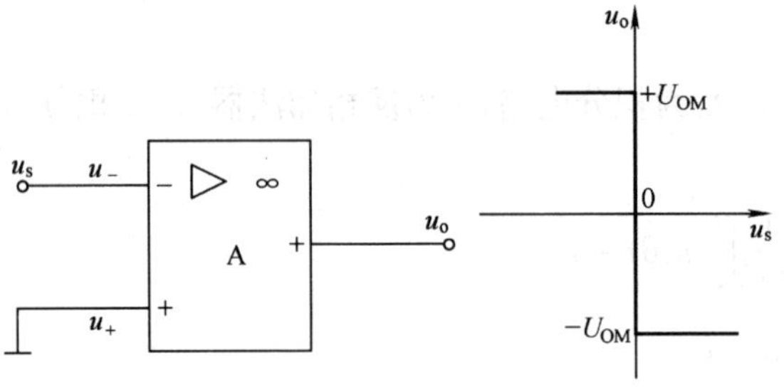

(a)　(b)

图 4.4.16　过零比较器

(a)过零比较器；(b)电压传输特性

在上述电路中，因为阈值电压只有一个，所以电路叫作单值电压比较器。

3)具有限幅电路的单值比较器　为保护运算放大器和获取所需的输出电压值，在运放的输入端或输出端加入了限幅电路。

①输入端限幅。为了保护运放的输入端，防止出现过高的输入电压损坏运放，在运放的输入端并联二极管进行限幅，将输入电压限制在 ±0.7 V 左右，如图 4.4.17 所示。分析可知，当输入信号大于基准信号时，V_{D1} 导通，将输入电压限制在 +0.7 V，当输入信号小于基准信号时，V_{D2} 导通，输入电压限制在 −0.7 V，从而起到保护作用。

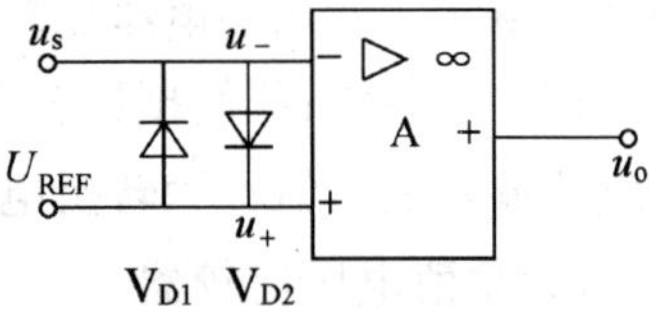

图 4.4.17　输入端限幅的比较器

②输出端限幅。为了获取所需的电压值，在输出端采取稳压二极管限幅，如图 4.4.18 所示。

对于图 4.4.18(a)电路，V_{D1}、V_{D2} 为两只稳压二极管反向串联，当输入信号 u_s 大于 U_{REF} 时，V_{D1} 正向导通，V_{D2} 反向导通限幅，若不考虑二极管的正向压降，则输出电压

$$U_o = U_{REF} - U_Z \tag{4.4.11}$$

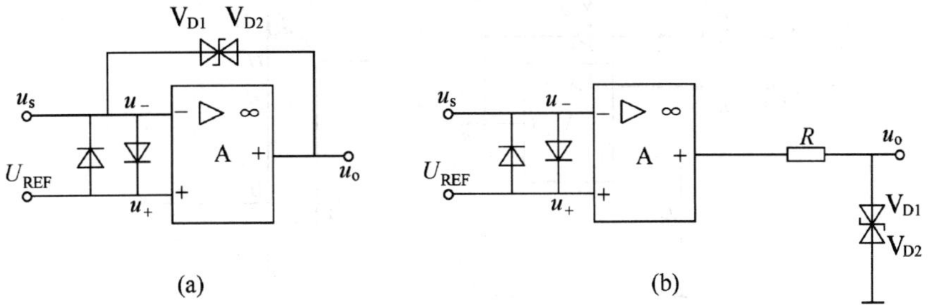

图 4.4.18　输出端限幅的比较器

当输入信号 u_s小于 U_{REF}时，V_{D2}正向导通，V_{D1}反向导通限幅，则输出电压

$$U_o = U_{REF} + U_Z \tag{4.4.12}$$

因此，输出电压被限制在 $U_{REF} \pm U_Z$的范围内。

对于图 4.4.18(b)，输出电压被限制在 $\pm U_Z$之间。

4)单值比较器的应用　从以上分析可知，单值电压比较器可方便地进行波形转换和整形，还可用作电平检测。

①波形转换。利用单值电压比较器与微分、积分电路结合，可方便地产生锯齿波或尖脉冲波。电路如图 4.4.19 所示。

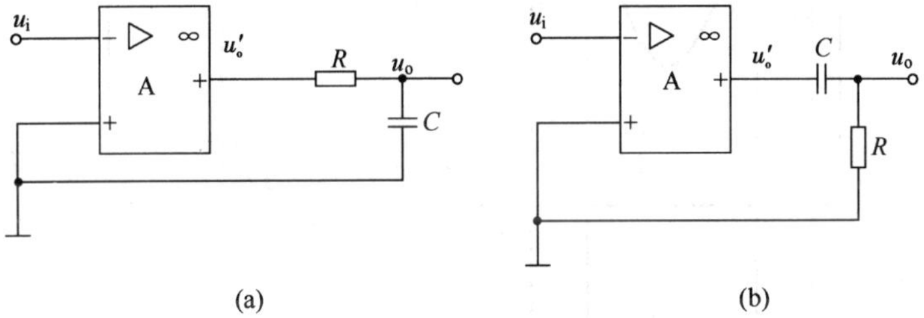

图 4.4.19　单值电压比较器用作波形变换

(a)正弦波转换为锯齿波电路；(b)正弦波转换为尖脉冲电路

②电平检测。如图 4.4.20(a)电路所示，由于 $u_+ = 0$，故 u_- 过零时，输出将会发生翻转，由此可求出阈值电压 U_T。电路中

$$U_T = u_s = -\frac{R_1}{R_2}U_{REF} \tag{4.4.13}$$

U_T即为电平检测器的测试电平。

电压传输特性如图 4.4.20(b)所示。当 $u_s > U_T$ 时，输出电压为负值，使稳压二极管 V_{DZ}正向导通，输出电压限幅为 $-U_F \approx -0.7$ V；当 $u_s < U_T$ 时，输出为正向最大值，使稳压二极管反向导通，输出电压限幅为 U_Z。

【例 4.4.3】　已知电路如图 4.4.20(a)所示，图中 $R_1 = 10$ kΩ，$R_2 = 10$ kΩ，$U_Z =$

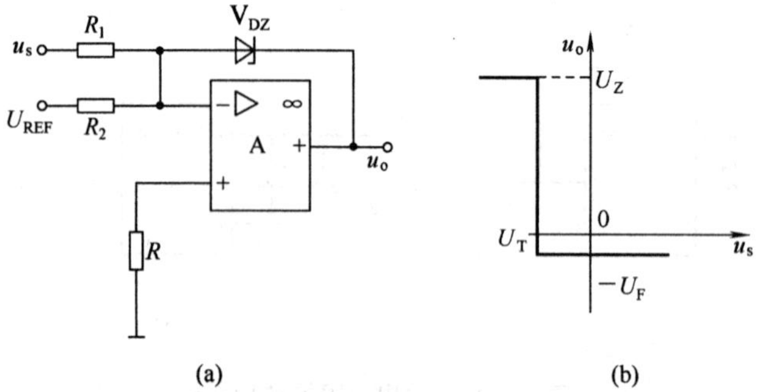

图 4.4.20　电平检测器

(a)电路结构;(b)电压传输特性曲线

5 V,用来检测图 4.4.21(a)所示信号是否超过 1 V,试确定基准电压 U_{REF},并画出输出波形图。

解:由题意可知,该电路的阈值电压 $U_T = 1$ V,由式 4.4.13 可知

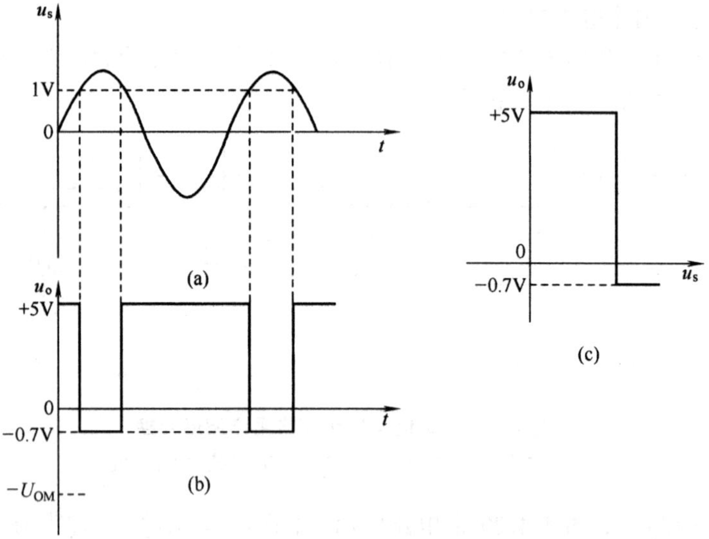

图 4.4.21　【例 4.4.3】所示波形图

(a)输入信号;(b)输出波形;(c)传输特性

$$U_{REF} = -\frac{R_2}{R_1}U_T = -\frac{10}{10}\times 1 = -1\ \text{V}$$

由图可知,当 $u_s \geqslant U_T = 1$ V 时,$u_o = -0.7$ V;当 $u_s \leqslant U_T = 1$ V 时,$u_o = U_z = 5$ V。其电压传输特性如图 4.4.21(c)所示,输出波形如图 4.4.21(b)所示。

(2)滞回比较器

在单值比较器中,当输入电压在转折电压附近有微小波动时,都会引起输出电压

的跳变,因此,单值电压比较器抗干扰能力较差。为提高电路的抗干扰能力,可采用滞回比较器。

1)滞回比较器的电路结构和工作原理　滞回比较器的电路如图 4.4.22(a)所示。其工作原理为:电路中,$u_- = u_s$,当 $u_- > u_+$ 时,输出为 $-U_{OM}$;当 $u_- < u_+$ 时,输出为 $+U_{OM}$。因此,同相输入端的电压 u_+ 就是阈值电压 U_T。由电路可得

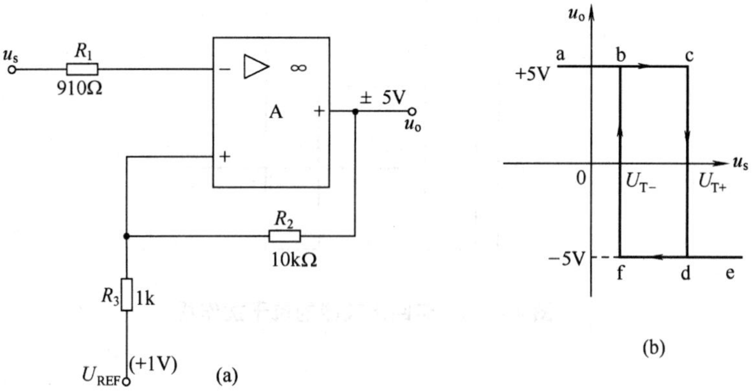

图 4.4.22　滞回比较器

(a)电路图;(b)传输特性

$$U_T = u_+ = (u_o - U_{REF})\frac{R_3}{R_2 + R_3} + U_{REF}$$

$$= \frac{u_o R_3 + U_{REF} R_2}{R_2 + R_3} \tag{4.4.14}$$

因输出电压 $u_o = \pm U_{OM}$,设 $u_o = \pm 5$ V,将 u_o 和电路元件图中所示各参数代入式 4.4.14,得阈值电压为:当 $u_o = +U_{OM} = +5$ V 时,$U_{T+} = 1.36$ V,称上限阈值电压;当 $u_o = -U_{OM} = -5$ V 时,$U_{T-} = 0.45$ V,称下限阈值电压。

电路的输出和输入电压变化关系可用图 4.4.22(b)来表示。

设此时的比较信号 u_s 处于上升状态,在 u_s 小于 $u_+ = U_{T-}$ 时,输出为 $u_o = +U_{OM}$,那么只有 u_s 达到上限阈值电压时,电路才能翻转,输出 $u_o = -U_{OM}$,u_s 再增大,u_o 也不变,输入输出曲线为 abcde;若此时 u_s 再逐渐下降,因此时的 $u_o = -U_{OM}$,故只有 u_s 达到下限阈值电压时,电路才能翻转,输出电压 $u_o = +U_{OM}$,输入输出曲线为 edfba。从图中可见,输入输出特性曲线具有滞后回环特性,故称为滞回比较器或施密特触发器。$U_{T+} - U_{T-} = U_H$ 为回差电压,改变 R_2 或 R_3 的值可改变阈值电压和回差电压的大小。

2)滞回比较器的抗干扰作用　从以上分析可知,只要干扰信号的变化幅度小于回差电压值,就能有效抑制干扰。如图 4.4.23 所示,虽然有干扰信号存在,但对电路的输出信号并无影响。

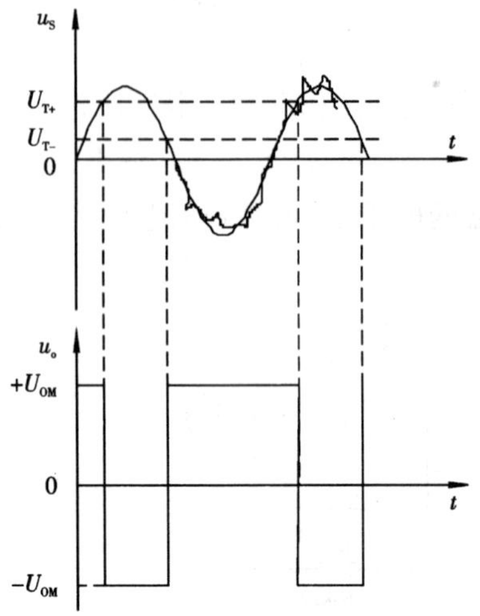

图 4.4.23 滞回比较器的抗干扰作用

技能训练四:集成运算放大器的基本应用

一、训练目的

1.研究由集成运算放大器组成的比例、加法、减法和积分等基本运算电路的功能。

2.了解运算放大器在实际应用时应考虑的一些问题。

二、仪器与材料

直流电源、函数信号发生器、交流毫伏表、直流电压表、双踪示波器各 1 台,集成运算放大器 741μA 1 只、电阻器、电容器及插线若干,面包板 1 块。

三、预习要求

1.复习集成运放线性应用部分内容,并根据实验电路参数计算各电路输出电压的值。

2.在反相加法器中,如 U_{i1} 和 U_{i2} 均采用直流信号,并选定 $U_{i2}=-1$ V,当考虑到运算放大器的最大输出幅度(± 12 V)时,$|U_{i1}|$的大小不应超过多少伏?

3.在积分电路中,如 $R_1=100$ kΩ, $C=4.7$ μF,求时间常数。假设 $U_1=0.5$ V,要使输出电压达到 5 V 需多长时间(设 $u_c(0)=0$)?

4.为了不损坏集成块,实验中应注意什么问题?

四、训练内容及步骤

1.实验原理

集成运算放大器是一种具有高电压放大倍数的直接耦合多级放大电路。当外部接入不同的线性或非线性元器件组成负反馈电路时，可以灵活地实现各种特定的函数关系。在线性应用方面，可组成比例、加法、减法、积分、微分、对数等模拟运算电路。

(1)反相比例运算电路

电路如图 4.1 所示，对于理想运放，该电路的输出电压与输入电压之间的关系为

$$U_o = -\frac{R_F}{R_1}U_i$$

为了减小输入偏置电流引起的运算误差，在同相输入端应接入平衡电阻 $R_2 = R_1 /\!/ R_F$。

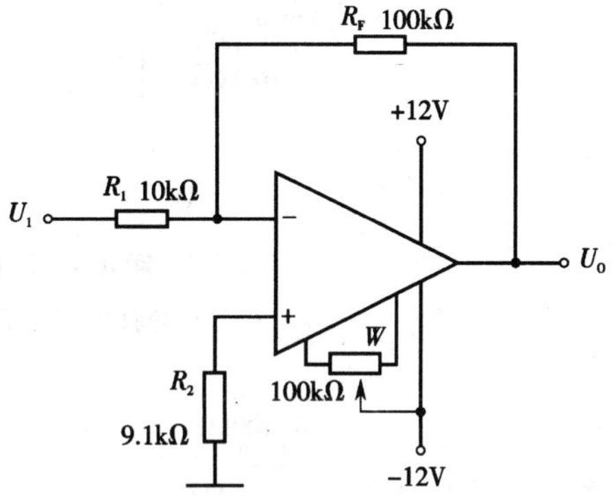

图 4.1　反相比例运算电路

(2)反相加法运算电路

电路如图 4.2 所示，其输出电压与输入电压之间的关系为

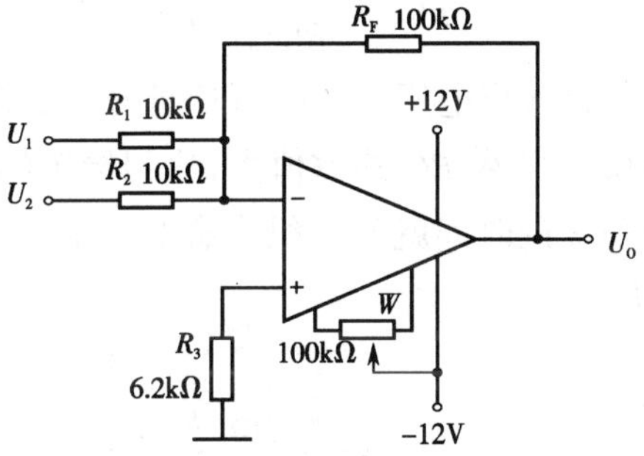

图 4.2　反相加法运算电路

$$U_o = -(\frac{R_F}{R_1}U_{i1} + \frac{R_F}{R_2}U_{i2})$$

$$R_3 = R_1 /\!/ R_2 /\!/ R_F$$

(3)同相比例运算电路

图 4.3(a)是同相比例运算电路，它的输出电压与输入电压之间的关系为

$$U_o = (1 + \frac{R_F}{R_1})U_i$$

$$R_2 = R_1 /\!/ R_F$$

当 $R_1 \to \infty$ 时，$U_o \approx U_i$，即得到如图 4.3(b)所示的电压跟随器。图中 $R_2 = R_F$，用以减小漂移和起保护作用。一般 R_F 取 10 KΩ，R_F 太小起不到保护作用，太大则影响跟随性。

(4)差动放大电路(减法器)

对于图 4.4 所示的减法运算电路，当 $R_1 = R_2$，$R_3 = R_F$ 时，有如下关系式

$$U_o = \frac{R_F}{R_1}(U_{i2} - U_{i1})$$

(5)积分运算电路

反相积分电路如图 4.5 所示。在理想化条件下，输出电压 u_o 等于

$$u_o(t) = -\frac{1}{RC}\int_o^t u_i \mathrm{d}t + u_c(0)$$

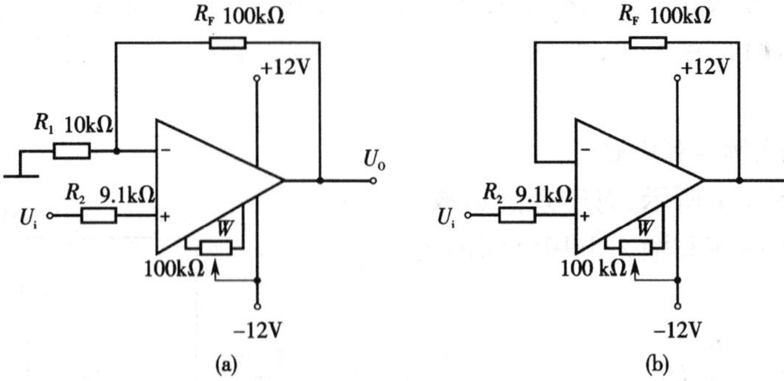

图 4.3　同相比例运算电路

(a)同相比例运算电路;(b)电压跟随器

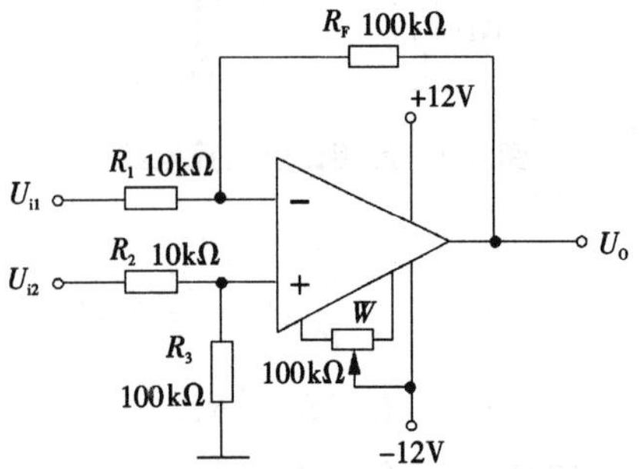

图 4.4　减法运算电路

式中 $u_c(0)$是 $t=0$ 时电容 C 两端的电压值,即初始值。

如果 $u_i(t)$是幅值为 E 的阶跃电压,并设 $u_c(0)=0$,则

$$u_o(t)=-\frac{1}{RC}\int_0^t E\mathrm{d}t=-\frac{E}{RC}t$$

即输出电压 $u_o(t)$随时间增长而线性下降。显然 RC 的数值大,达到给定的 U_o 值所需的时间就长。积分输出电压所能达到的最大值受集成运放最大输出范围的限制。

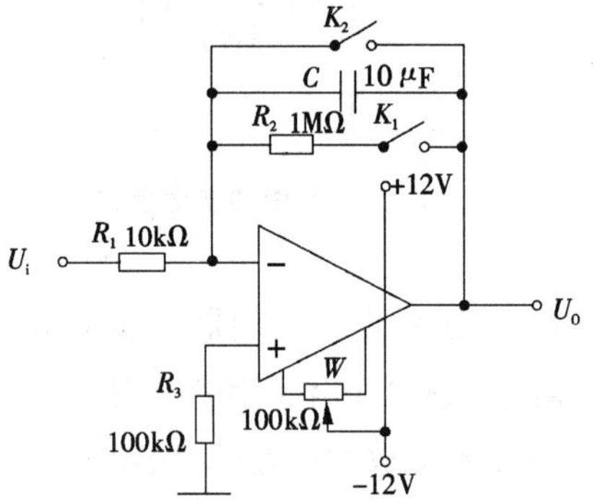

图 4.5　积分运算电路

在进行积分运算之前,首先应对运放调零。为了便于调节,将图中 K_1闭合,通过电阻 R_2的负反馈作用帮助实现调零。但在完成调零后,应将 K_1打开,以免因 R_2的接入造成积分误差。K_2的设置一方面为积分电容放电提供通路,同时可实现积分电容初始电压 $U_c(0)=0$;另一方面可控制积分起始点,即在加入信号 U_i后,只要 K_2一打开,电容就将被恒流充电,电路也就开始进行积分运算。

(6)微分运算电路

微分运算电路如图 4.6 所示。

2.实验内容

在实验台的面板上找一具有 8 脚插座的适当位置，结合以下实验内容进行连线。

(1)反相比例运算电路

①按图 4.1 连接实验电路，接通 ± 12 V 电源，输入端对地短路，进行调零和消振。

②输入 $f = 100$ Hz，$U_i = 0.5$ V 的正弦交流信号，测量相应的 U_o，并用示波器观察 u_o 和 u_i 的相位关系，将实验结果记入表 4.1。

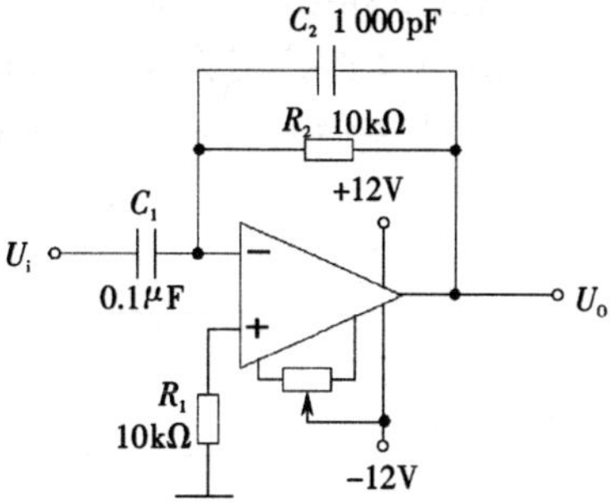

图 4.6　微分运算电路

表 4.1

U_i(V)	U_o(V)	U_i波形	U_o波形	A_v	
				实测值	计算值

(2)同相比例运算电路

①按图 4.3(a)连接实验电路，实验步骤同上，将实验结果记入表 4.2。

②将图 4.3(a)中的 R_1 断开，得图 4.3(b)电路，重复内容(1)。

表 4.2

U_i(V)	U_o(V)	U_i波形	U_o波形	A_v	
				实测值	计算值

(3)反相加法运算电路

①按图 4.2 连接实验电路，进行调零和消振。

②输入信号采用直流信号，图 4.6 所示电路为微分运算电路，实验者自行完成。实验时要注意选择合适的直流信号幅度以确保集成运放工作在线性区。用直流电压表测量输入电压 U_{i1}、U_{i2} 及输出电压 U_o，将实验结果记入表 4.3。

表 4.3

U_{i1}(V)					
U_{i2}(V)					
U_o(V)					

(4)减法运算电路

①按图 4.4 连接实验电路,进行调零和消振。

②采用直流输入信号,实验步骤同内容 3,将实验结果记入表 4.4。

表 4.4

U_{i1}(V)					
U_{i2}(V)					
U_o(V)					

(5)积分运算电路

①按图 4.5 连接实验电路。

②打开 K_2,闭合 K_1,对运放输出进行调零。

③调零完成后,再打开 K_1,闭合 K_2,使 $u_c(0)=0$。

④预先调好直流输入电压 $U_i=0.5$ V,接入实验电路,再打开 K_2,然后用直流电压表测量输出电压 U_o,每 5 秒读一次 U_o,记入表 4.5,直到 U_o 不继续明显增大为止。

表 4.5

t(s)	0	5	10	15	20	25	30
U_o(V)							

(6)微分电路

①按图 4.6 连接电路,在函数发生器上调节输入方波信号 u_i,用示波器监视,要求方波信号的周期为 1～5 ms。

②把 u_i 信号加到微分电路的输入端,用示波器分别测量 u_i 和 u_o 的波形,画出波形图并记录数据。

五、训练报告要求

1.整理实验数据,画出波形图(注意波形间的相位关系)。

2.将理论计算结果和实测数据相比较,分析产生误差的原因。

3.分析讨论实验中出现的现象和问题。

习题四

4.1　什么是零点漂移?直接耦合放大器为什么会产生零点漂移?叙述差分放大电路抑制零点漂移的原理。

4.2　什么是差模信号?什么是共模信号?什么是共模抑制比?

4.3　在题图 4.1 所示电路中,已知三极管 V_1 和 V_2 参数相同,$\beta_1=\beta_2=100$,$U_{BE1}=U_{BE2}=0.7$ V,其余参数见图,试计算 I_C 的值。

4.4　画出题图 4.2 所示电路的直流通路、双端输出时的差模交流通路、单端输出时的共模交流通路。

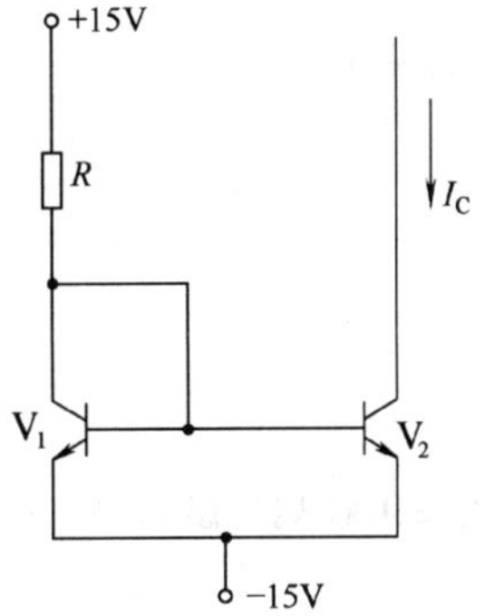

题图 4.1

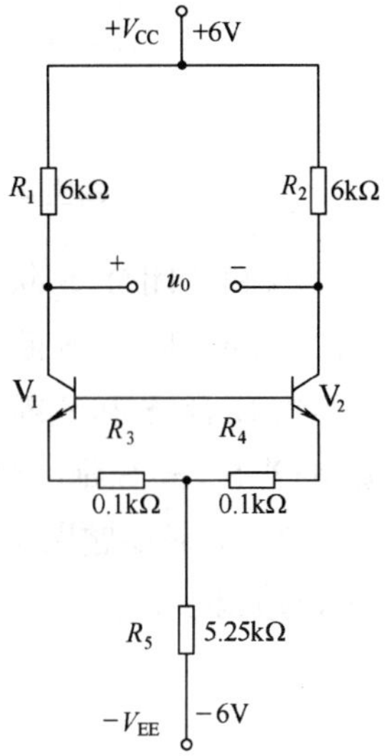

题图 4.2

4.5　在题图 4.1 所示电路中,参数如图,$\beta_1=\beta_2=100$,$U_{BE1}=U_{BE2}=0.7$ V。试计算:

(1)静态工作点 I_{C1}、I_{C2}、U_{C1}、U_{C2}。

(2)双端输出时的差模放大倍数 A_{ud}、输入电阻 R_{id}、输出电阻 R_o。

(3)V_1 管单端输出时的差模放大倍数 A_{uc1}、输入电阻 R_{ic}、共模抑制比 K_{CMR}。

4.6　理想放大器有什么特点? 什么是虚短? 什么是虚断? 什么是虚地?

4.7　集成运放内部电路由几部分组成? 叙述各部分电路的作用并画出内部电路方框图。

4.8　集成运放工作在线性区和非线性区时各有什么特点?

4.9　电路如题图 4.3 所示,集成运放的最大输出电压 $U_{OM}=\pm 14$ V,试计算:

(1)u_o 与 u_i 的运算关系。

(2)电路的输入电阻。

(3)当 u_i 分别为 10 mV、1 V、2 V 时的输出电压值。

4.10　在题图 4.4 所示电路中,若 $R=10$ kΩ,$R_f=100$ kΩ,试计算 u_o 的值。若 $R_f=100$ kΩ,要使 $u_o=21u_i$,试计算 R 的值。

4.11　在题图 4.5 所示电路中,求在下列情况下,u_o 和 u_i 的关系式。

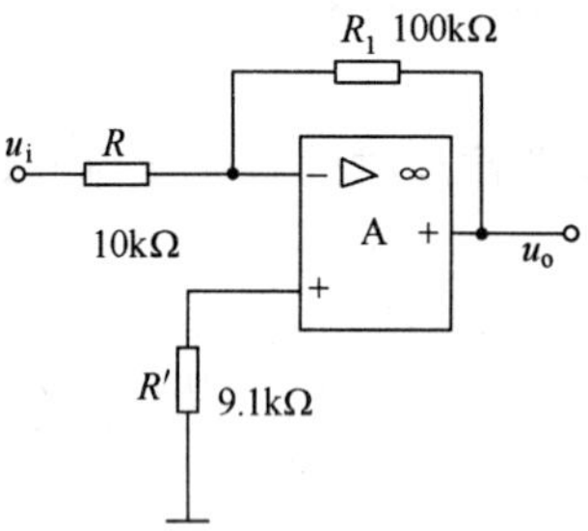

题图 4.3

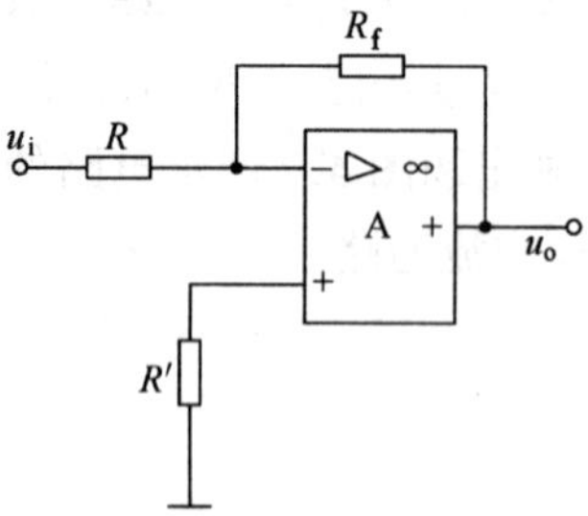

题图 4.4

(1)S_1和 S_3闭合，S_2断开时。

(2)S_1和 S_2闭合，S_3断开时。

(3)S_2闭合，S_1和 S_3断开时。

(4)若 S_1、S_2、S_3都闭合时。

4.12　电路如题图 4.6 所示，已知 $R_2 = R_3 = 20\ \text{k}\Omega$，$R_1 = 100\ \text{k}\Omega$，试计算 u_o 和 u_{i1}、u_{i2}的关系式。

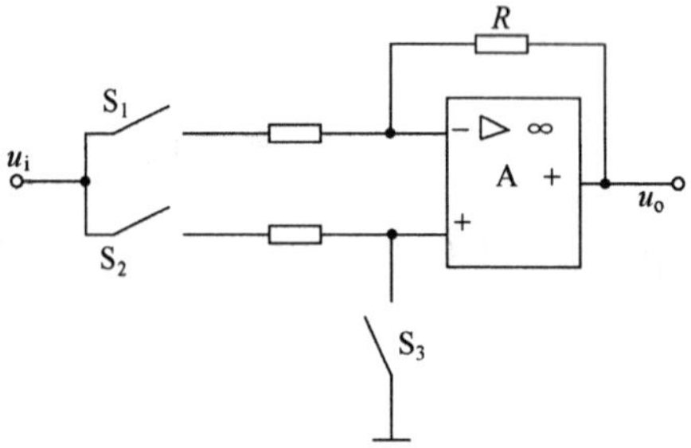

题图 4.5

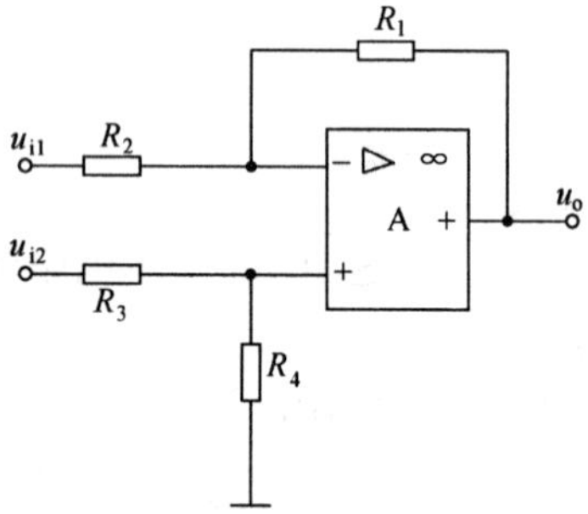

题图 4.6

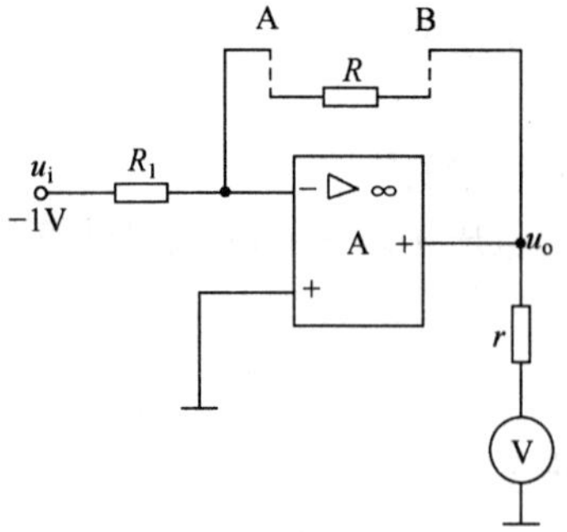

题图 4.7

4.13　用集成运放和普通电压表组成的电阻测量电路如题图 4.7 所示，电压表满量程为 2 V，r 是它的等效电阻，被测电阻接在 A、B 两端。

(1)计算 R 和 u_o 的关系。

(2)计算当 R 的测量范围为 0 ~ 10 kΩ 时，R_1 的值。

4.14　写出题图 4.8 所示电路的输入输出关系。

4.15　在题图 4.9(a)所示电路中，$R_1 = R_4 = R$，$R_2 = 2R$，$R_3 = 5R$。

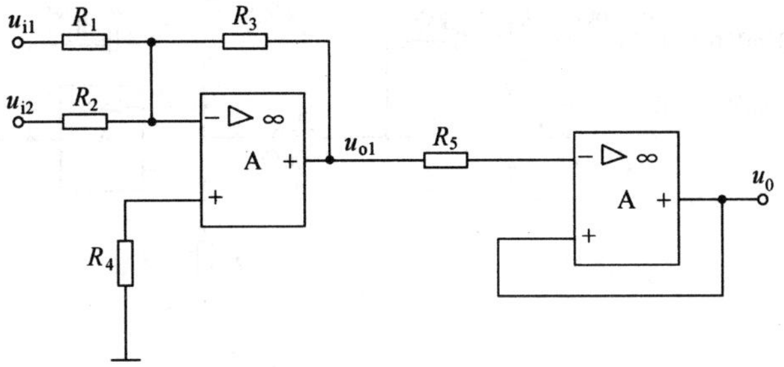

题图 4.8

(1)写出 u_i的关系式。

(2)若 u_i的波形如题图 4.9(b)所示,试画出输出电压 u_o的波形。

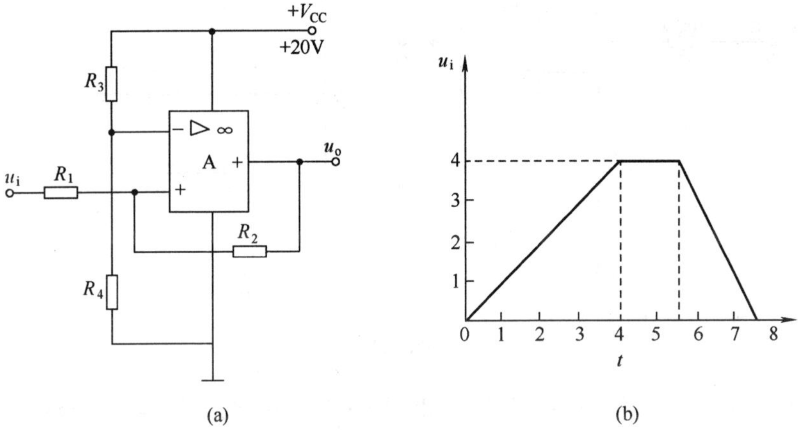

题图 4.9

4.16　如题图 4.10 所示理想运放组成的电路,设 $t=0$ 时刻,电容上的电压 $u_C=2$ V,极性如图所示,试计算:

(1) u_{o1}和 u_o的值。

(2)经过 2 s 后的输出电压 u_o的值。

(3)计算 R_3、R_6的阻值。

4.17　如题图 4.11(a)所示电路,已知 $t=0$ 时,$u_o=0$,输入电压波形如题图 4.11(b)所示时,试画出输出电压波形,并求出 u_o由 0 V 变化到 −5 V 时所用的时间。

4.18　试分析集成运放构成的电压比较器电路与普通运算电路的结构有何不同?

4.19　什么是阈值电压?使输出电压翻转的条件是什么?

4.20　比较器电路如题图 4.12 所示。

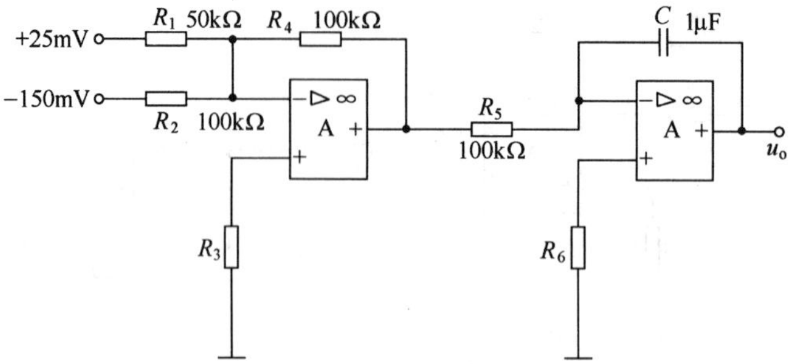

题图 4.10

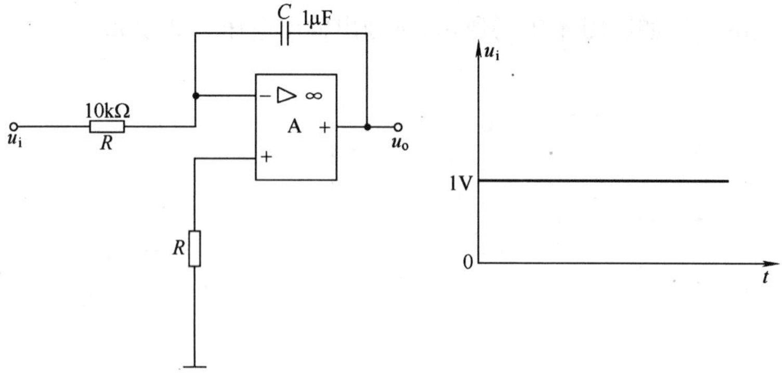

(a)　　(b)

题图 4.11

(1)若集成电路开环差模增益为 60 dB,稳压管稳压值为 $U_D = 6$ V,试画出传输特性曲线。

(2)若为理想运放,稳压管稳压值不变,试画出其传输特性曲线。

(3)若在同相输入端接上基准电压 $U_{REF} = 2$ V,试画出理想运放的传输特性曲线。

4.21　如题图 4.13 所示的滞回比较器,稳压管的稳压值为 $U_D = 6$ V,试求电路的阈值电压 U_{T+} 和 U_{T-}。

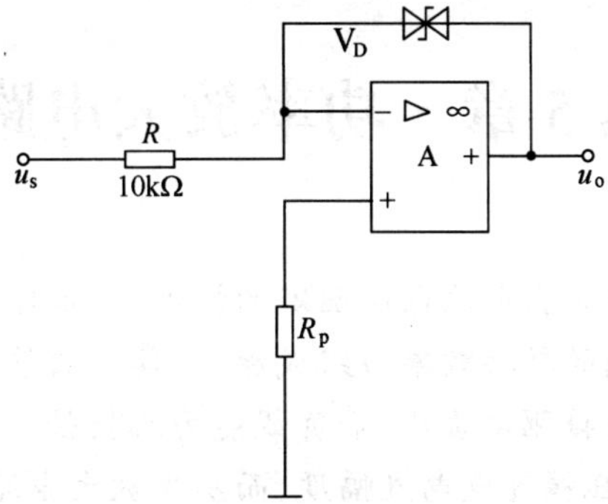

V_D
R
10kΩ
u_s
A
u_o
R_p

题图 4.12

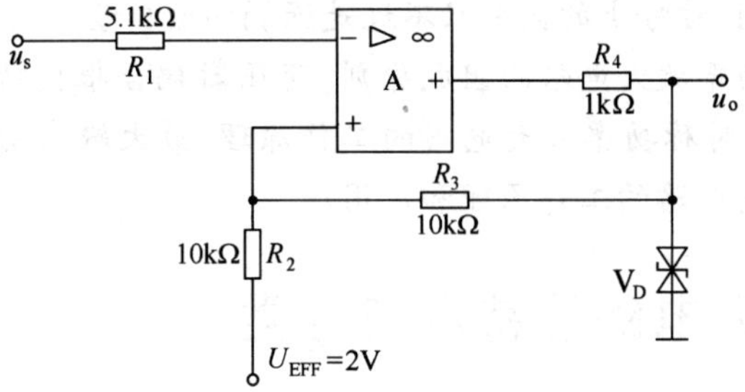

5.1kΩ
R_1
u_s
A
R_4
1kΩ
u_o
R_3
10kΩ
10kΩ
R_2
V_D
U_EFF=2V

题图 4.13

第5章　功率放大电路

引言　功率放大电路是在电源电压确定的情况下，以输出尽可能大的不失真的信号功率和具有尽可能高的转换效率为组成原则，其功放管常常工作在极限应用状态。功率放大电路一般直接驱动负载，带负载能力比较强。电压放大电路或电流放大电路，主要用于增强电压幅度或电流幅度，而功率放大电路，主要用于输出较大的功率，但无论哪种放大电路，在负载上都同时存在输出电压、电流和功率。从能量控制的观点来看，放大电路实质上都是能量转换电路。因此，功率放大电路和电压放大电路没有本质的区别，称呼上的区别只不过是强调的输出量不同而已。

本章主要讨论功率放大电路的组成原则，变压器耦合推挽功率放大电路的工作原理，OTL、OCL互补对称功率放大电路的工作原理，最大输出功率和效率的估算方法以及集成功率放大电路的工作原理和应用。

5.1　功率放大电路的特点与分类

在实际电路中，往往要求放大电路的末级(即输出级)输出一定的功率，以驱动负载。能够向负载提供足够信号功率的放大电路称为功率放大电路(简称功放)。从能量控制和转换的角度看，功率放大电路与其他放大电路在本质上没有区别，只是功放既不是单纯追求输出高电压，也不是单纯追求输出大电流，而是追求在电源电压确定的情况下，输出尽可能大的功率。因此，从功放电路的组成和分析方法，到其元器件的选择，都与小信号放大电路有着明显的区别。小信号放大电路是对小信号进行放大，其主要性能指标是电压放大倍数、输入阻抗、输出阻抗，而功率放大器则要求在高的效率下，通过对信号的放大，获得足够大的功率去推动负载，其主要性能指标是输出功率和效率。随着电子元器件的变革和应用技术的进步，功率放大电路的电路结构已经发生了很大的变化，从传统的变压器耦合式推挽电路，发展为OTL、OCL、BTL以及集成功率放大电路。下面我们针对使用较多的功率放大电路进行分析。

5.1.1　功率放大电路的特点

如上所述，功率放大器是以输出功率作为主要技术指标的，因此功率放大器应具有以下特点。

1.输出功率要足够大

为获得足够大的输出功率，功率放大器的电压与电流变化范围较大，因此，三极管常常工作在大信号状态，甚至接近极限应用状态。

2.效率要高

功率放大器的效率是指负载上得到的信号功率与电源供给的直流功率之比。电源提供的功率是直流功率,其值等于电源输出电流平均值与其电压之积。对于小信号的电压放大器来说,由于输出功率较小,电源供给的直流功率也小,效率问题还不突出。而对于功放来说,由于输出功率、电源功率均较大,效率的高低就必须考虑。

通常功放输出的功率大,电源消耗的直流功率也就多。因此,在一定的输出功率下,减小直流电源的功耗,就可以提高电路的效率。

3.非线性失真要小

功率放大器是在大信号状态下工作,电压、电流变动幅度很大,极易超出功放管的线性区而进入非线性区工作,造成输出波形的非线性失真,因此功率放大器比小信号电压放大器的非线性失真问题严重。在实际应用中,有些设备(如测量系统、电声设备)对失真的要求很严格,因此,必须采取措施避免失真,使之满足负载的要求。

4.要注意安全使用

由于功放管承受高电压、大电流,因而功放管的保护和散热问题也必须注意。

由以上特点分析可知,在功率放大电路中,由于功率放大器工作点的动态范围大,微变等效电路分析法已经不再适用,需要采用图解法分析。此外,由于功放的输入信号较大,输出波形容易产生非线性失真,电路中应采用适当方法改善输出波形,如引入交流负反馈。

5.1.2 功率放大电路的分类

按照不同标准,功率放大电路可有如下分类。

1.按照输入信号频率的不同分类

按照输入信号频率的不同,功率放大器可分为低频功率放大器和高频功率放大器。

2.按照功率放大器与负载之间的耦合方式不同分类

按照功率放大器与负载之间耦合方式不同,功率放大器可分为以下几种。

①变压器耦合功率放大器。

②电容耦合功率放大器,也称为无输出变压器功率放大器,即OTL(Output Transformerless)功率放大器。

③直接耦合功率放大器,常称为无输出电容功率放大器,即OCL(Output Capacitorless)功率放大器。

④桥式推挽功率放大器,简称BTL(Balanced Transformerless)电路。

3.按照功放电路部件的不同分类

按照功放电路部件的不同,功率放大器可分为分立元件式和集成功放。

4.按照三极管静态工作点 Q 选择的不同分类

按照三极管静态工作点 Q 选择的不同,功率放大器可分为以下几种。

①甲类功率放大器。此种放大器工作在三极管的正常放大区，且 Q 点在交流负载线的中点附近，从而使晶体管在输入信号的整个周期内均处于线性放大状态。

②乙类功率放大器。此种放大器工作在三极管的截止区与放大区的交界处，且 Q 点为交流负载线和 $i_B = 0$ 的那根输出特性曲线的交点。其工作时工作点的移动范围一半在线性放大区，一半在截止区。当有信号输入时，一个晶体管只能在半个周期内工作，而在另外半个周期内截止。因此，为了获得完整的信号输出，乙类功率放大器需采用两只晶体管，并使它们交替导通。

③甲乙类功率放大器。此种放大器工作状态介于甲类和乙类之间，Q 点在交流负载线的下方，接近截止区的位置。其工作时，工作点的移动范围大部分在放大区，小部分在截止区。晶体管的导通时间大于半个周期小于一个周期。这种电路也只能在双管轮流协同工作下才能获得正常输出。

此外，按照 Q 点不同，还有一种丙类功放，它的工作点在截止区。它属于高频功放，多用于通信电路中对高频信号的放大，本章不做介绍。

图 5.1.1 为各类功率放大电路工作点不同时，晶体管的导通情况。

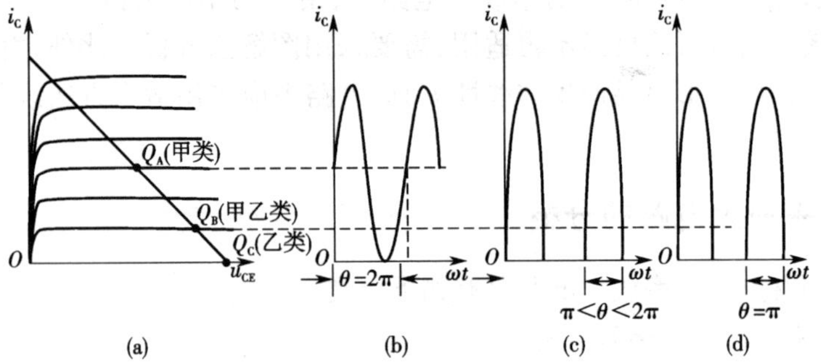

图 5.1.1　各类功率放大电路的静态工作点

(a)工作点位置；(b)甲类功率放大器；(c)甲乙类功率放大器；(d)乙类功率放大器

5.2　变压器耦合功率放大电路

变压器耦合功率放大器是一种适用于放大音频信号的交流放大器。它不能放大直流和缓慢变化的信号。它的输入端与前级之间用一只输入变压器耦合，而输出端与负载之间用一只输出变压器耦合，其中变压器主要起阻抗变换的作用。

5.2.1　单管功率放大电路

图 5.2.1(a)所示为变压器耦合单管甲类功率放大器的典型电路。其中，T_1 为输入端变压器，T_2 为输出端变压器；R_{b1}、R_{b2} 组成分压偏置电路，R_{b2} 太大会使稳定性变差，太小会使耗电增加，R_{b2} 的阻值一般选几百欧至几千欧；R_e 是直流负反馈电阻，用

来稳定工作点，一般取几欧至几十欧；C_e是交流旁路电容；C_b是偏置电路的旁路电容。

1.静态工作点的确定

静态时，考虑到输出变压器原边的电阻很小，发射极电阻 R_e也很小，均可忽略，则晶体管的直流负载线应是一条与横轴交于 $U_{CE}=V_{CC}$点，且几乎与横轴垂直的直线。静态工作点 Q 的位置依输出功率的要求而定，可以通过调整 R_{b1}、R_{b2}的分压比来改变偏流 I_{BQ}，从而确定 I_{CQ}及 U_{CEQ}。为了获得尽可能大的输出功率，可将 Q 点提高到靠近 P_{CM}(集电极最大允许耗散功率)线附近。

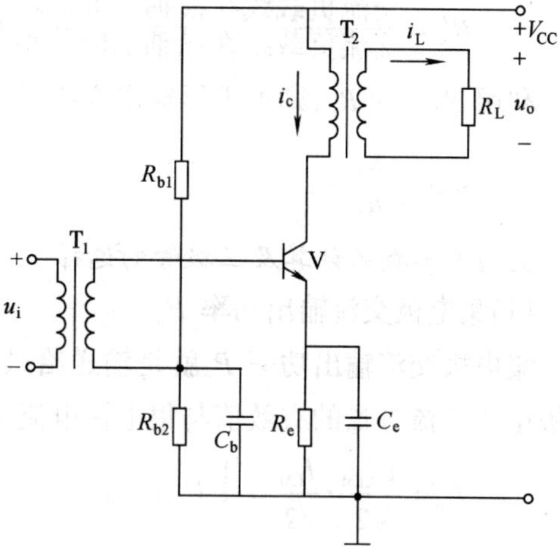

(a)

动态时，交流等效电阻为 R_L'，R_L'远大于 R_L，故交流负载线是一条通过静态工作点 Q，且斜率为 $-\dfrac{1}{R_L'}$的直线，其斜率取值多少应以输出功率既最大又不失真为最佳，此时的 R_L'称为最佳负载电阻。

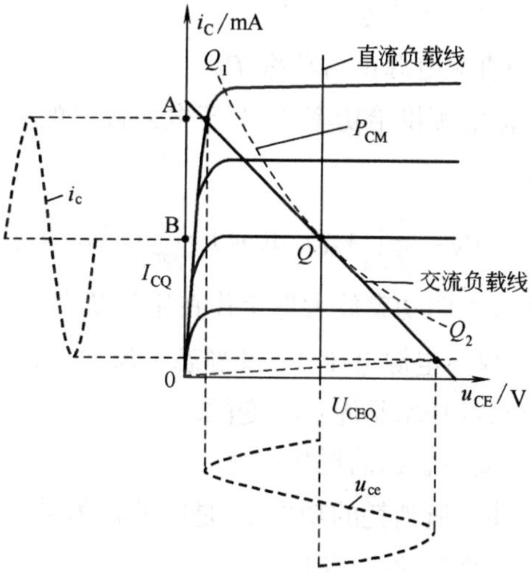

(b)

图 5.2.1　变压器耦合单管功率放大电路

(a)电路图；(b)图解

为此，其静态工作点的位置必须处于交流负载线的中点，即工作于甲类放大状态。只有这样，输出电压、电流才能在线性放大区有最大振幅，才能输出最大不失真功率。理想情况下(即忽略晶体管的饱和压降 U_{CES}、穿透电流 I_{CEO}，并使晶体管极限运用时，其最大集电极－发射极交流电压幅值 $U_{CES}\approx V_{CC}$，其最大集电极交流电流幅值 $I_{cm}\approx I_{CQ}$)，交流负载线是与横轴交于 $2V_{CC}$、与纵轴交于 $2I_{CQ}$的斜线，如图 5.2.1(b)所示。此时的输出功率最大值 $P_{o(max)}$为图中三角形 ABQ 的面积。

2.确定最佳交流负载 R'_L和输出变压器的匝数比 n

根据交流负载线的斜率可得出交流等效电阻,即最佳负载电阻为

$$R'_L=\frac{\text{交流负载线在横轴上的截距}}{\text{交流负载线在纵轴上的截距}}=\frac{2V_{CC}-V_{CC}}{I_{CQ}}=\frac{V_{CC}}{I_{CQ}} \tag{5.2.1}$$

利用 $R'_L=n^2R_L$,则可求得输出变压器的匝数比为

$$n=\sqrt{\frac{R'_L}{R_L}} \tag{5.2.2}$$

3.功率参数的计算及三极管的选择

(1)集电极交流输出功率 P_o

集电极交流输出功率 P_o就是输送给最佳负载电阻 R'_L上的交流功率,它等于集电极电压交流分量的有效值与集电极电流交流分量的有效值的乘积,即

$$P_o=\frac{U_{CEM}}{\sqrt{2}}\cdot\frac{I_{CM}}{\sqrt{2}}=\frac{1}{2}U_{CEM}I_{CM} \tag{5.2.3}$$

当最大输出电压 $U_{CEM}=V_{CC}$,最大输出电流 $I_{CM}=I_{CQ}$时,最大输出功率为

$$P_{o(max)}=\frac{1}{2}V_{CC}I_{CQ} \tag{5.2.4}$$

(2)直流电源供给功率 P_V

直流电源供给功率 P_V等于电源提供的集电极电流的平均值与电源电压的乘积,即

$$P_V=\frac{1}{2}\int_0^2 V_{CC}i_C\mathrm{d}(\omega t)=\frac{1}{\pi}\int_0^{\pi}V_{CC}(I_{CQ}+I_{CM}\sin\omega t)\mathrm{d}(\omega t)=V_{CC}I_{CQ} \tag{5.2.5}$$

上式表明功率放大器工作在甲类状态时,其电源供给的功率 P_V与输出信号电流 i_C无关,仅与电源电压 V_{CC}及静态电流 I_{CQ}有关。也就是说,无论有无信号输入输出,电源供给的功率是固定不变的。

(3)晶体管的消耗功率 P_C

晶体管所消耗的功率 P_C是电源供给功率中消耗在功率管上转为热量引起管温升高的那部分功率,所以有

$$P_C=P_V-P_o=V_{CC}I_{CQ}-\frac{1}{2}U_{CEM}I_{CM} \tag{5.2.6}$$

上式说明,当未加输入信号时,输出功率 $P_o=0$,$P_{CM}=P_V$,管耗最大,电源供给的功率全部损耗在晶体管上;当加入信号时,输出功率 $P_o\neq0$,管耗减小,所减小的部分正是输出的信号功率 P_o,当输出功率最大时,管耗最小。

(4)效率 j_c

功率放大电路的效率 j_c 是指集电极最佳负载 R'_L 得到的输出功率与电源供给功率之比,故

$$\eta_C = \frac{P_o}{P_V} \times 100\% = \frac{\frac{1}{2}U_{CEM}I_{CM}}{V_{CC}I_{CQ}} \times 100\% \tag{5.2.7}$$

当最大输出电压幅值 $U_{CEM} \approx V_{CC}$时,则

$$\eta_{c(max)} = \frac{P_{OM}}{P_V} \times 100\% = \frac{\frac{1}{2}V_{CC}I_{CQ}}{V_{CC}I_{CQ}} \times 100\% = 50\% \tag{5.2.8}$$

(5)变压器的功率损耗

考虑到输出变压器的损耗,单管功率放大器的效率只能达到 40%左右,如果再考虑到功放管的饱和压降 U_{CES}和反向饱和电流 I_{CEO}的影响,单管功率放大器的实际效率仅在 30%左右。

设变压器的效率为 η_T(小型变压器一般为 0.75 ~ 0.85),则放大器最大输出功率时的总效率为

$$\eta = \eta_T \cdot \eta_C \tag{5.2.9}$$

其中 $\eta_T = \frac{P_{oL}}{P_o}$, P_o是以 R'_L 为负载时功率管集电极输出功率,故负载 R_L获得的功率 $P_{oL} = \eta_T \cdot P_o$,而 $\eta_C = \frac{P_o}{P_V}$为集电极输出效率。

(6)功率放大器对晶体管的要求

通过以上分析,三极管的最大允许功耗应大于最大输出功率的两倍以上,即 $P_{CM} > 2P_{o(max)}$;发射极反向击穿电压应大于 2 倍的电源电压,即 $U_{(BR)CEO} > 2V_{CC}$;最大允许电流应大于 I_{CQ}的 2 倍,即 $I_{CM} > \frac{V_{CC}}{R'_L}$。所以在选择功放管时,应注意以上参数要求。

【例 5.2.1】 电路如图 5.2.1(a)所示,如果负载 R_L为 8 Ω 的扬声器,集电极电流交流分量的有效值 $I_C = 10$ mA,输出功率 $P_o = 20$ mW,试求输出变压器的匝数比。若扬声器直接接入集电极电路中可得到多大功率?

解:

$$R'_L = \frac{V_{CC}}{I_{CQ}} = \frac{P_o}{I_C^2} = \frac{20 \times 10^{-3}}{(10 \times 10^{-3})^2} = 200\ \Omega$$

输出变压器的匝数比为

$$n = \sqrt{\frac{R'_L}{R_2}} = \sqrt{\frac{200}{8}} = 5$$

若扬声器直接接入集电极电路中,得到的功率为

$$P_o = I_C^2 R_2 = (10 \times 10^{-3})^2 \times 8 = 8 \times 10^{-4}\ \text{W}$$

可见,扬声器直接接入集电极由于其本身阻抗太小,获得的功率也很小,效率很低。

尽管这种功率放大器的效率较低，但由于电路简单，成本比较低，因此常用在输出功率不大，要求不高的场合，如收音机的末级和大功率放大器的推动级。

采用变压器耦合会使功率放大器产生频率失真：频率太低会使初级线圈感抗降低而产生分流作用，出现低频失真（低频时输出功率下降）；频率太高会因为分布电容的分流作用，出现高频失真（高频时输出功率下降），导致放大器的通频带变窄，频率响应变差。

5.2.2　变压器耦合推挽功率放大电路

对于前述单管功率放大器，当其工作于甲类状态时，即使是最理想情况，其效率也只有 50%。这个数值在以功率输出为主的功放电路中是不理想的。在甲类放大电路中，静态电流 I_{CQ} 是造成管耗高、效率低的主要原因。降低静态电流，使功放管工作于乙类状态，可以减少管耗、提高效率，但这样会使输出波形出现削波，严重失真。若采用工作于乙类或甲乙类的推挽功率放大器，则既可提高放大电路的效率，同时又能减少信号的波形失真。下面主要讨论这种推挽功率放大器。

1. 电路组成及工作原理

图 5.2.2(a)是一个典型的推挽功率放大电路。两只功放管 V_1 和 V_2 型号相同，参数一致。输入变压器 T_1 次级设有中心抽头，以保证输入信号对称地输入，使 V_1 和 V_2 两管的基极信号大小相等、相位相反。输出变压器 T_2 的初级亦设有中心抽头，以分别将 V_1 和 V_2 的集电极电流耦合到 T_2 的次级，向负载输出功率。电阻 R_{b1}、R_{b2}、R_e 的数值均比电压放大器取的小得多，R_{b1} 一般为几千欧，R_{b2} 约为几十欧至几百欧，R_e 用于稳定工作点，约为几欧至几十欧。

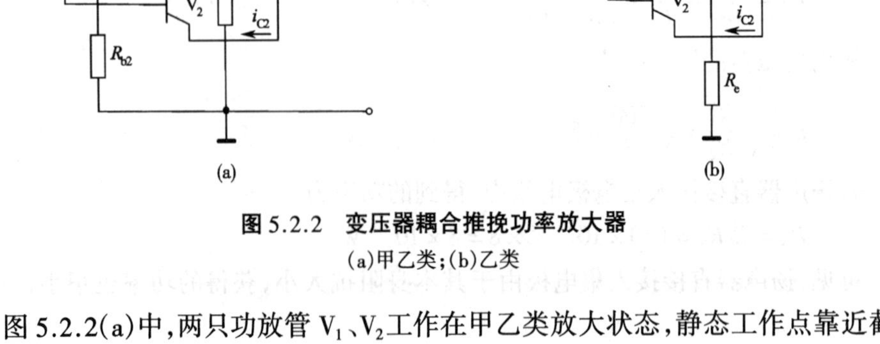

图 5.2.2　变压器耦合推挽功率放大器

(a)甲乙类；(b)乙类

图 5.2.2(a)中，两只功放管 V_1、V_2 工作在甲乙类放大状态，静态工作点靠近截止

区，因而静态电流 I_{C1}、I_{C2}很小，可近似为零。当有正弦信号 u_i输入时，通过输入变压器 T_1的耦合，在 T_1的次级感应出大小相等、极性相反（对中心抽头而言）的信号，分别加到 V_1与 V_2的输入回路。在 u_i的正半周，设 A 点电位高于 B 点电位，即 $u_{AO}>0$、$u_{BO}<0$，则有 V_1导通、V_2截止；在 u_i的负半周，B 点电位高于 A 点电位，即 $u_{AO}<0$、$u_{BO}>0$，则有 V_2导通、V_1截止。这样，在一个信号周期内，两个功放管轮流导通、交替工作，两管集电极电流 i_{C1}、i_{C2}按相反方向交替流过输出变压器 T_2 初级的上、下半个绕组，并经次级绕组交替向负载输出。由于电路对称，i_{C1}、i_{C2}大小相等、流向相反，它们在次级回路中轮流产生正、负半个周期的正弦信号，这样，在负载上就可得到一个完整的正弦波信号。其各主要电压和电流波形见图 5.2.3 所示。

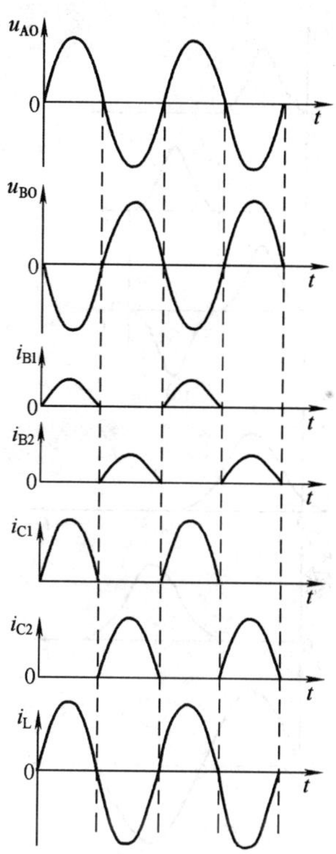

图 5.2.3　推挽功率放大器的电压波形图和电流波形图

这里需要说明，上述推挽功率放大器的工作状态之所以设为甲乙类而不是乙类，其目的是为了减小“交越失真”。若设置为乙类状态如图 5.2.2(b)所示（两管的发射结均处在零偏状态，基极电流 I_B为零），两管的静态工作点在晶体管输入特性曲线的截止点上。由于三极管导通时必须使发射结正偏，因此在有信号输入、引起两管交替工作时，在交替点的前后便会出现一段两管电流均为零或严重非线性失真的波形，在负载上便产生了如图 5.2.4(a)所示的失真波形，这种失真称为交越失真。这是乙类功率放大器特有的失真。

将工作状态设置为甲乙类如图 5.2.3 所示，便可大大减小交越失真。这时，由于两管的工作点稍高于截止点，因而均有一很小的静态电流 I_{CQ}，使两管交替工作处的负载电流能按正弦规律变化，克服了交越失真，波形如图 5.2.4(b)所示。由于 I_{CQ1}与 I_{CQ2}大小相等，它们在输出变压器初级中的流向相反，因而不会在铁芯中产生直流磁势，工作时不致产生饱和现象。

2. 功率参数的计算及三极管的选择

(1)输出功率 P_o

由于推挽电路两管完全对称，在定量分析时，可以分析一只功放管的工作情况，另一管的情况基本相同。每个功放管都是半周导通、半周截止。导通时的工作情况和单管变压器耦合电路的工作情况相同。忽略饱和压降 U_{CES}及穿透电流 I_{CEO}，则输出功率为

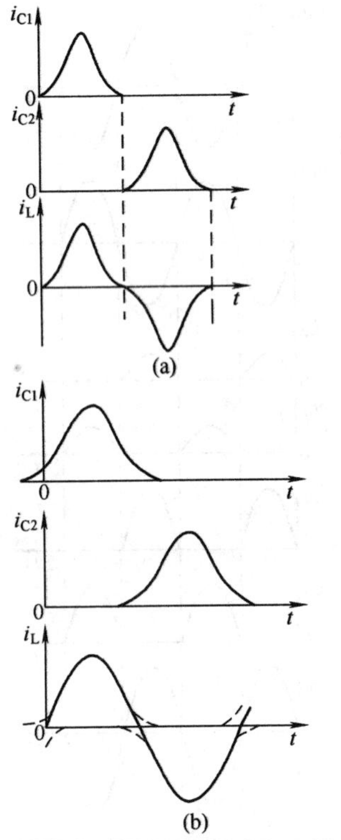

图 5.2.4　交越失真的产生与消除

(a)产生交越失真;(b)消除交越失真

$$P_o = \frac{U_{CEM}}{\sqrt{2}}\frac{I_{CM}}{\sqrt{2}} = \frac{1}{2}U_{CEM}I_{CM} = \frac{1}{2}\frac{U_{CEM}^2}{R_L'} \quad (5.2.10)$$

当放大器能够输出的最大电压幅值 $U_{CEM} \approx V_{CC}$时,负载上得到最大输出功率

$$P_{o(max)} = \frac{1}{2}\frac{V_{CC}^2}{R_L'} \quad (5.2.11)$$

其中,R_L' 是单管集电极回路等效负载电阻。设输出变压器初级匝数为 N_1,次级匝数为 N_2,则 $R_L' = \left(\frac{N_1}{N_2}\right)^2 R_L$。

(2)直流电源供给功率 P_V

i_{C1}与 i_{C2}对输出变压器来说,它们的方向是相反的,但它们都是由电源 V_{CC}提供的,因此在通过电源时,它们的方向总是相同的。当放大器有功率输出时,这个电流的平均值就是电源提供的平均电流,根据积分运算得

$$P_V = \frac{1}{2\pi}\int_0^{2\pi} V_{CC}(i_{C1} + i_{C2})d(\omega t) = \frac{1}{\pi}\int_0^{\pi} V_{CC}I_{CL}d(\omega t) = \frac{V_{CC}}{\pi}\int_0^{\pi} V_{CC}I_{CM}\sin(\omega t)d(\omega t) = \frac{2}{\pi}V_{CC}I_{CM} \quad (5.2.12)$$

(3)管耗 P_C

电源提供的功率 P_V中,一部分转换为放大器的输出信号功率 P_o,另一部分则为管耗 P_C,消耗在功放管内部转变为热能,即 $P_C = P_V - P_o$。由于电源供给功率与输出信号功率都随信号而变,故可用求极值的方法求出可能出现的最大管耗,并应按它来选择功放管的最大允许耗散功率,有

$$P_C = P_V - P_o = \frac{2}{\pi}V_{CC}I_{CM} - \frac{1}{2}U_{CEM}I_{CM} = \frac{2V_{CC}U_{CEM}}{\pi R_L'} - \frac{U_{CEM}^2}{2R_L'} \quad (5.2.13)$$

将上式对 U_{CEM}求导并令其为零,得

$$\frac{dP_c}{dU_{CEM}} = \frac{2V_{CC}}{\pi R_L'} - \frac{U_{CEM}}{R_L'} = 0$$

即

$$U_{CEM} = \frac{2}{\pi}V_{CC} \approx 0.64V_{CC} \quad (5.2.14)$$

U_{CEM}满足式(5.2.14)时,功放管管耗最大。将(5.2.14)式代入(5.2.13)式可得最大管耗为

$$P_{C(max)}=\frac{2V_{CC}}{\pi R'_L}\frac{2V_{CC}}{\pi}-\frac{1}{2R'_L}\left(\frac{2V_{CC}}{\pi}\right)^2=\frac{4}{\pi^2}\frac{V_{CC}^2}{2R'_L}=\frac{4}{\pi^2}P_{o(max)}\approx 0.4P_{o(max)} \tag{5.2.15}$$

每只功放管的管耗 P_{C1}、P_{C2} 为总管耗 P_C 的一半，即 $P_C=P_{C1}+P_{C2}$，则 $P_{C1(max)}=P_{C2(max)}\approx 0.2P_{o(max)}$。所选功放管的集电极最大允许耗散功率 P_{CM} 应大于这个值，并留有一定的余量。

(4)效率 η

$$\eta_C=\frac{P_o}{P_V} \tag{5.2.16}$$

当 $U_{CEM}\approx V_{CC}$ 时，则有

$$\eta_{C(max)}=\frac{P_{o(max)}}{P_V}=\frac{\frac{1}{2}U_{CEM}I_{CM}}{\frac{2}{\pi}V_{CC}I_{CM}}=\frac{\pi}{4}\frac{U_{CEM}}{V_{CC}}=\frac{\pi}{4}\approx 78.5\% \tag{5.2.17}$$

与单管(甲类)功率放大器的最高效率 50% 相比，推挽功率放大器的效率提高了很多。当然，考虑到变压器损耗、饱和压降及 R_e 上压降等因素，推挽功率放大器的实际效率还要低，即 $\eta=\eta_T\cdot\eta_C$。

(5)功率放大器对晶体管的要求

功放管的集电极最大允许耗散功率 $P_{CM}>0.2P_{o(max)}$，并且功放管的最大耐压 $U_{(BR)CEO}>2V_{CC}$，最大集电极电流 $I_{CM}>V_{CC}/R_L=2I_{CQ}$。

综上所述，变压器耦合功率放大器可以较好地解决负载与放大器输出级的阻抗匹配问题。单管甲类功放电路效率低，适用于小功率输出，或作为大功率放大器的推动级。乙类(或甲乙类)推挽电路效率较高，可用于较大功率输出。但是，由于变压器体积大、有损耗、频率特性差、不易集成等，使得变压器耦合功率放大器难以进一步提高质量。因此，无输出变压器功率放大器已成为近年来功率放大器发展的一个方向。为此出现了用电容耦合来替代变压器耦合的新型电路，即无输出变压器(OTL)功率放大器。

【例 5.2.2】 变压器耦合推挽功率放大电路如图 5.2.5 所示，功放管的饱和压降忽略不计，功放管的最大允许电流 $I_{CM}=2$ A，变压器的效率 $\eta_T=0.80$，负载 R_L 上得到的最大输出功率为 $P_{OL}=10$ W，试求：

(1)输出变压器的匝数比 n。

(2)电源供电的最大功率 P_V。

(3)功放的最高效率 η(考虑变压器效率)。

(4)最大管耗 $P_{C1(max)}$、$P_{C2(max)}$。

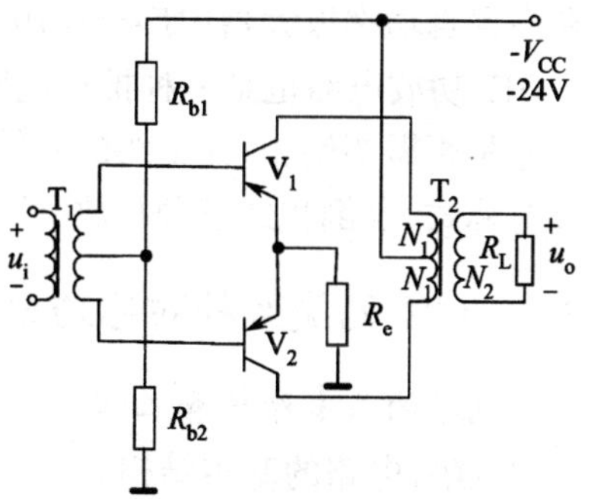

图 5.2.5 【例 5.2.2】的电路

解:

(1)变压器初级的最大输出功率为

$$P_{o(max)}=\frac{P_{oL}}{\eta_T}=\frac{10}{0.80}=12.5\ \text{W}$$

两个功放管输出的最大功率 $P_{o(max)}$

$$P_{o(max)}=\frac{1}{2}\frac{V_{CC}^2}{R'_L}=\frac{1}{2}\times\frac{(24)^2}{R'_L}$$

利用以上两式相等,整理后得

$R'_L\approx 23\ \Omega$

输出变压器的匝数比为

$$n=\sqrt{\frac{R'_L}{R_L}}=\sqrt{\frac{23}{15}}=1.53$$

(2)电源供电的最大功率为

$$P_V=\frac{2}{\pi}V_{CC}I_{CM}=\frac{2}{\pi}V_{CC}\frac{V_{CC}}{R'_L}=\frac{2}{\pi}\times 24\times\frac{24}{3}=15.95\ \text{W}$$

(3)电路的最高效率

$$\eta=\eta_T\cdot\eta_{C(max)}=0.08\times\frac{\pi}{4}\approx 62.8\%$$

(4)每管的最大管耗

$$P_{C1(max)}=P_{C2(max)}\approx 0.2P_{om}=0.2\times 12.5=2.5\ \text{W}$$

5.3　OTL 功率放大电路

双管乙类电容耦合功率放大电路称为“无输出变压器功放电路”,简称 OTL(Output Transformer Less)电路。由于 OTL 电路用电容耦合取代了输出变压器,便于加设各种负反馈电路,使放大器的频率响应好、失真小,易于满足功率大和小型化的要求,所以在高保真功率放大器中广泛应用。

OTL 功放电路也是一种推挽电路,有乙类和甲乙类两种。目前,OTL 电路按其输入信号是否需要倒相、输出级的对管导电类型是否相同,可划分为输入信号倒相式、互补对称式、自倒相式三种功放。下面介绍常用的互补对称式功率放大电路。

5.3.1　OTL 乙类互补对称功率放大电路

1. 电路的基本结构和工作原理

(1)OTL 电路的基本结构

OTL 电路结构如图 5.3.1 所示。V_1、V_2是两只不同极性的功放三极管,组成互补对称功放电路。每只功放管分别由各自的电源 V_{CC1}和 V_{CC2}供电,且 $V_{CC1}=V_{CC2}$,有

$V_{CE1}=V_{CC1}$、$V_{EC2}=V_{CC2}$。两管的发射极与负载直接相连接。

(2)OTL 电路的简单工作原理

当输入信号 u_i加于电路输入端时，对于 u_i的正半周，V_1导通而 V_2截止，产生电流 i_{C1}从左向右流经负载 R_L；对于 u_i的负半周，V_1截止而 V_2导通，产生电流 i_{C2}从右向左流经负载 R_L，从而在负载 R_L上得到一个完整的放大的输出信号。

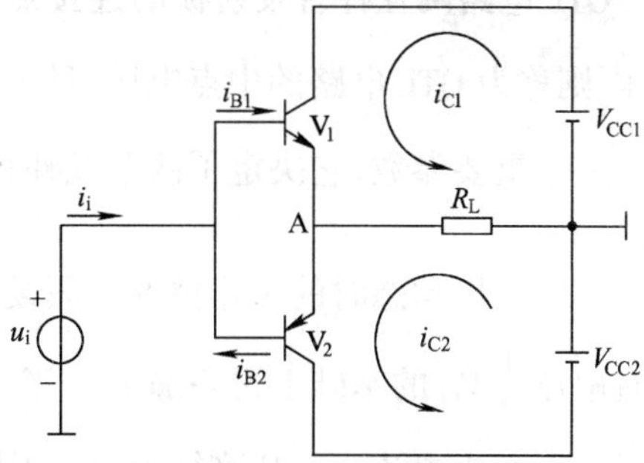

图 5.3.1　OTL 电路的基本结构

从 V_1、V_2的工作情况来看，两管均处于共集电极工作状态，因而该推挽电路以电流放大来完成功率放大任务。要获得大的功率输出，必须要求前置推动级有足够高的激励电压。同时，共集电极电路具有输出阻抗低的特点，有利于与负载匹配。

这个基本电路采用了双电源供电的方式，且从晶体管发射极输出端至负载间没有任何的耦合电容。

2.单电源供电的乙类互补对称 OTL 电路

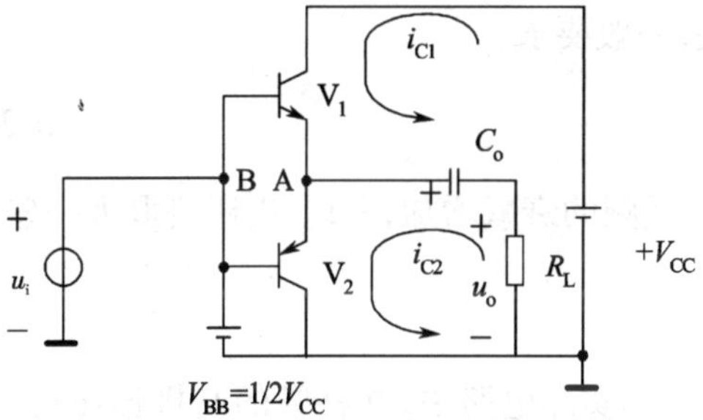

图 5.3.2　单电源乙类互补对称 OTL 电路

为了把上述基本电路中的双电源供电改为单电源供电，使电路结构简化，可以在电路输出端与负载之间串入一个大容量的耦合电容 C_o，简称输出电容，如图 5.3.2 所示。同时把两个电源合成为一个，即 $V_{CC}=V_{CC1}+V_{CC2}$，并且假设两互补管的基极偏置电压 $V_{BB}=1/2V_{CC}$。

(1)工作原理

静态时，由于互补管的基极加有偏置电压 V_{BB}，它对于 V_1(NPN 管)来说是正偏电压，对于 V_2(PNP 管)来说则是反偏电压，所以 V_1导通而 V_2截止。这时 V_1的导通电流 i_{C1}对 C_o充电。其充电路径为：V_{CC}正极→V_1管 C 极→V_1管 E 极→C_o→R_L→V_{CC}负极，从而在 C_o上得到充电电压 u_{Co}，极性如图中所示。当 C_o上的充电电压上升至 $u_{Co}=\frac{1}{2}V_{CC}$时，对于 V_1来说，($V_B=V_E$ $V_E=V_{Co}$)，V_1失去正偏电压，由导通变为截止。$V_{CE1}=V_{CC}-V_{Co}=V_{CC}-1/2V_{CC}=1/2V_{CC}=V_{CC1}$。由于 V_{Co}的极性与 V_{CC}的极性为反向串联，$V_{EC2}=V_{Co}=1/2V_{CC}$。由于每管的工作电压均为 $1/2V_{CC}$，这给互补推挽电路的对称工作提供了必要的条件，这是通过 C_o的充电电压代替了原来的一组电源 V_{CC2}而得到的。

OTL电路两互补管发射极的连接点(图中A点)称为OTL电路的中点。该点电压V_A则称为OTL电路的中点电压,且C_o充电结束后,$V_A=V_{Co}=\frac{1}{2}V_{CC}$。这是OTL电路的一个重要参数,它决定了两个互补管的工作电压是否对称,能否处于最佳工作状态。

下面分析动态时的工作情况。假设在互补管的基极输入信号u_i,也就是在基极已有电压$\frac{1}{2}V_{CC}$的基础上再叠加u_i。当u_i为正半周时,互补管基极电位上升,V_1(NPN管)导通,产生电流i_{C1},其路径为:V_{CC}正极→V_1管C极→V_1管E极→C_o→R_L→V_{CC}负极。该电流流过负载R_L,在负载上得到放大后的正半周输出信号电压。此时,V_2仍处于截止状态。同理,当输入信号是负半周时,互补管基极电位下降,V_1截止而V_2(PNP管)导通,C_o所储存的能量通过V_2向负载R_L放电,产生电流i_{C2},其路径为:C_o正极→V_2管E极→V_2管C极→R_L→C_o负极。该电流流过负载R_L,从而得到负半周信号的输出。

V_1、V_2分别在输入信号的作用下,轮流导通和截止,使电路处于推挽状态。C_o则分别工作在充电(V_1导通)和放电(V_2导通)的状态。由于充、放电的时间很短,且C_o的容量很大,所以在工作过程中,C_o上的电压基本保持不变。C_o的选择往往与负载R_L的阻抗和放大器的下限工作频率有关,一般要求

$$C_o \geqslant \frac{1}{2\pi f_L R_L} \tag{5.3.1}$$

当放大器的级数增多时,由于各级对低频的衰减增加,所以C_o还要取大一些,通常取470~2000 μF。

(2)中点电压的控制

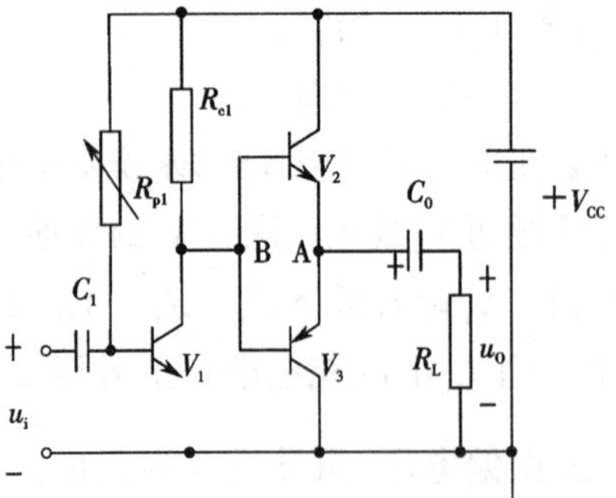

图5.3.3　中点电压的控制

实际电路中,互补管的基极偏压可以由前置推动管(又称激励管)提供,如图5.3.3所示V_1管,只要调整V_1的静态工作点,使$V_{C1}=1/2V_{CC}$。由于V_1管与互补管是直接耦合的,即互补管的基极电位V_B也为$1/2V_{CC}$。根据V_B与V_{Co}和中点电压V_A的关系可知,此时中点电压V_A也为$1/2V_{CC}$。这样,中点电压的高低就转为由推动管的工作状态(直流工作点)来控制,只要适当改变V_1的工作点,总可以使$V_{C1}=1/2V_{CC}$而满足中点电压的要求。此时,对于推动级V_1本身来说,由于$V_{C1}=1/2V_{CC}$,其工作点也正好落在其直流负载线的中点,处于最佳的工作状态,输出最大的

激励电压。所以,OTL 电路的中点电压一经调准以后,推动级和互补级的工作状态也就决定了。

若中点电压不正确,除了推动级的工作状态受影响外,还使互补管的工作电压出现不对称现象,一管工作电压高而另一管工作电压低,从而使两管的输出信号一大一小,产生不对称失真。

3.功率参数的计算及三极管的选择

上述单电源乙类互补对称电路的工作情况与变压器耦合乙类推挽电路的工作情况是相对应的,所不同的是前者负载直接接在发射极,而后者是经变压器变换后折算到功放管的输出回路中,因此,每个功放管的集、射电压变为 $1/2V_{CC}$,在计算时可将公式(5.2.10)~(5.2.17)中的"V_{CC}"以"$1/2V_{CC}$"代换,R'_L 改为 R_L。

功率放大器对晶体管的要求:三极管的最大允许功耗 $P_{CM} > 0.2P_{OM}$,发射极反向击穿电压 $U_{(BR)CEO} > V_{CC}$,最大允许电流 $I_{CM} > V_{CC}/2R_L$。

【例 5.3.1】 单电源乙类互补对称 OTL 电路如图 5.3.4 所示。已知 $V_{CC} = 12$ V, $R_L = 8\ \Omega$, u_i为正弦交流电压。

(1)求 $U_{CES} \approx 0$ 的情况下,负载上可能得到的最大输出功率 $P_{o(max)}$、效率 η 和管耗 P_C。

(2)求三极管必须满足的条件。

(3)在负载电阻不变的情况下,如果要求 $P_{o(max)} = 9$ W,试问 V_{CC} 至少应为多大?

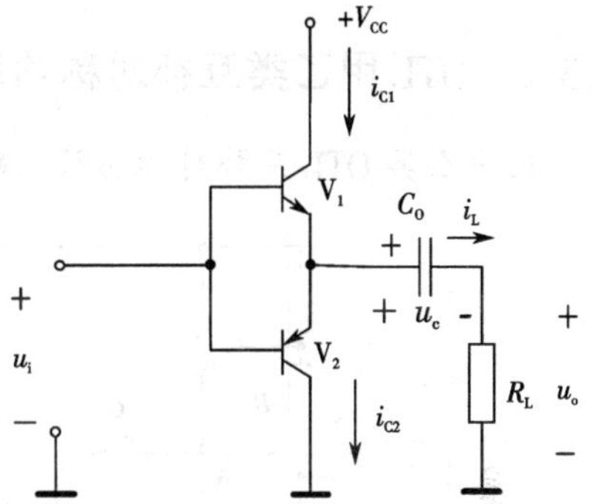

图 5.3.4　【例 5.3.1】的电路

解:

(1)将公式(5.2.11)~(5.2.17)中的"V_{CC}"以"$1/2V_{CC}$"代换,R'_L 改为 R_L后得最大输出功率为

$$P_{o(max)} = \frac{1}{2}\frac{\left(\frac{1}{2}V_{CC}\right)^2}{R_L} = \frac{1}{8}\frac{V_{CC}^2}{R_L} = \frac{1}{8} \times \frac{(12)^2}{8} = 2.25\ \text{W}$$

此时电源供给的功率

$$P_V = \frac{2}{\pi}\frac{V_{CC}}{2}I_{CM} = \frac{2}{\pi}\left(\frac{V_{CC}}{2}\right)\frac{\left(\frac{1}{2}V_{CC}\right)}{R_L} = \frac{V_{CC}^2}{2\pi R_L} = \frac{(12)^2}{2\pi \times 8} = 2.86\ \text{W}$$

效率最大值

$$\eta_{(max)} = \frac{P_{o(max)}}{P_V} = \frac{\frac{1}{8}\frac{V_{CC}^2}{R_L}}{\frac{V_{CC}^2}{2\pi R_L}} = \frac{\pi}{4} \approx 78.5\%$$

管耗

$$P_C = P_V - P_{o(max)} = 2.86 - 2.25 = 0.61\ W$$

每管管耗

$$P_{C1} = P_{C2} = \frac{1}{2}P_C = 0.305\ W$$

(2)三极管 V_1、V_2必须满足以下条件

$$P_{CM} > P_{C1} = 0.2P_{o(max)} = 0.45\ W$$

$$U_{(BR)CEO} > V_{CC} = 12\ V$$

$$I_{CM} > \frac{V_{CC}}{2R_L} = \frac{12}{2\times 8} = 0.75\ A$$

(3)已知 $R_L = 8\ \Omega$,要求 $P_{o(max)} = 9\ W$,$P_{o(max)} = \frac{1}{8}\frac{V_{CC}^2}{R_L}$,则

$$V_{CC} = \sqrt{8R_L P_{o(max)}} = \sqrt{8\times 8\times 9} = 24\ V$$

5.3.2　OTL 甲乙类互补对称功率放大电路

1.甲乙类 OTL 互补对称功放电路及工作原理

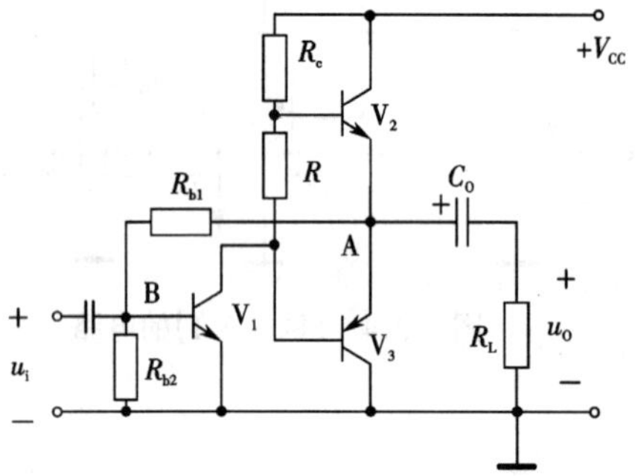

图 5.3.5　单电源甲乙类互补对称 OTL 功放电路

在图 5.3.3 中,互补管 V_2、V_3均处于零偏状态。由于晶体管输入特性的死区和起始部分的非线性,将使功放电路出现交越失真。要克服这种现象,必须预先为互补管加上一定的正偏电压,即 V_2(NPN 管)的基极电位应比中点 A 点电位稍高,而 V_3(PNP 管)的基极电位应比中点 A 点电位稍低,使互补管有一合适的静态电流,从而把功放级的工作点移出死区和非线性的影响范围,一般在 V_2、V_3的基极接入偏置电阻,如图 5.3.5 所示电阻 R,该电阻同时也是集电极负载电阻的一部分。当 I_{C1}流过电阻 R 时,将产生压降 $V_R = I_{C1}R$,V_R就作为 V_2、V_3的偏置电压。它们的关系是 $V_R = V_{BE2} + V_{EB3}$,且 R 越大,V_R越大,两管的偏置电压也越高,静态电流随之增大。所以只要调节 R 的大小,就可以使两功放管得到适当的 I_C,该值一般为十至几十毫安。为了稳定中点电压,一般将推动管 V_1的上偏置电阻 R_{b1}直接接在 V_2、V_3的射极,即电路的输出中点 A 点。这时,通过 R_{b1}的作用,从 A 点到 V_1管的基极引入交、直流负反馈,不仅使工作点稳定性提高,还可稳定输出电压。

当输入信号 u_i为负半周正弦交流信号,经 V_1放大由集电极反相输出,使 V_2管导

通，u_o输出放大的正半周信号；当输入信号 u_i为正半周正弦交流信号，经 V_1放大由集电极反相输出，使 V_3管导通，u_o输出放大的负半周信号。因此，在负载 R_L上可获得完整的正弦交流信号。

2. 具有自举电路的 OTL 电路

在图 5.3.5 所示的 OTL 电路中，在输入信号 u_i的正半周，假设 V_1电流增大至充分导通，其集电极电位迅速下降为零，则 V_3充分导通，使输出中点电位 $V_A \approx 0$。而在 u_i的负半周，V_1电流减小至充分截止，其集电极电位迅速上升，V_2导通，这时中点 A 的电位 V_A上升。若 V_2能充分导通，V_A就有可能达到 V_{CC}，但是 V_2的导通要求有足够的 I_{B2}，而 I_{B2}流经电阻 R_c，在其上必然产生不可忽略的压降。于是，V_2的基极电压始终低于电源电压 V_{CC}。而中点电压（V_2的发射极）又要比基极电压低一个结电压 V_{BE2}，因而，V_2在工作过程中由于受到 R_c和 V_{BE2}的限制，不可能达到充分导通状态，即中点电压 V_A不可能达到 V_{CC}。这样，最终导致 OTL 功放电路输出电压一边大一边小，产生不对称失真，使不失真输出功率受到限制。

用一组比 V_{CC}电压高的电源对推动级 V_1供电，而对 V_2、V_3的供电不变。这样，由于 V_1的供电电压高，在工作过程中，V_2的基极电压就有可能高于 V_{CC}，从而使 V_2充分导通，使中点电位 $V_A \approx V_{CC}$。但这种电路必须用两组电源，所以通常采用另一种方法，即加入 R_1、C_1组成的自举电路，如图 5.3.6 所示。

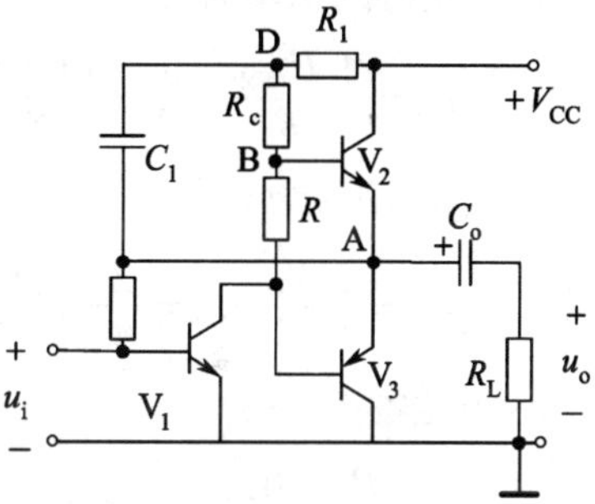

图 5.3.6　具有自举电路的 OTL 电路

静态时，中点电位 $V_A = 1/2V_{CC}$，而 D 点电位 $V_D = V_{CC} - I_{C1}R_1$。由于 R_1阻值较小，所以近似地认为 $V_D \approx V_{CC}$。由于自举电容 C_1接于 D、A 两点之间，且 D 点电位比 A 点高，所以 C_1充电电压 $V_{C1} \approx 1/2V_{CC}$，极性为上正下负。这时也可认为 D 点电位 V_D是中点电位 V_A叠加了电容 C_1上的电压 V_{C1}，即 $V_D = V_A + V_{C1} \approx 1/2V_{CC} + 1/2V_{CC} = V_{CC}$。

动态时，随着 V_2管的导通，中点电位 u_A向 V_{CC}上升。这时，由于自举电容两端的电压 V_{C1}不能突变，因而随着 A 点电位的上升，使得 D 点的电位瞬间被举高，即 $u_D = u_A + V_{C1} = V_{CC} + 1/2V_{CC} = 3/2V_{CC}$。D 点电位 u_D高于电源 V_{CC}，就相当于在 D 点接了一个高压电源。这样高的电压足以补偿 R_C上的电压损失，使 V_2进入充分导通状态。这时 V_2的基极电流不是由 V_{CC}提供，而是由 C_1充电所储存的电荷来供给，从而使中点 A 的电位达到 V_{CC}。

正是由于这种电路能自动地把 D 点电位提升起来，所以称为“自举电路”。此外，电阻 R_1将 D 点电位与 V_{CC}电源隔离开来，提供一个让 D 点电位自动提升的条件。

若电路中取消 R_1,即 R_1阻值为零,则 D 点电位不但不能提升,且输出端 A 点被 C_1交流短路。加入自举电路以后,OTL 互补功放电路的上、下两管子都可以进入最佳工作状态,从而使电路达到最大输出值。

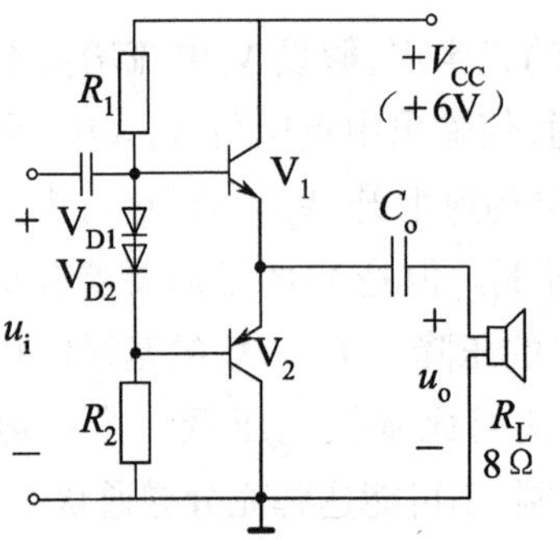

图 5.3.7 【例 5.3.1】的电路

【例 5.3.1】 单电源甲乙类功率放大电路如图 5.3.7 所示,不计功率管的饱和压降,流过负载电阻 R_L的电流是 0.2 sinωt(A),试求:

(1)喇叭获得的功率 P_o。

(2)电源提供的功率 P_V。

(3)此时电路的效率 η。

(4)功放能输出的最大功率 $P_{o(max)}$。

解:

(1)输出峰值电压为

$$U_{CEM}=U_{om}=I_{om}R_L=0.2\times 8=1.6\ \text{V}$$

喇叭获得的功率为

$$P_o=\frac{1}{2}\frac{U_{CEM}^2}{R_L}=\frac{1}{2}\times\frac{(1.6)^2}{8}=0.16\ \text{W}$$

(2)电源功率为

$$P_V=\frac{2}{\pi}\frac{V_{CC}}{2}I_{CM}=\frac{2}{\pi}\frac{V_{CC}}{2}\frac{U_{CEM}}{R_L}=\frac{2}{\pi}\times\frac{6}{2}\times\frac{1.6}{8}=0.38\ \text{W}$$

(3)电路的效率为

$$\eta=\frac{P_o}{P_V}=\frac{0.16}{0.38}\times 100\%=42\%$$

(4)功放能输出的最大功率为

$$P_{o(max)}=\frac{1}{2}\frac{\left(\frac{V_{CC}}{2}\right)^2}{R_L}=\frac{1}{2}\times\frac{1}{8}\times\left(\frac{6}{2}\right)^2=0.56\ \text{W}$$

3.互补管的复合连接

由于 OTL 电路的互补功放级需要有一对异极性的大电流、高耐压的大功率管才能满足要求,而且推动级必须要输出较大的激励电流,才能产生足够的输出功率。在实际电路中两个大功率管的类型不同,特性难求一致,所以常采用复合管来替代,从而组成了 OTL 的互补复合式功放电路。

图 5.3.8(a)是小功率的 NPN 管 V_1与大功率的 NPN 管 V_2复合,设管子的 $i_E\approx i_C=\beta i_B$。当 V_1的基极输入电流 i_{B1}时,则发射极电流为 βi_{B1},它又是 V_2的基极电流,经 V_2放大后,产生的集电极电流为 $\beta_1\beta_2 i_{B1}$,方向如图所示。因为复合后对外电路来说还是三个端子,因而它可以等效为一个 NPN 型三极管,且复合管的 β 为

$$\beta = \frac{i_C}{i_B} = \frac{\beta_1 \beta_2 i_{B1}}{i_{B1}} = \beta_1 \beta_2 \tag{5.3.2}$$

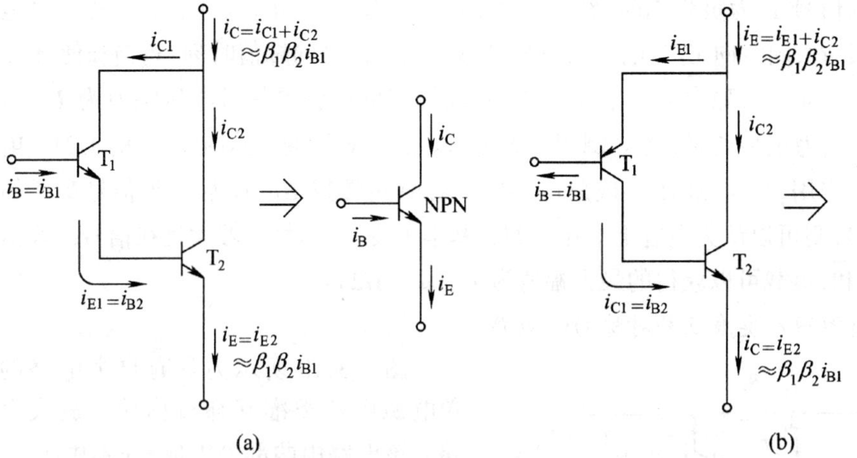

图 5.3.8　复合管的连接方法和等效管型

(a)NPN 型与 NPN 型复合；(b)PNP 型与 NPN 型复合

图 5.3.8(b)是 PNP 型小功率管 V_1 和 NPN 型大功率管 V_2 复合。设 V_1 的基极电流为 i_{B1}，V_1 的集电极电流 $\beta_1 i_{B1}$ 正好是 V_2 管的基极电流。同理可等效为一个 PNP 型的三极管，其 β 值仍为两管 β 值的乘积。

从上述复合连接方式可知，复合管的 i_B、i_C、i_E 都符合原来的极性。在复合时，第一个管子为小功率管，第二个管子为大功率管，小功率管的集电极、发射极与大功率管的基极、集电极连接。而复合管的极性由第一个管子的极性来决定。这是复合管连接的规律。

5.3.3　OTL 功率放大电路举例

1. 单电源甲乙类互补对称 OTL 电路

(1)基本电路

基本电路如图 5.3.9 所示。图中 V_1 组成前置放大级，V_2、V_3 组成互补对称功率放大电路的输出级。输出回路中，有一个大电容 C_0 与负载 R_L 串联。在静态时，只需调节 R_P 可使 A 点电位 $U_A = 1/2V_{CC}$，因此大电容 C_0 上静态电压也为 $U_C = 1/2V_{CC}$，取代了双电源功放的 $-V_{CC}$。另外，A 点电位通过 R_P、R_1 和 R_2 分压后作为 V_1 管放大电路的偏置电压。同时

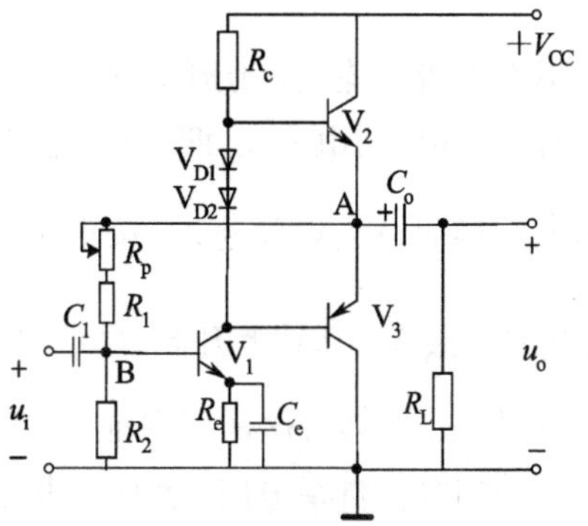

图 5.3.9　甲乙类单电源互补对称 OTL 功放电路

从 A 点到 V_1 基极引入交直流负反馈，不仅使工作点稳定性提高，还可稳定 u_o。

(2)工作原理

当输入信号 u_i 为负半周时，经 V_1 倒相放大后，使 V_3 截止，V_2 导通。这时信号电流流经负载 R_L，同时向 C_0 充电。当信号足够大且在信号的峰值时刻，V_2 饱和使 A 点动态电压接近 $+V_{CC}$，除去电容上压降 $1/2V_{CC}$ 后，使负载获得信号电压幅值为 $U_{om} \approx 1/2V_{CC}$。在 u_i 为正半周时，经 V_1 倒相放大后，V_2 截止，V_3 导通。这时 C_0 上的 $1/2V_{CC}$ 电压起电源的作用，与 V_3 和 R_L 形成放电回路。若时间常数 $R_L \cdot C_o$ 远大于信号最长的半周期 1/2T，则可以认为电容上电压 $1/2V_{CC}$ 基本不变，当信号足够大且在信号的峰值时刻，V_3 饱和，负载可以获得的最大幅值为 $U_{om} \approx -1/2V_{CC}$。

2.单电源甲乙类准互补对称 OTL 电路

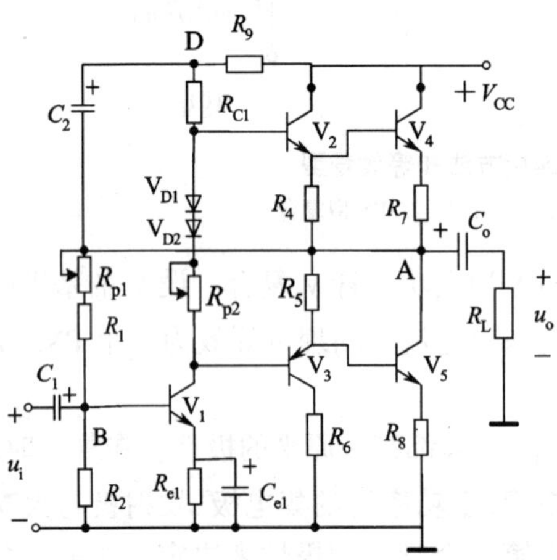

图 5.3.10　单电源甲乙类准互补对称 OTL 功率放大电路

图 5.3.10 所示为具有自举电路的单电源甲乙类准互补对称功率放大电路。该电路由两部分组成：一是由 V_1 管与集电极直流负载电阻 R_{C1} 组成共射放大电路，作为前置放大级(激励级)，其作用是将输入信号电压放大到足够大的幅度驱动功放级；二是由两组特性一致的 V_2、V_4 和 V_3、V_5 复合管组成的功放级。由于 V_4、V_5 为同类型的大功率管，故称为准互补对称功率放大电路。V_{D1}、V_{D2} 和 R_{P2} 上静态压降作为功放级偏置电压，用以消除交越失真，而其动态电阻较小，对信号电压影响不大。

R_9、C_2 组成自举电路。在静态时，若不考虑 R_9 上较小的压降，则 C_2 两端电压 $U_{C2} \approx 1/2V_{CC}$。在动态时，由于 $R_9 \cdot C_2$ 的时间常数足够大，电容 C_2 两端电压 U_{C2} 基本保持不变。当 u_i 为负半周时，V_1 集电极输出为正半周，V_2、V_4 导通，u_A 按正半周变化。由于 $u_D = U_{C2} + u_A = \frac{1}{2}V_{CC} + u_A$，随着 A 点电位在 $\frac{1}{2}V_{CC}$ 基础上升高，D 点电位也跟着升高。在 R_9 对 u_D 和电源 V_{CC} 隔离作用下，可使 $u_D > V_{CC}$，这样可保证 V_2、V_4 充分导通。忽略 R_7 小电阻上压降，$u_A \approx V_{CC}$，U_{om} 接近 $1/2V_{CC}$，“自举电路”使 D 点电压随输出电压上升而自动抬高，以增加正半周输出幅度。

图中，R_{P1} 用来调整 A 点电位，使 $U_A = 1/2V_{CC}$，R_{P2} 用来调节交越失真。电路调试后，要求 $U_A = 1/2V_{CC}$。同时使输出波形刚好消除交越失真，在调试过程中不能将

V_{D1}、V_{D2}、R_{P2}断开，否则均会使 V_4、V_5管静态电流 I_C过大，使功率管损坏。调试后，R_{P1}、R_{P2}值一般用固定电阻取代，以免电位器活动臂触点接触不良引起工作点不正常，甚至使功率管由于静态电流过大而损坏。

5.4　OCL 功率放大电路

在 OTL 功放电路中，由于接有输出电容 C_o，它在正半周信号到来时充电，在负半周时再通过负载放电，即正半周输出功率由电源直接提供，负半周输出功率由该电容提供，从而使放大器在正负半周的内阻不一致。正半周时，总内阻是放大器的输出电阻、电源内阻以及 C_o容抗之和；负半周时，总内阻只包括放大器输出电阻和 C_o容抗之和。OTL 电路一般都不采用稳压电源，电源的内阻约为几欧至十几欧，而放大器输出电阻只有 0.1～1 Ω，因而正、负半周在负载上的功率差别较大。这就增加了信号的失真，而且电源内阻越大，这种失真越严重。C_o的容抗还会使电路的低频响应变差。

为了避免输出电容 C_o对电路的不良影响，对要求较高的放大器往往采用 OCL 电路，又称直接耦合互补功率放大电路。电路采用正、负两组电源供电，省去了输出电容，使低频端信号衰减减少，其低频截止频率可以达到 10 Hz 以下，其性能指标远远超过 OTL 电路。

5.4.1　OCL 互补对称功率放大电路

OCL(OutPut Condenser Less)功放电路的基本结构如图 5.4.1 所示。该电路采用对称的正、负电源供电，V_{CC1}为 V_2供电，V_{CC2}为 V_3供电，两只互补功放管轮流工作。其工作原理与 OTL 电路工作原理相同。省去输出电容以后，OCL 电路输出的中点电位 V_A不再是 $V_{CC}/2$，而是变成 $V_A=0$。

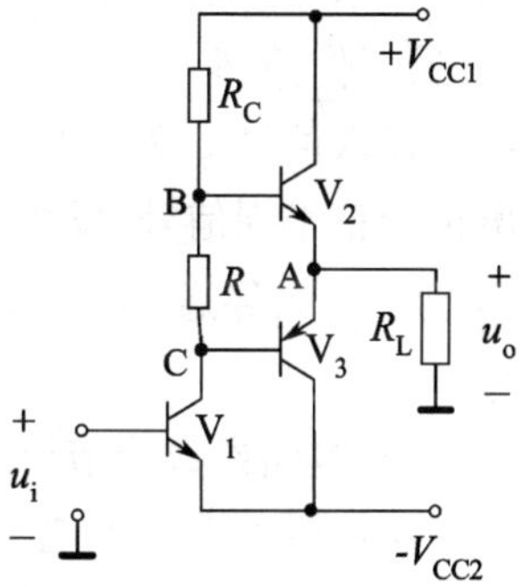

图 5.4.1　甲乙类互补对称 OCL 电路

OCL 互补功放管的直流偏置仍由两管基极间的偏置电阻 R 得到。在推动管 V_1集电极电流的作用下，该偏置电阻将产生压降 V_R。这时，B 点电位 V_B高于 V_A，C 点电位 V_C低于 V_A，使互补管得到合适的偏置。当输入信号 u_i为负半周正弦信号，则 V_1集电极输出为正半周，使 V_2管导通，u_o输出也为正半周信号；反之，当输入信号 u_i为正半周正弦信号，则 V_1集电极输出为负半周，使 V_3管导通，u_o输出也为负半周信号。因此在负载 R_L上可获得完整的正弦信号。

OCL 功放电路的输出功率与电源电压 V_{CC1}、V_{CC2}和负载电阻 R_L的关系为

$$P_{max}=\frac{V_{CC1}^2}{2R_L}=\frac{V_{CC2}^2}{2R_L}$$

其中，V_{CC1}（V_{CC2}）为每侧电源电压值。若以 $V_{CC}=V_{CC1}+V_{CC2}$，$V_{CC1}=1/2V_{CC}$表示，其输出功率则与 OTL 功放电路完全一样。

5.4.2　OCL 功率放大电路举例

1.双电源甲乙类准互补 OCL 电路

(1)基本电路

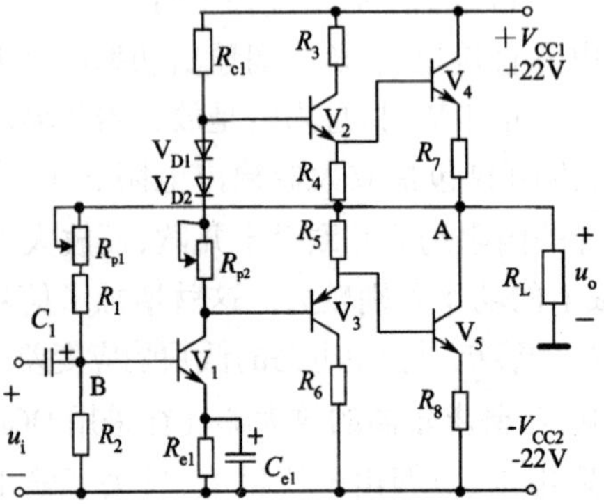

图 5.4.2　双电源甲乙类准互补 OCL 电路

如图 5.4.2 所示，电路由两部分组成：一是由 V_1管与集电极直流负载电阻 R_{c1}组成共射放大电路，作为前置放大级（激励级），其作用是将输入信号电压放大到足够大的幅度驱动功放级；二是由两组特性一致的 V_2、V_4和 V_3、V_5复合管组成的准互补对称功率放大电路。V_{D1}、V_{D2}、R_{P2}上的静态压降作为功放级偏置电压，用以消除交越失真，而其动态电阻较小，对信号电压影响不大。电阻 $R_3\sim R_6$使上下两半电路对称，此外 R_4、R_5还可建立合适工作点。R_7、R_8具有电流负反馈作用，以改善功放级的性能。

(2)工作原理

当输入信号 u_i为负半周正弦信号，则 V_1集电极输出为正半周，使 V_2、V_4导通，u_o输出也为正半周信号；反之，当输入信号 u_i为正半周正弦信号，则 V_1集电极输出为负半周，使 V_3、V_5导通，u_o输出也为负半周信号。因此，在负载 R_L上可获得完整的正弦信号。

(3)对电路参数调节要求

在功放级上下两半电路特性对称的情况下，接上电源后，中点 A 的静态电位 $U_A=0$ V。如果不为零，可调节 R_{P1}使 $U_A=0$ V。而 R_{P2}用来调节在加入信号后刚好不产生交越失真。一般 R_{P1}、R_{P2}需要反复调节，才能使 U_A为零而又刚好不失真。

2.具有差动放大电路的 OCL 电路

由于 OCL 电路各级晶体管间均采用直接耦合。温度的变化、电源电压的波动，都会产生零点漂移现象，使 OCL 电路输出的中点偏离零电位。为了克服零点漂移，往往在前级用温度稳定性极好的差动（差分）放大电路来克服零点漂移，稳定电路的中点电压，确保中点为直流零电位。

(1)电路组成及基本原理

图 5.4.3 所示为带有差动输入电路的 OCL 功放电路。V_4、V_5及 $R_1\sim R_4$组成差动电路，是一个单端输入、单端输出电路。要求两只晶体管的特性参数对称，其本身的

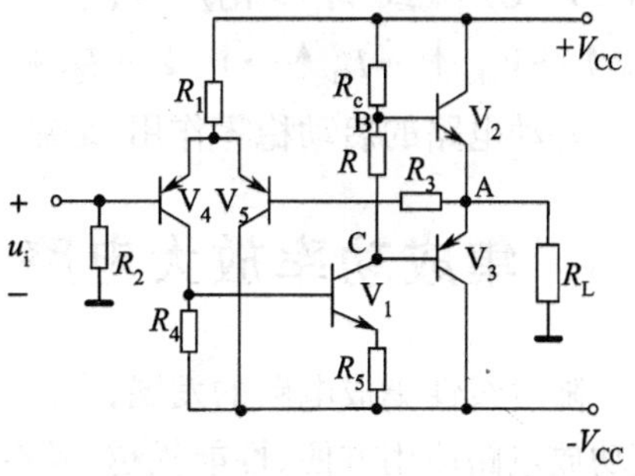

图 5.4.3　有差动输入电路的 OCL 功放电路

工作点通过基极所接的两只偏置电阻 R_2 和 R_3 来确定。电阻 R_2 和 R_3 数值相等，一只接至公共端(零电位)，另一只接到功放输出的中点 A。在电路正常情况下，$V_A=0$。R_4 既是 V_4 的集电极负载电阻，又是 V_1 的偏置电阻，其压降 V_{R4} 作为 V_1 的偏置电压。V_5 集电极不接电阻，并不影响它的集电极电流 I_{C5} 的大小，因为它的集电极电流是由它的基极电流 I_{B5} 所决定的。

差动电路工作点的稳定是靠发射极公用电阻 R_1 的电流反馈作用来完成的，假如温度升高，使得 I_{C4}、I_{C5} 同时增加，则流过 R_1 的 $2I_C$ 也增大，两管的发射极电位就下降。从而使两管的 I_B 减小，I_C 也减小。稳定了工作点，其工作过程如下：

$$I_{C4}、I_{C5}\uparrow\rightarrow V_{R1}\uparrow\rightarrow V_{BE4}、V_{EB5}\downarrow\rightarrow I_{C4}、I_{C5}\downarrow$$

差动电路本身必须具有极好的温度稳定性，才能对 OCL 电路的输出中点起到良好的克服零漂作用。这就要求差动管的特性(I_{CEO}、β 及输入特性)对称一致。一般是在 $I_C\approx 1$ mA 条件下配置 β，并观察输入特性是否一致；至于 I_{CEO}，对于硅管来说，I_{CEO} 一般很小，不是主要问题。在要求高的场合，一般采用一种差动电路专用的差分对管，它的结构是把两只特性相同的晶体管装于同一个管壳里，使其各项参数均能对称。

(2)OCL 电路输出中点电压的稳定

在图 5.4.3 所示电路中，设电路已调试至正常工作状态，在使用中由于温度的变化或电源的波动引起中点 A 的电位发生漂移。例如，当 V_2 基极输入的电流增大时，相当于 r_{ce2} 变小，在它上面的分压就小，因而 A 点电位上升。这时，如能设法使 V_2 的基极电流减小，或使 V_3 的基极电流增大，或者两种方式同时进行，使得 r_{ce2} 和 r_{ce3} 一样，分压相等，A 点就自动恢复到零位。这个作用过程是靠差动放大电路来完成的。

若 A 点电位上升，经过 R_3 使 V_5 的基极电位上升，其发射极电流 I_{E5} 减小，使射极电位 V_E 因 R_1 上压降减小而上升。V_E 的上升，对 V_4 来说，可使其偏置电压 V_{BE4} 增大，使电流 I_{C4} 增大。只要 R_1 足够大，差动电流 I_{E5} 的减小量与 I_{C4} 的增加量的差值就很小，因而，整个差动电路的总 I_E 基本不变，使得差动电路能稳定地正常工作。随着 V_E 的上升，I_{C4} 增大，使得 V_4 的集电极电位即 V_1 的基极电位上升，I_{C1} 增大，V_{C1} 下降。V_{C1} 的下降使 V_2 基极电位下降，基极电流减小。同时，V_3 基极电位下降，基极电流增加，使 V_2、V_3 的内阻发生相应的变化，中点 A 点电压下降而保持零电位。其作用过程如下：

$T(^\circ C)\uparrow$(或 V_{CC}变化)$\rightarrow V_A\uparrow\rightarrow V_{B5}\downarrow V_{EB5}\downarrow\rightarrow I_{E5}\downarrow\rightarrow V_{R1}\downarrow\rightarrow V_{EB4}\uparrow\rightarrow I_{C4}\uparrow\rightarrow V_{R4}\uparrow\rightarrow V_{BE1}\uparrow\rightarrow I_{C1}\uparrow\rightarrow V_B\downarrow\rightarrow I_{C2}\downarrow\rightarrow r_{ce2}\uparrow\rightarrow V_{CE2}\uparrow\rightarrow V_A\downarrow$

差动电路的启动稳零作用,是靠它的直流负反馈来完成的。

5.5 集成功率放大电路

随着线性集成电路的发展,专用集成功率放大电路的应用也日益广泛。由于集成功放电路使用方便、性能优越、成本低,因而被广泛应用于多种电路的功率输出部分。

1.单片集成功率放大电路

LM386 是一种通用型集成功率放大器,它因具有频带宽(可达 300 kHz)、功耗低(静态电流约 0.4 mA)、适用的电源范围广(5 ~ 18 V 或更高)、外接元件简单和总谐波失真小等优点,而广泛应用于音响设备、对讲设备、信号发生器等。

LM386 内部电路如图 5.5.1 所示,它与通用型集成运放相类似,是一个三级放大电路。

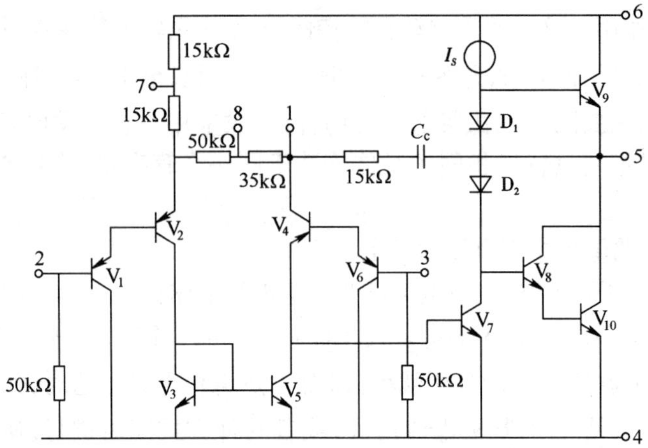

图 5.5.1 LM386 的内部电路

输入级由 V_2、V_4 组成双端输入单端输出差分放大电路,V_3、V_5 是其恒流源负载,V_1、V_6 是为了提高输入电阻而设置的输入端射极跟随器,R_1、R_7 为偏置电阻,该级的输出取自 V_4、V_5 的集电极。R_5 是差分放大电路的发射极负反馈电阻,管脚 1、8 开路时,负反馈最强,整个电路的电压放大倍数为 20,若在 1、8 间外接旁路电容,使 R_5 两端的交流电压短路,可使电压放大倍提高到 200。

中间级是本集成功放的主要增益级,它由 V_7 和其集电极恒流源(I_o)负载构成共发射极放大电路,作为驱动极。

输出级由 V_8、V_{10}复合构成的 PNP 管与 NPN 管 V_9 组成准互补对称功放电路，二极管 V_{11}、V_{12}为 V_8、V_9 提供静态偏置，以消除交越失真，R_6 是级间电压串联负反馈电阻。

LM386 的外形和引脚排列如图 5.5.2 所示。引脚 2 为反相输入端，引脚 3 为同相输入端；引脚 5 为输出端；引脚 6 和引脚 4 分别为电源和地；引脚 1 和引脚 8 为电压增益设定端；使用时在引脚 7 和地之间接旁路电容，通常取 10 μF。

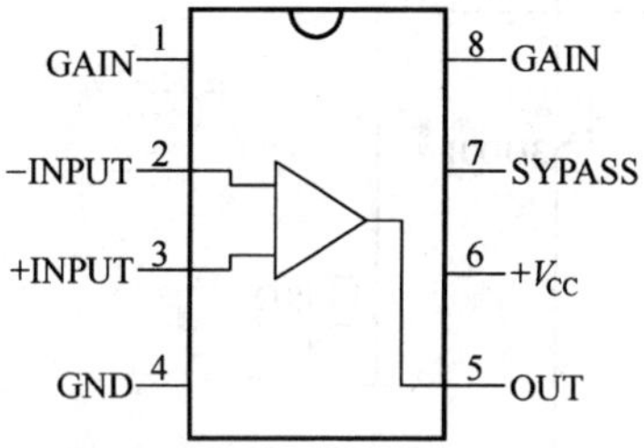

图 5.5.2　LM386 顶视图

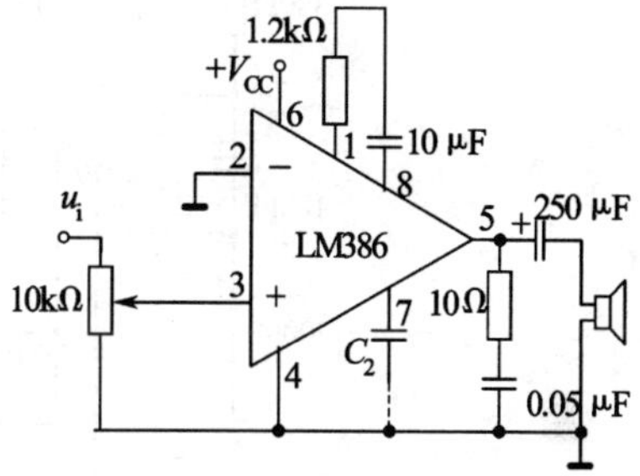

图 5.5.3　LM386 的典型应用电路

图 5.5.3 和图 5.5.4 所示为 LM386 的应用电路和封装形式（双列直插）。

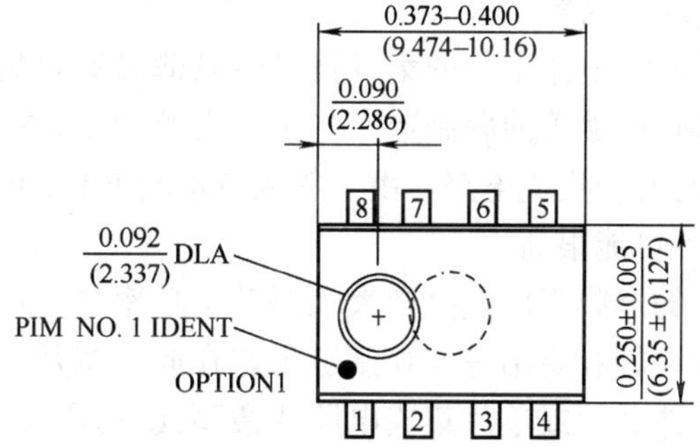

图 5.5.4　LM386 的封装

2. 外接功放管的集成功率放大电路

外接功放管的集成功率放大电路又称功率驱动器，该类集成电路内部没有集成功率管，避免了集成功率放大器的输出功率大、散热面积小的矛盾，通过选择不同型号的外接功率管和散热装置，就可获得不同的输出功率。

SF404 是一种典型的功率管外接的集成功放电路，若电源电压 12 V，在负载上可得到大于 3 W 的功率；若电源电压使用 24 V，则 4 Ω 负载上可得到 6 ~ 12 W 的功率。输出 0.5 W 时，失真率小于 2%，频响为 30 ~ 20 000 Hz。图 5.5.5 所示为用 SF404 接成 OCL 电路的原理图，跨接在 11 脚与 12 脚之间的电位器用于调节偏置电流，以消除交越失真，R_{17}和 R_{18}为反馈网络，使电路接成电压串联负反馈。因此，放大器的闭环电压放大倍数取决于这两个电阻之比值，该电路的电压放大倍数为 100 倍（40 dB）。

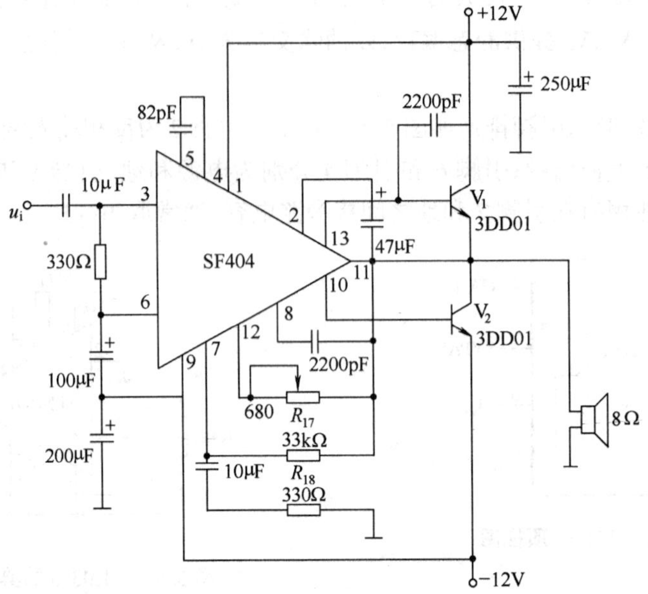

图 5.5.5　接成 OCL 形式的功率驱动器

3.厚膜集成功率放大电路

以上介绍的功率放大电路采用的集成技术叫做薄膜混合集成技术，是指在同一个基片上用蒸发、溅射、电镀等薄膜制造工艺制成无源网路，并组装上分立的微型元器件，外加封装而成的混合集成电路。由于集成技术的限制，单片功率放大器输出电流较小，输出功率也不可能很高。

近年来发展起来的厚膜集成电路则大大提升了功率放大电路的性能，厚膜混合集成电路是指用丝网印刷和烧结等厚膜制造工艺在同一基片上制作无源网络，并在其上组装分立的半导体芯片或单片集成电路或微型元件，再外加封装而成的混合集成电路。由于采用丝网印刷和烧结工艺，电路元器件的电流和耗散功率都有了大幅度提高，与传统的薄膜集成电路相比，厚膜集成电路的输出功率有了质的飞跃。

4.使用集成功率放大电路应注意的问题

使用集成功率放大电路应注意以下几个问题。

①由于集成功率放大电路输出功率较大，必须考虑集成功放的散热问题，防止由于热阻太高造成集成电路损坏。

②一般集成功放的输出电流较大，在特定的情况下会产生自激振荡，因此在设计电路板时要特别注意负载回路、输出补偿回路、输入和反馈回路的接地问题。

③设计放大器时，要注意电源电压，要考虑电网上电压波动的影响，最高电压不能超过集成功放电路的安全上限，也要考虑到满负荷输出时电压、电流的合理分布。

技能训练五:互补对称功率放大器

一、训练目的

1.学习安装和调试互补功率放大器的方法。

2.进一步熟悉测量功率放大器的最大输出功率、功率及失真度等参数的方法。

3.了解自举电路的原理以及对改善互补功率放大器性能所起的作用。

4.了解实验电路对声音信号的放大作用。

二、仪器与材料

1.仪器,包括双踪示波器、低频信号发生器、晶体管毫伏表、直流稳压电源、万用表、收录机各 1 台。

2.元器件,包括三极管 9014 3 只,电阻 5.1 kΩ、8 Ω、150 Ω、680 Ω 各 1 只,51 Ω 电阻 2 只,4.7 kΩ 电位器 1 只,电解电容 100 μF/16 V 3 只,电解电容 10 μF/16 V 2 只。

三、预习要求

1.基本电路及工作原理

基本的互补对称功率放大电路如图 5.1 所示。当有一个正弦信号 u_i输入时,在信号的负半周,信号经 V_1管反向放大后加到 V_2管和 V_3管的基极,使 V_2管导通、V_3管截止。电源 V_{CC}通过 V_2管和 R_L给电容 C_L充电,从而在负载电阻 R_L上形成输出电压波形 u_o的正半周。

在输入信号 u_i的正半周,u_i经 V_1管反向放大后,使 V_3管导通、V_2管截止。电容 C_3通过 V_3和 R_3放电,在负载电阻 R_L上形成输出电压波形 u_o的负半周。当输入电压连续变化时,V_2、V_3交替工作,在负载上得到完整的正弦波。

2.自举电路的引入

图 5.2 所示电路在理想情况下 B 点的直流电位为 $V_{CC}/2$。实际上,电路的输出达不到这个值。这是因为,当 V_2导通时,随着 u_i的变化,B 点电位逐渐向 V_{CC}接近,V_2的基极电流也要增加。但是,由于 R_c上电压和 V_{be2}的存在,当 B 点电位向 V_{CC}接近时,V_2管的基极电流不能增加很多,因此就限制了 V_2管流向负载的电流,无法使负载两端的电压达 $V_{CC}/2$ 的幅度,而只能达到 $V_{Om} = V_{CC}/2 - R_c i_R - V_{be2}$。因此,实际的互补功率放大电路需要引入所谓的“自举”电路,以扩大输出电压的幅度。

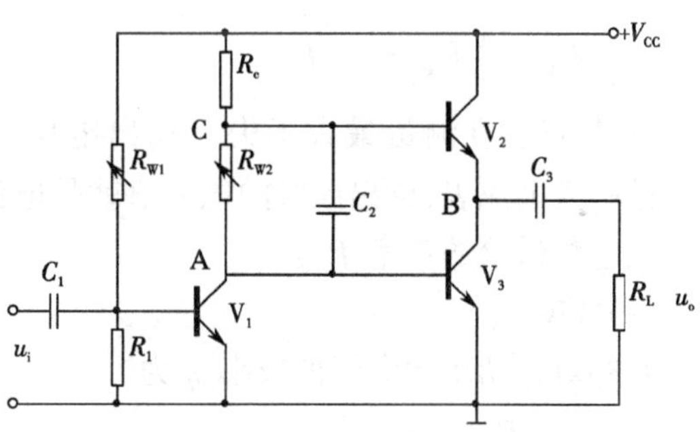

图 5.1　互补对称功率放大器原理图

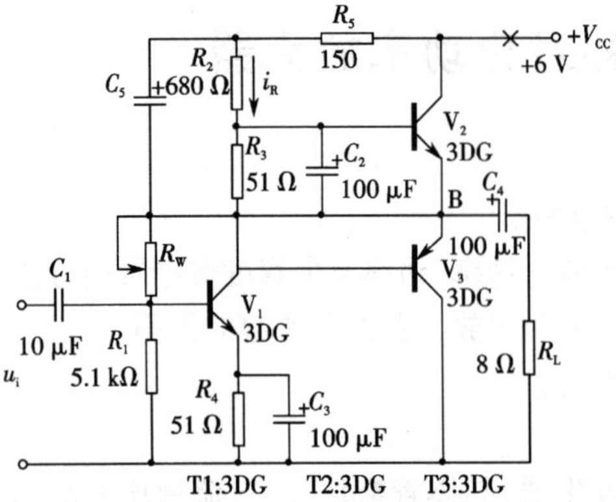

图 5.2　互补对称功率放大器实验电路

实际的实验电路如图 5.2 所示。图中，C_5、R_5 为自举电路。静态时，B 点电位 $V_B = V_{CC}/2$，D 点电位 $V_D = V_{CC} - i_R R_5$，电容 C_5 两端电压 $V_{c5} = V_D - V_B = V_{CC}/2 - i_R R_5$。这样，当 V_2 管导通时，V_B 由 $V_{CC}/2$ 向正的方向变化时，V_D 随之自动增加，从而能给管 V_2 提供足够的基极电流，使输出电压的幅度增加。同时，由于 V_1 管的直流偏置电阻 R_W 与 B 点相连，由此引入的直流负反馈稳定了晶体管 V_1 的工作点。

3. 几项主要指标及其测量方法

(1)最大输出功率 P_{om}

在理想情况下，互补对称功率放大器的最大输出功率为

$$P_{om} = \frac{V_{CC}^2}{8R_L} = \frac{V_o^2}{R_L} \tag{5.8}$$

测量方法：给放大器输入频率 1 kHz 的正弦信号，用示波器观察输出电压波形并用毫伏表测量输出电压的有效值。逐渐增大输入电压幅值，用示波器观察输出波形，直至输出波形达到临界削波时，读出此时毫伏表的读数 V_o，即为该电路最大不失真输出电压有效值。根据式(5.8)可求出最大输出功率 P_{om}。

(2)电源供给的功率 P_V

互补对称功率放大器电源供给的功率 P_V 为

$$P_V = \frac{\pi}{4} P_{om} = V_{CC} I \tag{5.9}$$

测量方法：在测量最大不失真输出电压 V_o 的同时，在电源回路即图 5.2 中打“×”处串入电流表，读出此时的电流值就是电源输出的平均电流 I。根据式(5.9)可计算出电源供给的功率 P_V。

(3)效率 η

互补对称功率放大器的效率 η 为

$$\eta = \frac{P_{om}}{P_V} \tag{5.10}$$

根据上面已求出的 P_{om} 和 P_V，可计算放大器最大不失真输出时的效率。

(4)晶体管的管耗 P_C 为

$$P_C = P_V - P_{om} \tag{5.11}$$

根据上面已求出的 P_V 和 P_{om} 值，可求出功放管的管耗 P_c。

四、训练内容及步骤

1.对照图 5.2 检查实验电路板。电路无误后,接通电源。

2.调整静态工作点,在静态情况下,调节电位器 R_W,使 B 点的电位 $V_B = V_{CC}/2$。

3.测量有关参数。根据最大输出功率 P_{om}和电源供给功率 P_V的测量方法,测量出实际的实验电路在最大不失真输出时的输出电压 V_o、电源平均电流 I、电源电压 V_{CC}。并分别根据公式(5.8)、(5.9)、(5.10)、(5.11)求出该实验电路的最大输出功率 P_{om}、电源供给的功率 P_V、效率 η、晶体管的管耗 P_C,将测量结果填入表 5.4 中。

表 5.4

V_o(V)	I(mA)	V_{CC}(V)	P_{om}	P_V	η	P_C

4.观察自举电路的作用。将电容 C_5从 D 点断开,这时电路没有自举作用。重复上面第 3 步的内容,测量无自举功能的互补对称功率放大器的最大不失真输出电压 V_{om}。计算最大不失真输出功率 P'_{om},与有自举功能的实际电路相比较,从而理解自举电路的作用,将测量结果填入表 5.5 中。

表 5.5

V_o(V)	I(mA)	V_{cc}(V)	P'_{om}

5.检验对声音信号的放大作用。将电容 C_5接入电路,电路恢复正常。将 8 Ω 的负载电阻 R_L换成阻抗为 8 Ω 的扬声器。用收录机代替信号发生器。从收录机的前置放大级输出一个音频信号,加到功率放大电路的输入端。利用收录机播放电台或磁带上的节目信号,试听从放大器的扬声器中播放出来的信号。

五、训练报告要求

1.整理实验数据,计算有关参数。

2.比较有自举功能和无自举功能时电路的最大输出电压,简述你对自举电路功能的理解。

习题五

5.1 功率放大器有何特点?对其有何基本要求?

5.2　试分析题图 5.1 所示复合管中哪些接法是合理的，并为合理的接法画出等效管子的类型。

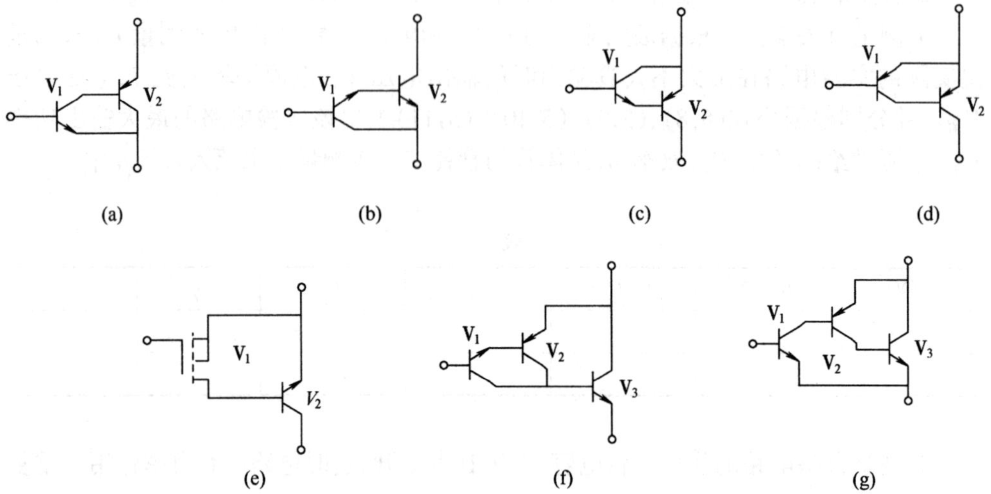

题图 5.1

5.3　变压器耦合输入、输出的推挽功率放大电路如题图 5.2 所示，设三极管 $U_{CES}=0\ \text{V}$，$I_{CEO}\approx 0\ \text{A}$，$R_e$上的压降可以忽略不计，输出变压器的效率 $\eta_T=1$，匝数比 $n=\dfrac{N_1}{N_2}=2$。试求：

(1)负载电阻 R_L上所能得到的最大功率 $P_{o(max)}$。

(2)电源供给的功率 P_V(不考虑偏置电阻上的损耗)。

(3)放大电路的效率 η。

(4)功放管必须满足的条件。

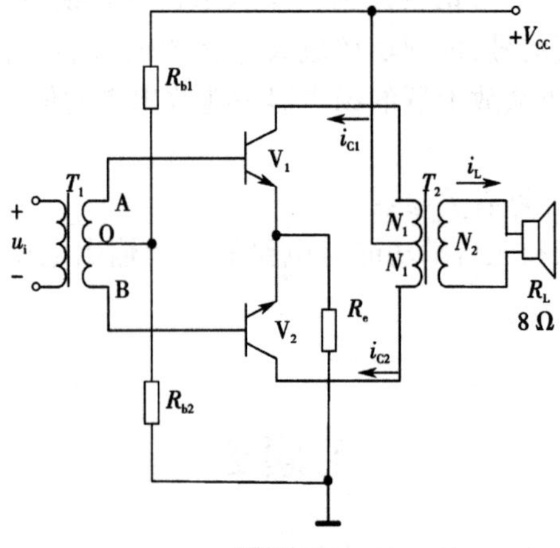

题图 5.2

5.4　OTL 电路如题图 5.3 所示，电容 C 的容量足够大。

(1)设 $R_L = 8\ \Omega$，功放管的饱和压降 $|U_{CES}|$ 可以忽略不计，若要求电路的最大输出功率为 9 W(不考虑交越失真)，则电源电压至少应为多少？已知 u_i 为正弦波电压。

(2)设 $V_{CC} = 20\ V$，$R_L = 8\ \Omega$，$|U_{CES}|$ 可以忽略不计，估算电路的最大输出功率，并指出功率管的极限参数 P_{CM}、I_{CM}、$U_{(BR)CEO}$ 应满足的条件。

5.5　题图 5.4 为一未画全的功率放大电路。求：

(1)画出三极管 $V_1 \sim V_4$ 的发射极箭头，使之构成一个完整的准互补 OTL 功率放大电路。

(2)说明 V_{D1}、V_{D2}、R_3、C_o 的作用。

(3)已知电路的最大输出功率 $P_{o(max)} = 4\ W$，估算 V_3、V_4 管集电极 - 发射极的最小压降。

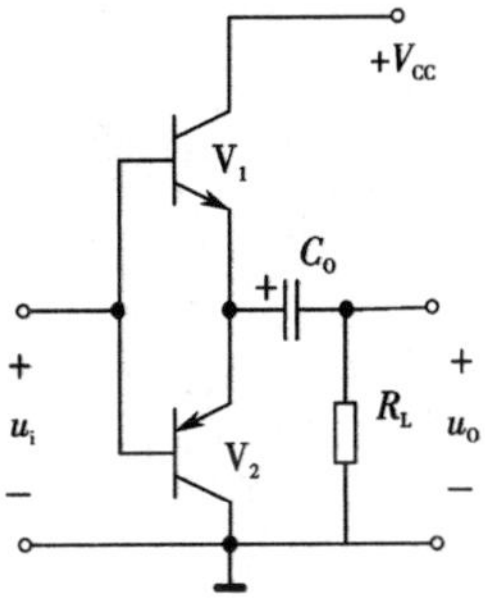

题图 5.3

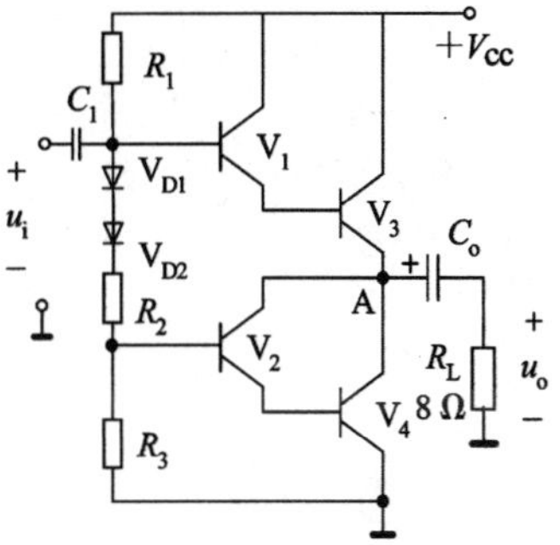

题图 5.4

5.6　题图 5.5 所示为运放组成功率扩展电路的扩音机。已知电路的额定输出功率 $P_o = 10\ W$。若不考虑 $U_{CE(sat)}$ 和 R_4、R_{12} 上的压降，试问：

(1)为获得额定输出功率，输入端应加多大信号电压？

(2)已知 5G24 运放最大输出电流为 ±5 mA，输出要达到额定功率，复合管的等效 β 至少多大？(可不考虑 R_8 和 R_{11} 的分流作用)

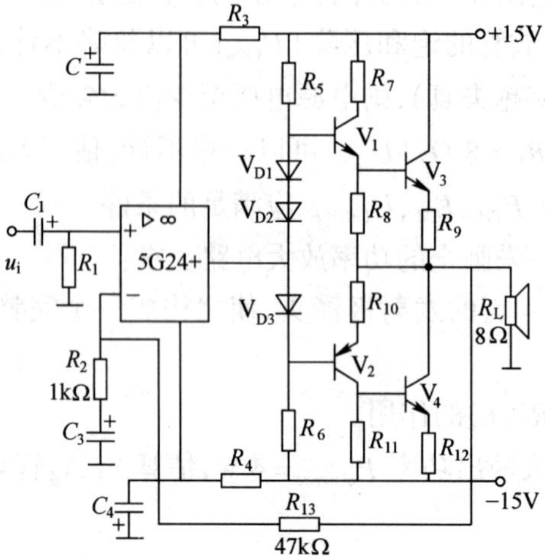

R3
+15V
C
R5
R7
V1
VD1
V3
C1
VD2
R8
R9
ui
R1
5G24+
VD3
R10
RL
8Ω
R2
1kΩ
V2
V4
C3
R6
R11
R12
R4
C4
R13
-15V
47kΩ

题图 5.5

第6章　波形产生电路

引言　波形产生电路是一种能量转换装置,又称振荡器或波形发生器。它无需外加信号就能自动地把直流电信号转换成具有一定频率、一定振幅、一定波形的交流信号,电路的工作过程称自激振荡。按输出信号波形的不同,可将波形产生电路分为两大类,即正弦波振荡电路和非正弦波振荡电路。而正弦波振荡电路按电路形式又可分为RC振荡电路、LC振荡电路和石英晶体振荡电路等,非正弦波振荡电路按信号形式又可分为方波、三角波和锯齿波振荡电路等。

本章讨论常用的正弦波振荡电路和非正弦波振荡电路,主要讨论正弦振荡产生的条件、振荡电路的工作原理及其振荡频率的计算。

6.1　正弦波振荡电路

正弦波振荡电路广泛用于广播、通信、测量仪器和自动控制系统中。本节讨论正弦振荡的起振条件,并介绍RC正弦波振荡电路、LC正弦波振荡电路和石英晶体振荡电路。

6.1.1　产生振荡的条件

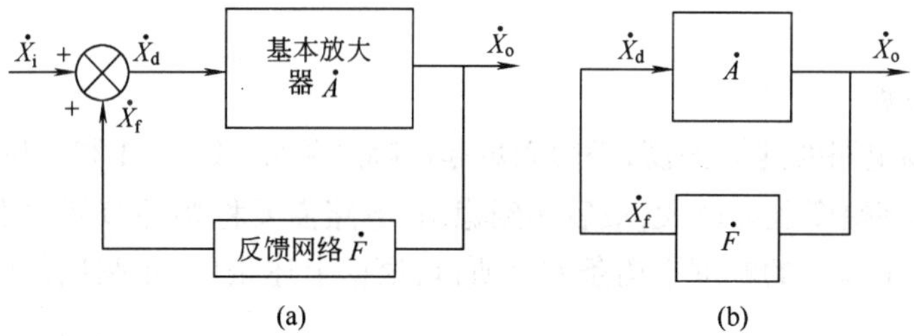

图6.1.1　正反馈方框图

(a)正反馈放大器的方框图;(b)振荡器的方框图

1.振荡的条件

图6.1.1是正弦波振荡电路的正反馈方框图,首先讨论反馈放大器产生自激振荡的条件。由图6.1.1(a)可知,当放大器引入正反馈之后,其各信号之间的关系为

$$\dot{X}_d = \dot{X}_i + \dot{X}_f$$

$$\dot{X}_o = \dot{A}\dot{X}_d$$

$\dot{X}_f = \dot{F}\dot{X}_o$

式中，$\dot{A}$ 是基本放大器的放大倍数相量，$\dot{F}$ 是反馈网络的反馈系数相量。

由上述关系式得出闭环放大倍数为

$$\dot{A}_f = \frac{\dot{X}_o}{\dot{X}_i} = \frac{\dot{A}}{1 - \dot{A}\dot{F}} \tag{6.1.1}$$

当上式中 $\dot{X}_i = 0$(即 $\dot{A}\dot{F} = 1$)时，$\dot{A}_f \to \infty$，则反馈放大电路将产生自激振荡。说明此时电路输入信号为零的条件下，用反馈信号代替输入信号，即 $\dot{X}_d = \dot{X}_f$，电路仍能输出一定幅度、一定频率的信号，如图 6.1.1(b)所示。因此，电路产生自激振荡的条件是其环路增益为 1，即

$$\dot{A}\dot{F} = 1 \quad 或 \quad \dot{A}\dot{F} = AF\angle(\varphi_A + \varphi_F) = 1 \tag{6.1.2}$$

用相位和幅度分别表示为

$$\varphi_A + \varphi_F = 2n\pi \quad (n = 0, 1, 2, 3, \cdots) \tag{6.1.3}$$

$$AF = 1 \tag{6.1.4}$$

其中，φ_A 是基本放大器输出信号与输入信号之间的相位差，A 是基本放大器放大倍数的大小，φ_F 是反馈网络输出信号与输入信号之间的相位差，F 是反馈系数的大小。式(6.1.3)称为相位平衡条件，式(6.1.4)称为幅度平衡条件。

2. 起振条件

振荡电路自起振到进入稳定状态需要一个建立过程。当电路接通电源时，噪声和干扰信号会使电路产生初始的微弱输出信号，该信号经选频网络、正反馈和放大器多次循环放大，输出信号的幅度便由小到大，最后达到稳幅状态，形成了一个正弦波信号。因此，为了保证电路能自行起振，要求 $\dot{X}_f > \dot{X}_d$，即振荡电路的起振幅度条件为

$$|\dot{A}\dot{F}| > 1 \tag{6.1.5}$$

3. 基本组成

一个振荡电路要建立振荡，必须满足起振幅度条件 $|\dot{A}\dot{F}| > 1$ 和相位条件 $\varphi_A + \varphi_F = 2n\pi$。当振荡幅度逐渐增大，最后达到稳态，电路需要稳幅环节使放大器的放大倍数下降，满足 $AF = 1$ 的幅度平衡条件。所以，根据上述条件，正弦振荡电路由以下四部分组成。

①放大器，对交流信号起放大作用。

②选频网络，选择出某一频率的信号产生谐振，并有最大幅度的输出。

③反馈网络，引入正反馈，并与放大器共同满足振荡条件。

④稳幅电路，利用电路元件的非线性特性和负反馈网络，限制输出幅度增大，达到稳幅目的。

4. 分析振荡电路的方法

在分析正弦振荡电路时，先要判断电路是否振荡，其方法如下。

①是否满足相位条件，即电路是否是正反馈，只有满足相位条件才可能产生振

荡。

②放大电路的结构是否合理，有无放大能力，静态工作是否合适。

③是否满足幅度条件，检验 $|\dot{A}\dot{F}|$。若 $|\dot{A}\dot{F}| < 1$，则不可能振荡；$|\dot{A}\dot{F}| \gg 1$，可振荡，但输出波形明显失真；$|\dot{A}\dot{F}| > 1$，产生振荡，振荡稳定后 $|\dot{A}\dot{F}| = 1$，此种情况起振容易，振荡稳定，输出波形的失真小。

6.1.2　RC 正弦波振荡电路

由 RC 选频网络构成的正弦波振荡电路有多种形式，如 RC 串并联式振荡电路（又称 RC 桥式振荡器）、RC 移相式振荡电路和双 T 网络式振荡电路。RC 正弦波振荡电路产生的振荡频率较低，一般在几百千赫以下。

因 RC 桥式振荡器具有振荡频率稳定、输出波形失真小等优点被广泛应用，下面对其作重点介绍。

1. RC 桥式振荡器的基本组成

RC 桥式振荡电路如图 6.1.2(a)所示。它主要由 RC 串并联选频网络、同相运算放大器 A、负反馈网络三部分构成。

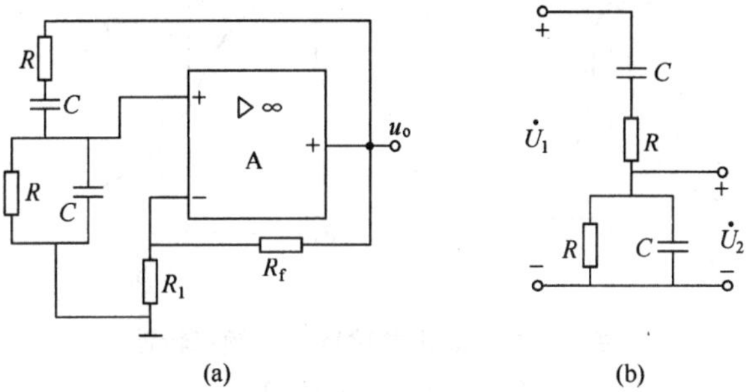

图 6.1.2　RC 桥式振荡电路和 RC 串并联网络

(a) RC 桥式振荡电路；(b) RC 串并联网络

2. RC 串并联网络的频率特性

RC 串并联网络电路如图 6.1.2(b)所示，其中 $\dot{U}_1$、$\dot{U}_2$ 为电路的输入和输出电压相量。此电路的网络函数（即输出、输入电压之比）为

$$\dot{H}(j\omega) = \frac{\dot{U}_1}{\dot{U}_2} = \frac{\dfrac{R}{1 + j\omega RC}}{R + \dfrac{1}{j\omega C} + \dfrac{R}{1 + j\omega RC}} = \frac{1}{3 + j\left(\omega RC - \dfrac{1}{\omega RC}\right)}$$

若令 $\omega_0 = \dfrac{1}{RC}$，则上式变为

$$\dot{H}(j\omega) = \frac{1}{3 + j\left(\dfrac{\omega}{\omega_0} - \dfrac{\omega_0}{\omega}\right)} \tag{6.1.6}$$

由 RC 电路的网络函数(6.1.6)可知,其幅频、相频特性分别为

$$H(\omega)=\frac{1}{\sqrt{(3)^2+\left(\frac{\omega}{\omega_0}-\frac{\omega_0}{\omega}\right)^2}} \tag{6.1.7}$$

$$\varphi(\omega)=-\arctan\frac{\left(\frac{\omega}{\omega_0}-\frac{\omega_0}{\omega}\right)}{3} \tag{6.1.8}$$

根据式(6.1.7)和式(6.1.8)可以画出 RC 串并联网络的幅频和相频特性曲线,如图 6.1.3 所示。

由图中看出,当 $\omega=\omega_0$ 时,网络函数的幅值最大,即 $H(\omega_0)=\frac{1}{3}$。若输入电压幅度 U_1 一定,输出电压幅度 U_2 最大,此时 $\varphi(\omega_0)=0$,即输出电压 $\dot{U}_2$ 与输入电压 $\dot{U}_1$ 同相位,并且当 $\omega\neq\omega_0$ 时,输出均被衰减,所以 RC 串并联网络电路具有选频特性,ω_0 称为 RC 网络固有频率。

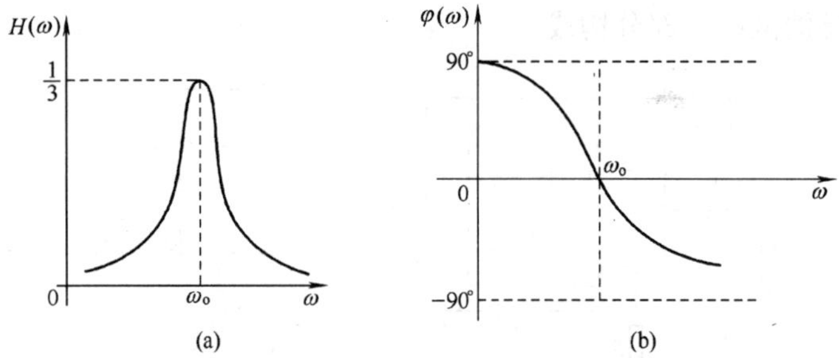

图 6.1.3　RC 串并联网络的频率特性

(a)幅频特性;(b)相频特性

3.RC 桥式振荡电路相位平衡条件

在图 6.1.2(a)中,运算放大器 A 接成同相输入方式,因此移相为零,即 $\varphi_A=0$;RC 串并联电路为正反馈网络,当振荡频率等于 RC 串并联网络的固有频率,即 $f=f_0=\frac{1}{2\pi RC}$时,反馈网络移相为零,即 $\varphi_F=0$。可知,该电路满足自激振荡的相位平衡条件($\varphi_A+\varphi_F=0$)。

4.RC 桥式振荡电路幅度平衡条件

因为振荡电路的起振幅度条件 $|\dot{A}\dot{F}|>1$,RC 选频网络在 $f=f_0$ 时,反馈系数 $|\dot{A}\dot{F}|=\frac{1}{3}$。为了满足幅度平衡条件,同相运算放大器的电压增益必须满足 $|\dot{A}|=1+R_f/R_1>3$。通过调整 R_f 与 R_1 的比值很容易满足电路的自激振荡条件。

引入 R_f 与 R_1 组成的负反馈网络的目的是稳定输出幅度、改善波形、减小非线性

失真。在实际应用中，负反馈支路常利用二极管、稳压管、热敏电阻和场效应管（工作于可变电阻区）等元件的非线性特性来自动稳定振荡幅度。

6.1.3　LC 正弦波振荡电路

由 LC 选频网络构成的正弦波振荡器主要用来产生高频正弦信号，它有互感耦合式（变压器反馈式）、电感三点式、电容 3 点式等几种电路形式。LC 正弦振荡电路产生的振荡频率较高，可以达到几十兆赫以上。下面仅对互感耦合式、电感三点式、电容三点式三种 LC 正弦波振荡电路作简单定性分析。

1. 互感耦合式 LC 正弦波振荡电路

将选频放大器的输出信号经过变压器正反馈到它的输入端，便构成了互感耦合式 LC 正弦波振荡电路，如图 6.1.4 所示。电路由共发射极放大器、LC 并联选频网络和变压器反馈电路三部分组成。

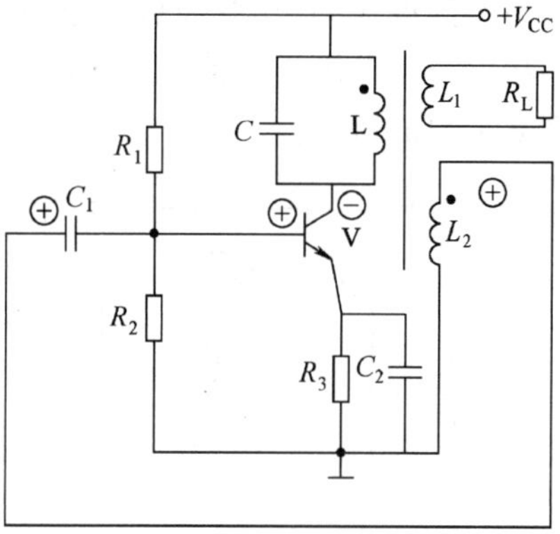

图 6.1.4　变压器反馈式 LC 振荡电路

（1）相位平衡条件

可以证明 LC 组成的并联选频网络发生谐振时，LC 并联回路呈阻性，其谐振频率 $f_0 = \frac{1}{2\pi\sqrt{LC}}$。当振荡器接通电源的瞬间，三极管导通，集电极电流产生跳变，这个突变的电流中包含了频率从 $0 \to \infty$ 的微弱交流信号。由于 LC 选频网络的作用，只有其中频率为 $f_0 = \frac{1}{2\pi\sqrt{LC}}$ 的信号满足振荡条件，经过放大 - 反馈 - 放大的正反馈过程，其幅度逐渐增大，形成振荡。其他频率的信号因不满足振荡条件，未能被放大而被湮没了。

在 $f = f_0$ 时，与三极管集电极相连的 LC 并联谐振电路呈纯阻性，放大器的输出与输入信号反相，即 $\varphi_A = 180°$，变压器次级绕组 L_2 是反馈线圈，L_2 感应的反馈电压与输出电压反相，即 $\varphi_F = 180°$。由图 6.1.4 中输入信号和反馈信号的瞬时极性可以看出，电路能够形成正反馈，满足振荡的相位平衡条件。

（2）幅度平衡条件

通过改变变压器的匝数，可改变反馈量的大小，一般都能满足起振条件 $|\dot{A}\dot{F}| > 1$。

电路的振荡频率近似等于 LC 并联回路的谐振频率，即

$$f_0 \approx \frac{1}{2\pi\sqrt{LC}} \tag{6.1.9}$$

其中，L 是谐振回路等效电感。

在振荡电路中,振幅的稳定是利用三极管的非线性来实现的。在振荡的初期输出信号和反馈信号都很小,基本放大器工作在线性放大区,由于正反馈的原因使输出电压的幅度不断增大,当幅度达到某一数值后,基本放大器工作状态进入非线性区,使得 i_c失真,其基波分量减小,再经过 LC 并联回路选频,输出稳定不失真的正弦波信号。

变压器反馈式 LC 振荡电路的特点是电路容易起振,通过改变选频网络的电容 C,可以实现振荡频率的调整,但输出波形较差,所以该电路常用于对波形要求不高的设备中。

2. 电感三点式 LC 正弦波振荡电路

电感三点式 LC 正弦波振荡电路又称哈特莱电路,是由 LC 并联回路的三个端点与三极管三个电极相连接构成的反馈式振荡电路。电感三点式 LC 正弦波振荡电路如图 6.1.5(a)所示。

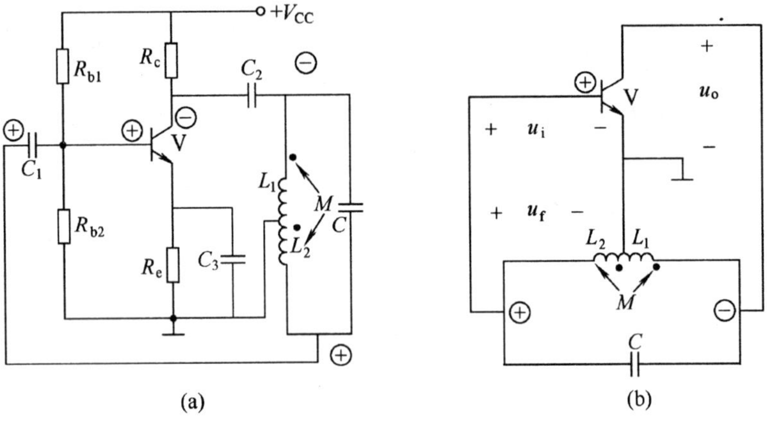

图 6.1.5　电感三点式振荡电路

(a)电路图;(b)交流通路

(1)相位平衡条件

电感三点式振荡电路的交流等效电路如图 6.1.5(b)所示。由一个带抽头的电感线圈和电容器组成的 LC 并联回路作为选频网络,网络的三个端点分别与三极管的三个极相连。其中 L_2 是反馈线圈,实现正反馈。采用瞬时极性法,不难判断出三极管集电极输出电压 $\dot{U}_o$ 与 LC 并联回路反馈电压 $\dot{U}_f$ 反相,三极管基极输入信号 $\dot{U}_i$ 与 $\dot{U}_f$ 同相,满足相位平衡条件。

(2)幅度平衡条件

通过改变线圈抽头的位置可以调整反馈量的大小,同时三极管具有一定的放大倍数就能满足幅度平衡条件。为了有利于起振,通常反馈线圈 L_2 的匝数约占线圈总匝数的 1/8 ~ 1/4。

电感三点式振荡频率为

$$f_0 \approx \frac{1}{2\pi\sqrt{(L_1 + L_2 + 2M)C}} \tag{6.1.10}$$

其中，M 为线圈 L_1 和 L_2 之间的互感。

该电路的特点是：由于互感的存在，正反馈较强使电路容易起振，此外通过改变振荡回路的电容 C，就可很方便地调节振荡信号频率(一般从几百千赫到几十兆赫)。但由于反馈信号取自电感 L_2 两端，而 L_2 对高次谐波呈现高阻抗，故不能抑制高次谐波的反馈，因此振荡电路输出信号中的高次谐波成分较多，信号波形较差。

3. 电容三点式 LC 正弦波振荡电路

电容三点式 LC 正弦波振荡电路又称考毕兹振荡电路，它同样由放大器和 LC 并联谐振电路组成，如图 6.1.6(a)所示。

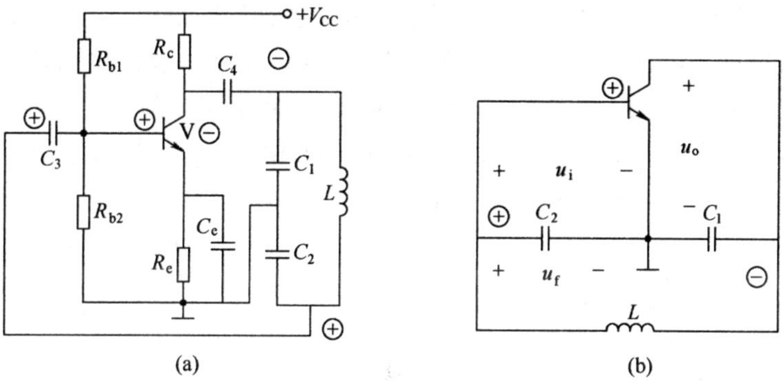

图 6.1.6　电容三点式振荡电路

(a)电路图；(b)交通电路

(1)相位平衡条件

电容三点式振荡电路的交流等效电路如图 6.1.6(b)所示，由共发射极放大器和 C_1、C_2 及 L 并联选频网络组成。电路的反馈电压取自电容 C_2 两端。在并联谐振时，选频网络呈阻性，应用瞬时极性法，确定出三极管集电极输出电压 $\dot{U}_o$ 与 C_2 的反馈电压 $\dot{U}_f$ 反相，三极管基极输入信号 $\dot{U}_i$ 与 $\dot{U}_f$ 同相，满足自激振荡的相位条件。

(2)幅度平衡条件

通过调节的比值取得合适的反馈量，同时三极管具有一定的放大倍数，就可以使电路满足幅度平衡条件。一般电容比值取 $C_1/C_2 = 0.01 \sim 0.5$。

电容三点式振荡频率为

$$f_0 \approx \frac{1}{2\pi\sqrt{L_1\left(\frac{C_1 C_2}{C_1 + C_2}\right)}} \tag{6.1.11}$$

f_0 近似为 LC 并联回路的谐振频率。

该电路的特点是:电路的反馈电压取自 C_2 两端,因为 C_2 对高次谐波呈现较小的容抗,反馈信号中高次谐波的分量小,故振荡输出波形较好。但当通过改变 C_1 和 C_2 来调节振荡频率时,同时会改变正反馈量的大小,因而会使输出信号幅度发生变化,甚至可能会使振荡电路停振,所以调节这种振荡电路的振荡频率很不方便。

6.1.4 石英晶体振荡电路

在电子技术中,常常需要一个频率十分稳定的信号作为时间基准或频率标准,对振荡电路的振荡频率的稳定度有较高的要求。频率的稳定度通常是以频率的相对变化来表示的,即 $\Delta f/f_0$,其中 f_0 为振荡电路的基准频率,Δf 为频率的绝对变化量。

在无线电通信中,为了减小各电台之间的相互干扰,要求频率稳定度优于 1.5×10^{-5};在无线电遥控、雷达和导航系统中,对发射机的频率稳定度要求更高,应达到 $10^{-8}\sim10^{-9}$ 数量级。在 LC 振荡器中,尽管采取了各种稳频措施,实践证明,它的频率稳定度很难突破 10^{-5} 数量级。而石英晶体振荡器,其频率稳定度可以达到 $10^{-8}\sim10^{-9}$ 数量级,最高可达 10^{-11} 数量级。由此可见,石英晶体振荡器是一种高稳定性振荡器。目前,石英晶体振荡器已广泛应用于各种通信系统、雷达、导航等电子设备中。

1.石英晶体的基本特性和等效电路

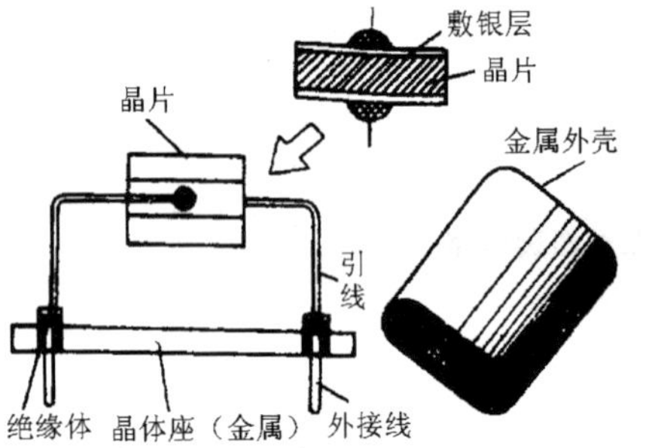

图 6.1.7 石英晶体谐振器件的结构

天然的石英是六角形的晶体,其化学成分是 S_iO_2。在晶体的不同方位切割成的薄片称为晶片,不同的晶片其性能也有差异。在晶片的两个对应表面上用真空喷涂或其他方法涂敷上一层银膜,在两层银膜上分别引出两个电极,并用金属或玻璃外壳封装,即制成石英晶体谐振器件,如图 6.1.7 所示。

(1)石英晶体的电压特性

当在石英晶体的两个涂敷银膜的对应表面上施加机械压力时,两个表面分别出现等量异性电荷,而产生电场;反之,当在晶片的两个涂敷银膜的对应表面加上不同极性的电压时,晶片的几何尺寸将伸张或压缩,即产生机械变形,这种现象称为压电效应。若在晶片两极间加高频交变电压,则晶片将随交变信号的变化而产生机械振动,当外加交变电压的频率等于晶片的固有频率时,机械振动最强,电场强度最大,这种现象称为压电谐振。晶片固有频率与晶体的切割方向、几何形状及尺寸有关。

(2)石英晶体的等效电路

石英晶体的符号及等效电路如图 6.1.8(a)(b)所示。由图 6.1.8(b)看出,晶体在电路中可视为 LC 谐振电路,其中 C_0 是晶片两表面涂敷银层形成的静态电容,C_0 的大小取决于晶片的几何尺寸，一般在几至十几皮法。L、C 和 R 分别是晶片振动时的等效电感、等效电容和等效电阻。L 表示机械振动的惯性，其数值较大，约为 $10^{-3} \sim 10^{-2}$ H；C 表示振动时晶片的弹性，数值很小，约为 $10^{-2} \sim 10^{-4}$ pF；R 用来表示机械振动时的磨擦损耗，数值很小，约为 100 Ω。由以上数据可知，石英晶体的 LC 谐振回路具有较高的品质因数 $Q = \sqrt{L/C}R$，其数值在 $10^4 \sim 5\times10^5$ 之间，故可以获得较高的频率稳定度。

由图 6.1.8(b)所示的等效电路图，可得到它的电抗与频率之间的关系曲线，称晶体的电抗 - 频率特性曲线，如图 6.1.8(c)所示。由该曲线可得以下几点结论。

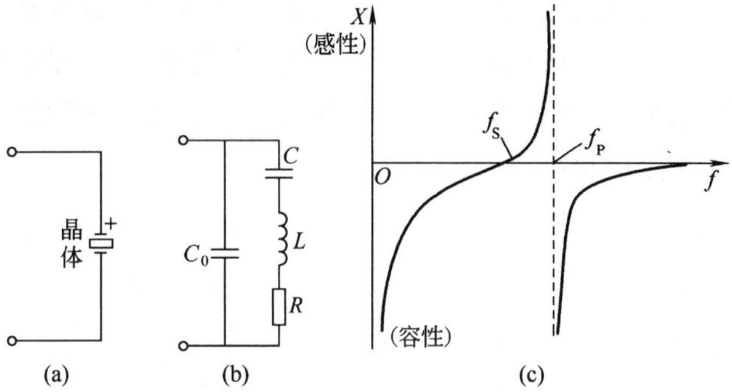

图 6.1.8　石英晶体的符号、等效电路及电抗-频率特性曲线

(a)符号；(b)等效电路；(c)电抗-频率特性曲线

①当 $f < f_S$ 时，小电容 C 起主要作用，电路呈容性。

②在 $f = f_S$ 时，LRC 串联支路产生串联谐振，电路呈纯阻性，它相当于一个小电阻。

③当 $f_S < f < f_P$ 时，电感 L 起主要作用，电路呈感性，它等效成一个大电感。

④在 $f = f_P$ 时，等效电路发生并联谐振，电路呈纯阻性，它等效成一个大电阻。

⑤当 $f > f_P$ 时，C_0 起主要作用，电路呈容性。

可见，等效电路存在着两个谐振频率，一个是 f_S，称串联谐振频率；另一个是 f_P，称并联谐振频率。经计算(忽略 R 的作用)可得

$$f_S = \frac{1}{2\pi\sqrt{LC}} \tag{6.1.12}$$

$$f_P = \frac{1}{2\pi\sqrt{L\left(\frac{C_0 C}{C_0 + C}\right)}} \tag{6.1.13}$$

经变换得

$$f_P = f_S\sqrt{1 + \frac{C}{C_0}} \tag{6.1.14}$$

因为 $C_0 \gg C$,所以 f_S 与 f_P 的值非常接近。

2.石英晶体正弦波振荡电路

石英晶体振荡器的电路形式有很多,但基本电路分为两类:一类是石英晶体在电路中以并联谐振形式出现,称为并联型晶体振荡电路;另一类是石英晶体在电路中以串联谐振形式出现,称为串联型晶体振荡电路。

(1)并联型晶体振荡电路

并联型晶体振荡电路如图6.1.9所示。该电路的振荡频率在 f_S 和 f_P 之间,也就是说,晶体谐振器在电路中等效于一个大电感 L_{EQ}。显然,它属于电容三点式LC振荡器,其振荡频率由谐振回路的参数 C_1、C_2、C_S和晶体的等效电感 L_{EQ}决定。因为 $C_1 \gg C_S$, $C_2 \gg C_S$,所以电路振荡频率主要取决于晶体和 C_S的谐振频率。由于 L_{EQ} 很大, C_S很小,使得谐振回路的等效 Q 值极高,所以其他元件和杂散参数对振荡频率的影响极小,频率稳定度很高。

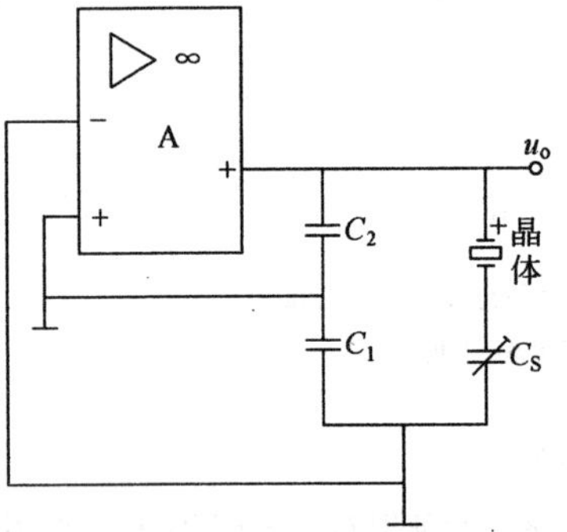

图6.1.9 并联型晶体振荡电路

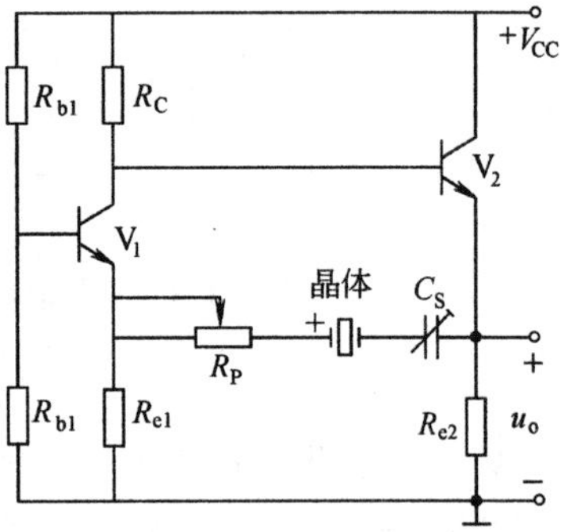

图6.1.10 串联型晶体振荡电路

(2)串联型晶体振荡电路

串联型晶体振荡电路如图6.1.10所示。石英晶体接在由三极管 V_1和 V_2构成的两个放大器之间,它们构成了正反馈选频网络。当振荡频率等于晶体的标称频率 f_0(晶体的串联谐振频率)时,晶体的等效电路呈纯阻性,阻值很小,致使正反馈最强,相移为零,满足自激振荡条件,电路产生振荡,其振荡频率为 f_0。对于 f_0 以外的其他频率,晶体的阻抗增大,相移不为零,不满足自激条件。图中的电位器 R_P作波形调节用,以便获得良好的正弦波。若 R_P的阻值太小,会使正反馈太强,造成输出幅度过大,波形产生失真,由正弦波变成了矩形波;若 R_P的阻值过大,会使正反馈太弱,电路不能满足振幅平衡条件而停止振荡。

6.2 非正弦波振荡电路

在数字电路和电子仪器及设备中,经常需要一些非正弦波,它是由积分电路和滞回比较器电路组成的。积分电路的作用是产生暂态过程，滞回比较器起开关作用，即通过开关的不断闭合，来破坏稳态，产生暂态过程。本节主要介绍常用的方波和锯齿波信号产生电路。

6.2.1　方波产生电路

图 6.2.1 所示是一种能产生方波的基本电路，也称为矩形波振荡器。由图可见，它是在滞回比较器的基础上，增加一条 RC 充、放电负反馈支路构成的。

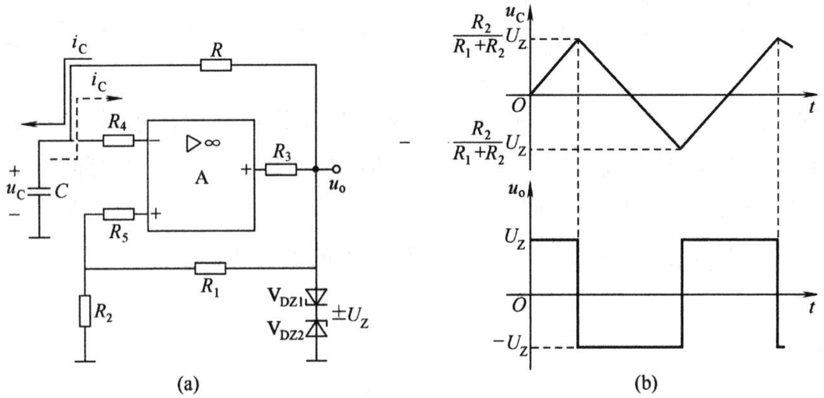

图 6.2.1　矩形波产生电路及其波形

(a)电路；(b)波形

1. 工作原理

在图 6.2.1(a)中，电容 C 接在集成运放的反相端，集成运放 A 工作在非线性区，输出电压 u_o只有两个值：$+U_Z$和 $-U_Z$。

设在刚接通电源时，电容 C 上的电压为零，输出电压 u_o为正饱和电压 $+U_Z$，同相端的电压为

$$u_+ = \frac{R_2}{R_1 + R_2} U_Z$$

电容 C 在输出电压 $+U_Z$的作用下开始充电，充电电流为 i_C，如图 6.2.1(a)的实箭线所示。当充电电压 u_C升至 $U_Z R_2/(R_1 + R_2)$值时，由于运放输入端 $u_- > u_+$，于是电路翻转，输出电压 u_o由 $+U_Z$翻至 $-U_Z$，同相端电压为 $u_+ = -U_Z R_2/(R_1 + R_2)$。电容 C 开始放电，$u_C$下降，放电电流 i_C如图 6.2.1(a)的虚箭线所示。当电容电压 u_C降至 $-U_Z R_2/(R_1 + R_2)$时，由于 $u_- < u_+$，于是输出电压又翻转到 $u_o = +U_Z$值。如此周而复始，在集成运放输出端便得到如图 6.2.1(b)所示的输出电压波型。

2. 振荡频率及其调节

显然，电路输出的矩形波电压的周期 T 取决于充、放电的 RC 时间常数，可以证明其周期为

$$T = 2.2\pi RC$$

则振荡频率为

$$f = \frac{1}{2.2\pi RC}$$

改变 RC 的值可以调节矩形波的振荡频率。

6.2.2 锯齿波产生电路

锯齿波信号在示波器和电视机的扫描电路以及许多仪表中得到广泛的应用。锯齿波产生电路的作用就是能够提供一个与时间呈线性关系的锯齿波电压或电流波形。

图 6.2.2 所示是锯齿波产生电路。集成运放 A_1 组成滞回比较器，A_2 组成积分电路，利用 V_{D1}、V_{D2} 控制充放电回路，调整电位器 R_W 可以改变充放电时间常数。如果 R_W 在中点，则充放电时间常数相等；如果 R_W 在最下端，则充电时间常数大于放电时间常数；如果 R_W 在最上端，则充电时间常数小于放电时间常数。

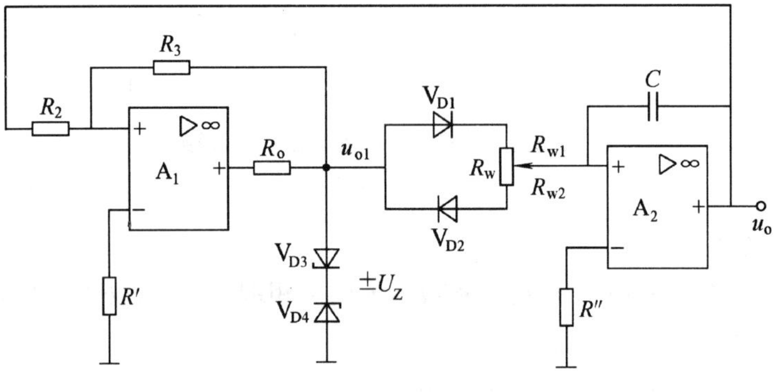

图 6.2.2 锯齿波产生电路

1.工作原理

设 $t = 0$ 时，$u_{o1} = +U_Z$，电容恒流充电，因为 A_2 积分电路有虚地，所以充电电流 $i_{充} = U_Z/(r_{D1} + R_{W1})$，$r_{D1}$ 为 V_{D1} 导通时的电阻，$u_o = -u_C$ 线性下降，当下降到一定程度，使 A_1 的 $U_+ \leqslant U_- = 0$ 时，u_{o1} 从 $+U_Z$ 跳变到 $-U_Z$，u_{o1} 变为 $-U_Z$ 后，电容恒流放电，电流大小为 $i_{放} = U_Z/(r_{D1} + R_{W1})$，$r_{D2}$ 为 V_{D2} 导通时的电阻，则输出电压线性上升。当 u_o 上升到一定值后，使 A_1 的 $U_+ \geqslant U_-$ 时，u_{o1} 从 $-U_Z$ 跳变到 $+U_Z$，电容再次充电。如此周而复始，产生振荡，由于充电时间常数和放电时间常数不同，所以输出波形 u_o 为锯齿波。

根据上述过程，画出 u_{o1} 和 u_o 波形如图 6.2.3 所示。u_{o1} 是方波，u_o 是锯齿波。如果 R_W 在最下端，则充电时间常数大于放电时间常数，得负向锯齿波，如图 6.2.3(a)所示；如果 R_W 在最上端，则充电时间常数小于放电时间常数，得正向锯齿波，如图

6.2.3(b)所示。

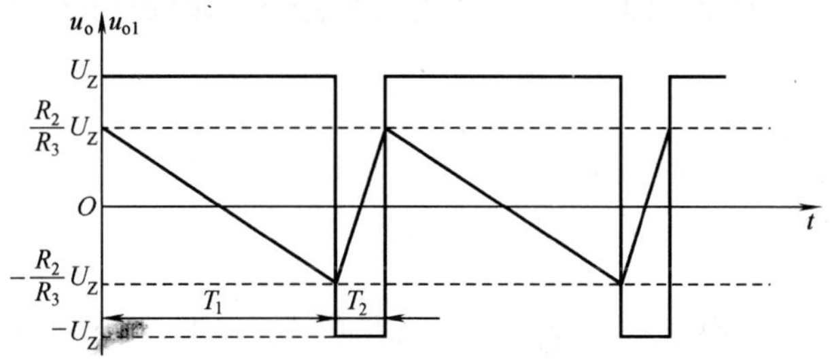

(a)

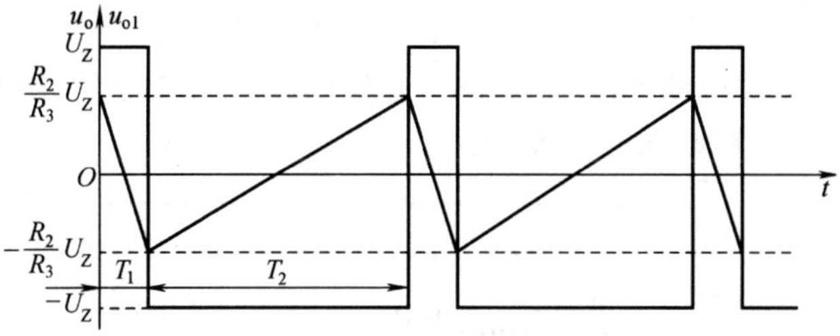

(b)

图 6.2.3 锯齿波产生电路波形

(a)$\tau_{充} > \tau_{放}$,负向锯齿波;(b)$\tau_{充} < \tau_{放}$,正向锯齿波

2. u_o的幅值

u_o的幅值从滞回比较器产生突变时刻求出,对应 A_1的 $U_+ = U_- = 0$ 时的值就为幅值。从图 6.2.2 可以看出 A_1的 U_+为

$$U_+ = \frac{R_3}{R_2 + R_3}u_o + \frac{R_2}{R_2 + R_3}u_{o1}$$

当 $U_+ = U_- = 0$ 时,对应的 u_o 值为

$$U_{om} = -\frac{R_2}{R_3}u_{o1}$$

当 $u_{o1} = +U_Z$时,对应的 u_o 值为

$$U_{om} = -\frac{R_2}{R_3}U_Z$$

当 $u_{o1} = -U_Z$时,对应的 u_o 值为

$$U_{om} = \frac{R_2}{R_3}U_Z$$

3. 振荡周期

可以证明锯齿波周期为

$$T = \frac{2R_2}{R_3}(r_{D1} + r_{D2} + R_W)C$$

技能训练六：RC 正弦波振荡器的测量与调试

一、训练目的

1.进一步学习 RC 正弦波振荡器的组成及其振荡条件。

2.培养学生独立进行电路组装、测量和调试的能力。

二、仪器与材料

1.万用表、晶体管毫伏表、双踪示波器、直流稳压电源、频率计、函数信号发生器。

2.振荡电路元器件、万用电路板。

三、预习要求

1.RC 正弦波振荡电路如图 6.1 所示，分析电路的工作原理，指出各元件的作用并说明元件值的大小对起振有何影响。

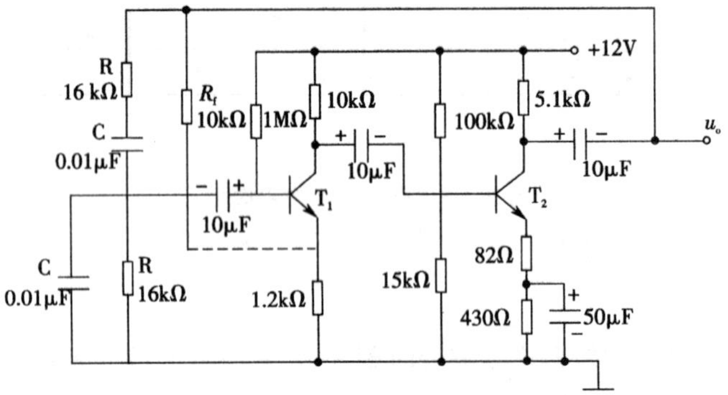

图 6.1　RC 串并联选频网络振荡器

2.测量出串并联网络 R、C 值，计算选频网络的固有频率、振荡电路的幅值、相位平衡条件。

3.复习有关电子仪器的使用方法以及振荡电路调整与测试的基本方法。

四、训练内容及步骤

1.按图 6.1 组接线路。

2.断开 RC 串并联网络，测量放大器静态工作点及电压放大倍数，将结果填入表 6.1 中。

表 6.1

静态工作点						输入/输出电压（mV）			电压放大倍数		
第 1 级			第 2 级						第 1 级	第 2 级	总体
U_{c1}	U_{b1}	U_{e1}	U_{c2}	U_{b2}	U_{e2}	U_i	U_{o1}	U_{o2}	A_{u1}	A_{u2}	A_u

3.接通 RC 串并联网络,并使电路起振,用示波器观测输出电压 u_o波形,调节 R_f 使获得满意的正弦信号,记录波形及其参数。

4.改变 R 或 C 值,用频率计测量振荡频率,观察振荡频率变化情况并把结果填入表 6.2 中,并与计算值进行比较。

表 6.2

R、C 的值	f 的测量值	f 的计算值
$R = 16$ kΩ, $C = 0.01$ μf		
$R = 16$ kΩ, $C = 0.1$ μf		

5.观察 RC 串并联网络幅频特性将 RC 串并联网络与放大器断开,用函数信号发生器的正弦信号注入 RC 串并联网络,保持输入信号的幅度不变(约 3 V),频率由低到高变化,RC 串并联网络输出幅值将随之变化,当信号源达某一频率时,RC 串并联网络的输出将达最大值(约 1 V),且输入、输出同相位。此时信号源频率为

$$f = f_o = \frac{1}{2\pi RC}$$

五、训练报告要求

1.训练目的、测试电路及测试内容。

2.按照实验步骤整理测量数据,并描绘观察的波形。

3.由给定电路元件数值计算出振荡频率,并与实验值进行比较,分析误差产生的主要原因。

4.总结 RC 振荡器的特点。

习题六

6.1　产生自激式正弦波振荡的条件是什么?

6.2　一个正弦波振荡器由哪几部分组成?应包括哪些环节?

6.3　试用相位平衡条件,判断如题图 6.1 所示各电路能否振荡?并说明理由。

6.4　试标出题图 6.2 所示各电路中变压器的同名端,使之满足正弦振荡相位平衡条件。

6.5　RC 桥式振荡电路如题图 6.3 所示,现有负温度系数电阻 R_t 的阻值为 4 kΩ,试问将该电阻接入哪个方框中?为保证振荡器正常工作,另一个方框中所接电阻的阻值应为多少?该电路振荡频率是多少?

6.6　什么是石英晶体谐振器的压电谐振现象?画出石英晶体电抗频率特性。

6.7　石英晶体在并联型和串联型晶体振荡电路中分别起什么作用?

6.8　说明方波产生电路的工作原理。

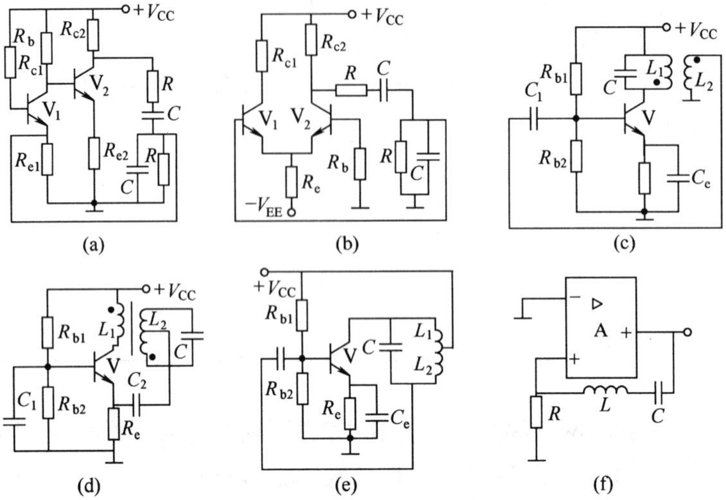

题图 6.1

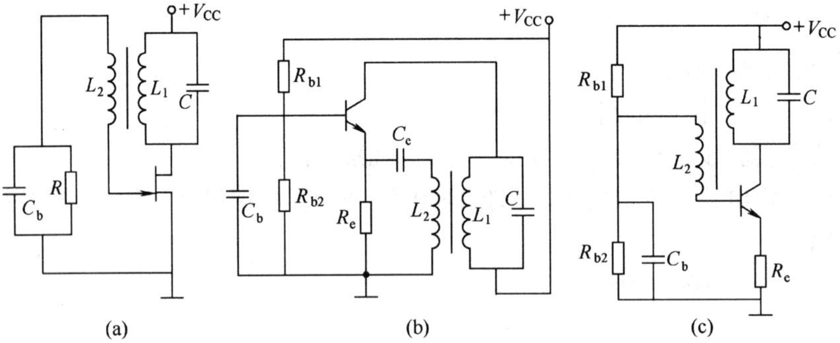

题图 6.2

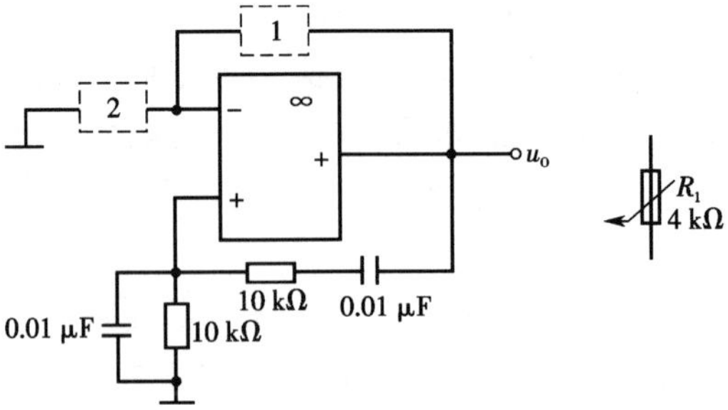

题图 6.3

6.9 说明锯齿波产生电路的工作原理。

第7章　直流稳压电源

引言　稳压电源就是输出电压相对稳定的电源。它与人们的日常生活密切相关,也称为稳定电源、稳压器等。日常工作中,通常根据稳压电源中稳压器的稳定对象来分类。把稳压器分为直流稳压器和交流稳压器两种,其中直流稳压器输出电压是直流,交流稳压器输出电压是交流,两者一般都用市电供电。因此,我们就可以把稳压电源分为直流稳压电源和交流稳压电源两大类。

本章主要讨论直流稳压电源的有关问题,包括二极管整流电路、滤波电路组成及工作原理,直流稳压电源的组成、各部分电路的工作原理和各种不同类型直流稳压电源电路的结构及工作特点、性能指标,最后讨论集成稳压电路的工作原理和应用。

7.1　直流电源的组成及各部分的作用

在电子电路及设备中,一般都需要稳定的直流电源供电。本章所介绍的直流电源为单相小功率电源,它将频率为 50 Hz、有效值为 220 V 的单相交流电压转换为幅值稳定、输出电流为几十毫安以下的直流电压。

单向交流电经过降压变压器、整流电路、滤波电路和稳压电路转换成稳定的直流电压,其方框图及各电路的输出电压波形如图 7.1.1 所示,下面就各部分的作用加以介绍。

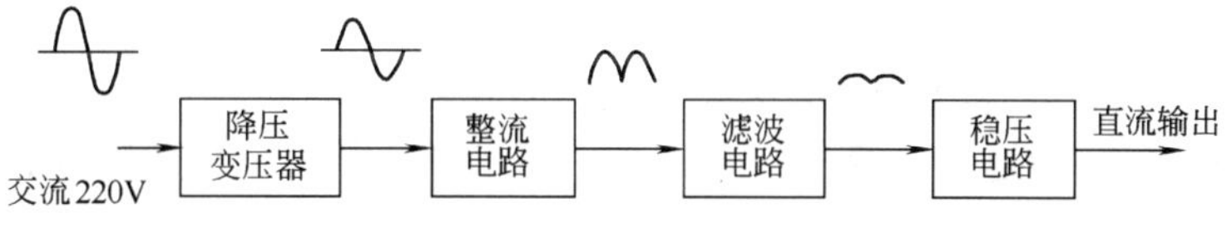

图 7.1.1　直流电源组成

直流电源的输入为 220 V 的电网电压(即市电),一般情况下,所需直流电压的数值和电网电压的有效值相差较大,因而需要通过电源变压器降压后,再对交流电压进行处理。变压器副边电压有效值取决于后面电路的需要。目前有些电路不用变压器,而采用其他方法降压。

变压器副边电压通过整流电路由交流电压转换为直流电压,即将正弦电压转换为单一方向的脉动电压。

为了减小电压的脉动,需通过低通滤波电路滤波,使输出电压平滑。理想情况下,应将交流分量全部滤掉,使滤波电路的输出电压仅为直流电压。然而,由于滤波电路为无源电路，所以接入负载后势必影响其滤波效果。对于稳定性要求不高的电子电路，整流、滤波后的直流电压可以作为供电电源。

交流电压通过整流、滤波后虽然变为交流分量较小的直流电压，但是当电网电压波动或者负载变化时，其平均值也将随之变化。稳压电路的功能是使输出直流电压基本不受电网电压波动和负载电阻变化的影响，从而获得足够高的稳定性。

7.2 整流、滤波电路

整流电路多采用二极管作为整流元件。常用的二极管整流电路有半波整流电路、全波整流电路、桥式整流电路和倍压整流电路。

在分析整流电路时，为了突出重点，简化分析过程，一般均假定：负载为纯电阻性；整流二极管为理想二极管，即加正向电压导通，且正向电阻为零，外加反向电压截止，且反向电流为零；变压器无损耗，内部压降为零。

7.2.1 单相半波整流电路

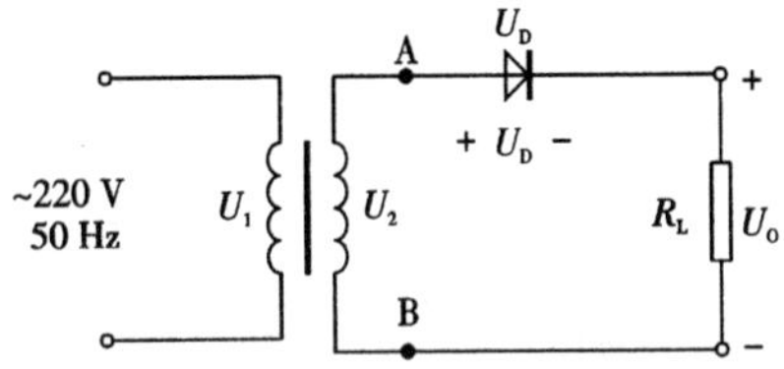

图 7.2.1 单相半波整流电路

单相半波整流电路如图 7.2.1 所示。半波整流电路工作波形如图 7.2.2 所示。设 u_1 是 220 V 交流输入电压，u_2 是变压器次级交流电压，R_L 是负载电阻。设 $u_2=\sqrt{2}U_2\sin\omega t$，其中 U_2 表示变压器次级电压的有效值。为简化分析，二极管视为理想模型，即忽略二极管的正向压降和反向电流。

半波整流电路工作过程如下。

在 0 ~ π 期间（u_2 正半周），若变压器次级电压 u_2 的极性为上端正、下端负，则二极管 V_D正偏导通，通过二极管的电流 $i_D=i_o$，若忽略二极管上的压降，则加到负载上的输出电压 $u_o=u_2$。

在 π ~ 2π 期间（u_2 负半周），变压器次级电压 u_2 的极性为上端负、下端正，V_D反偏截止，负载上无电流，输出电压 $u_o=0$。此时二极管 V_D承受的反向电压最大。整流输出电压 u_o 的波形如图 7.2.2 所示。利用傅里叶级数单相半波整流电路的输出电压 u_o 可表示为

$$u_o=\sqrt{2}U_2\left(\frac{1}{\pi}+\frac{1}{2}\sin\omega t-\frac{2}{3\pi}\cos 2\omega t-\frac{2}{15\pi}\cos 4\omega t-\cdots\right) \tag{7.2.1}$$

式中的第一项是 u_o 的直流成分，其他各项都是交流成分（基波、二次谐波、四次谐波……）。

输出电压的直流成分（即 u_o 的平均值）可表示为

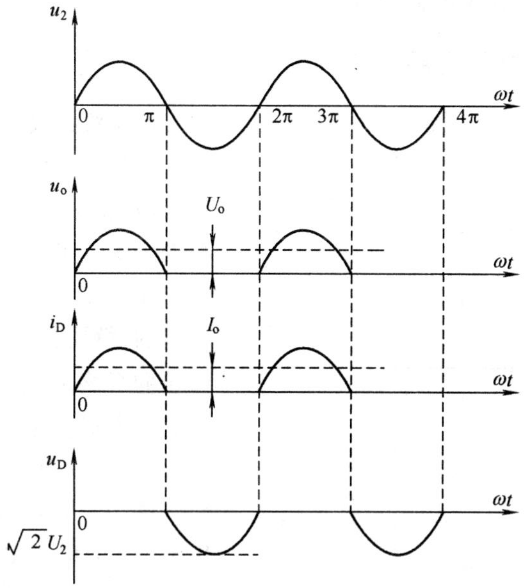

图 7.2.2　单相半波整流波形

$$U_o = \frac{\sqrt{2}}{\pi}U_2 \approx 0.45U_2 \tag{7.2.2}$$

通过二极管的直流电流等于负载的直流电流,可表示为

$$I_D = I_o = 0.45\frac{U_2}{R_L} \tag{7.2.3}$$

二极管截止时承受的最大反向电压为

$$U_{RM} = \sqrt{2}U_2 \tag{7.2.4}$$

由图 7.2.2 输出电压直流成分 U_o 的波形可看出,输出电压脉动较大,这说明输出电压含有交流成分。为了描述输出电压的交流成分,通常引入脉动系数,定义为输出电压中基波分量的振幅与直流量之比,即

$$S = \frac{U_{1m}}{U_o} \tag{7.2.5}$$

其中,U_{1m}是基波分量的振幅,U_o 是输出电压的直流成分。

对于半波整流,脉动系数为

$$S = \frac{\frac{1}{2\sqrt{2}}U_o}{\frac{1}{\pi\sqrt{2}}U_o} = \frac{\pi}{2} = 1.57 \tag{7.2.6}$$

半波整流电路的优点是元件少,电路简单,且还可作为充电电池的简易充电电路。但半波整流二极管导通时间短,整流效率低,输出电压波动大,一般仅用于小电流供电且对电源性能要求不高的场合。

7.2.2　单相桥式整流电路

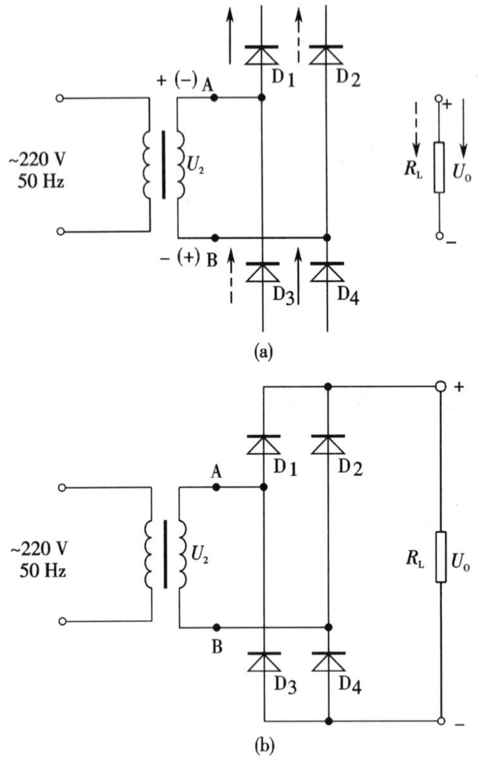

图 7.2.3　单相桥式整流电路的构成

(a)习惯画法;(b)简化画法

1. 电路组成

单相桥式整流电路由四只二极管组成,其构成原则就是保证在变压器副边电压 u_2 的整个周期内,负载上的电压和电流方向始终不变。若达到这一目的,就要在 u_2 的正、负半周内正确引导向负载的电流,使其方向不变。设变压器副边两端分为 A 点和 B 点,则 A 为“+”、B 为“−”时应有电流流出 A 点,流入 B 点;相反,若 A 为“−”,B 为“+”时应有电流流出 B 点,流入 A 点。因而 A 和 B 点均应分别接两只二极管,引导电流,如图 7.2.3(a)所示为构成思路图,图(b)所示为构成电路。图 7.2.4(a)所示为常见单相桥式整流电路的习惯画法,图(b)所示为简化画法。

2. 工作原理

设变压器副边电压 $u_2 = \sqrt{2}U_2 \sin \omega t$,$U_2$ 为其有效值。

当 u_2 为正半周时,电流由 A 点流

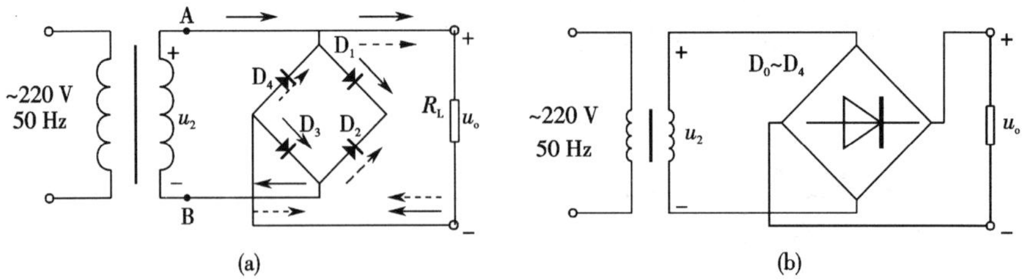

图 7.2.4　单相桥式整流电路

(a)习惯画法;(b)简化画法

出,经 D_1、R_L、D_3 流入 B 点,如图 7.2.4(a)中实线箭头所示,因而负载电阻 R_L 上的电压等于变压器副边电压,即 $u_o = u_2$,D_2 和 D_4 管承受的反向电压为 $-u_2$。当 u_2 为负半

周时，电流由 B 点流出，经 D_2、R_L、D_4 流入 A 点，如图 7.2.4(a)中虚线箭头所示，负载电阻 R_L 上的电压等于 $-u_2$，即 $u_o = -u_2$，D_1、D_3 承受的反向电压为 u_2。

这样，由于 D_1、D_3 和 D_2、D_4 两对二极管交替导通，致使负载电阻 R_L 上在 u_2 的整个周期内都有电流通过，而且方向不变，输出电压 $u_0 = |\sqrt{2}U_2\sin\omega t|$。图 7.2.5 所示为单相桥式整流电路各部分的电压和电流的波形。

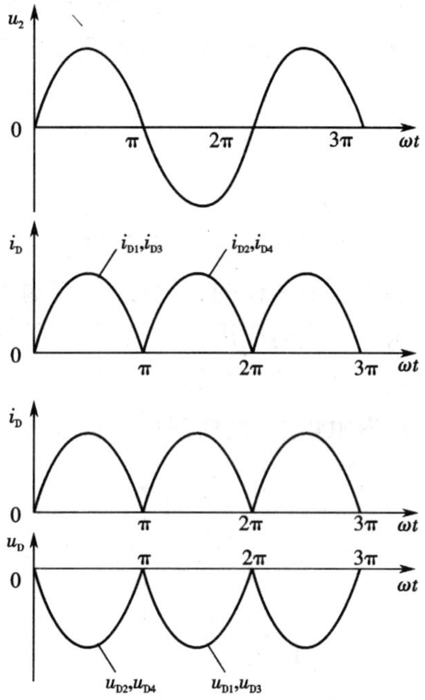

图 7.2.5　单相桥式整流电路的波形图

3. 输出电压平均值 $U_{o(AV)}$ 和输出电流平均值 $I_{o(AV)}$

根据图 7.2.5 中所示 u_o 的波形可知，输出电压的平均值为

$$U_{o(AV)} = \frac{1}{\pi}\int_0^{\pi}\sqrt{2}U_2\sin\omega t\, d(\omega t)$$

解得

$$U_{o(AV)} = \frac{2\sqrt{2}U_2}{\pi} \approx 0.9U_2 \qquad (7.2.7)$$

由于桥式整流电路实现了全波整流电路。它将 u_2 的负半周也利用起来，所以在变压器副边电压有效值相同的情况下，输出电压的平均值是半波整流电路的两倍。

输出电压的平均值(即负载电阻中的电流平均值)为

$$I_{o(AV)} = \frac{U_{o(AV)}}{R_L} \approx \frac{0.9U_2}{R_L} \qquad (7.2.8)$$

在变压器副边电压相同且负载也相同的情况下，输出电流的平均值也是半波整流电路的两倍。

根据谐波分析，桥式整流电路的基波 U_{o1M} 的角频率是 U_2 的两倍，即 100 Hz，$U_{o1M} = \frac{2}{3} \times 2\sqrt{2}U_2/\pi$。故脉动系数

$$S = \frac{U_{o1M}}{U_{o(AV)}} = \frac{2}{3} \approx 0.67 \qquad (7.2.9)$$

与半波整流电路相比，输出电压的脉动减小很多。

4. 二极管的选择

在单相桥式整流电路中，因为每只二极管只在变压器副边电压的半个周期通过电流，所以每只二极管的平均电流只有负载电阻上电流平均值的一半，即

$$I_{D(AV)} = \frac{I_{o(AV)}}{2} \approx \frac{0.45U_2}{R_L} \qquad (7.2.10)$$

该值与半波整流电路中二极管的平均电流相同。

根据图 7.2.5 中所示 u_D的波形可知，二极管承受的最大反向电压为

$$U_{Rmax} = \sqrt{2}U_2 \tag{7.2.11}$$

考虑到电网电压的波动范围为 ± 10% ，实际选用二极管时，应至少有 10% 的余量，选择最大整流电流 I_F和最高反向工作电压 U_R分别为

$$I_F > \frac{1.1I_{o(AV)}}{2} = 1.1\frac{\sqrt{2}U_2}{\pi R_L} \tag{7.2.12}$$

$$U_R > 1.1\sqrt{2}U_2 \tag{7.2.13}$$

单相桥式整流电路与半波整流电路相比，在相同的变压器副边电压下，对二极管的参数要求是一样的，并且还具有输出电压高、变压器利用率高、脉动小等优点，因此得到相当广泛的应用。目前有不同性能指标的集成电路，称之为“整流桥堆”。它的主要缺点是所需二极管的数量多，由于实际上二极管的下向电阻不为零，必然使得整流电路内阻较大，当然损耗也就较大。

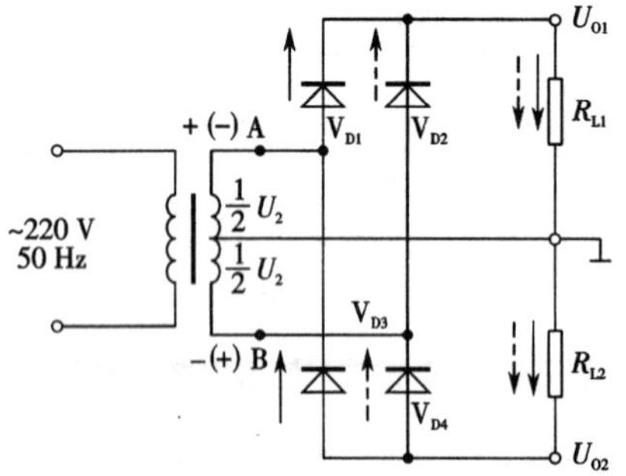

图 7.2.6　利用桥式整流电路实现正、负电源

可以想象，如果将桥式整流电路变压器副边中点接地，并将两个负载电阻相连接，且连接点接地，如图 7.2.6 所示，那么根据桥式整流电路的工作原理：当 A 点为“+”、B 点为“−”时，V_{D1}、V_{D3}导通，V_{D2}、V_{D4}截止，电流如图中实线箭头所示；而当 B 点为“+”、A 点为“−”时，V_{D2}、V_{D4}导通，V_{D1}、V_{D3}截止，电流如图中虚线箭头所示。这样，两个负载上就分别获得正、负电源。可见，利用桥式整流电路可以轻而易举地获得正、负电源，这是其他类型整流电路难于做到的。

在实际应用中，当整流电路的输出功率（即输出电压平均值与电流平均值之积）超过几千瓦且又要求脉动较小时，就需要采用三相整流电路。三相整流电路的组成原则和方法与单相桥式整流电路相同，变压器副边的三个端均应接两只二极管，且一只接阴极，另一只接阳极，电路如图 7.2.7(a)所示。利用前面所述方法分析电路，可以得出其波形，如图 7.2.7(b)所示。

为了便于比较，将单相半波整流、全波整流和桥式整流电路的主要性能参数列于表 7.2.1 中。

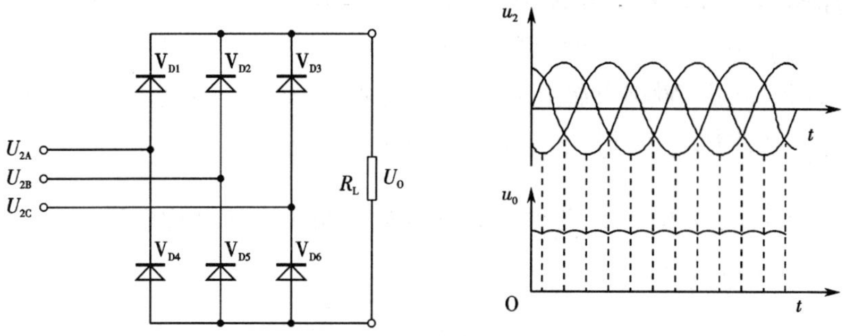

(a)　　　　(b)

图 7.2.7 三相整流电路及其波形

(a)电路;(b)波形

表 7.2.1　各种单相整流电路主要性能比较

性能	单相半波整流	单相全波整流	单相桥式整流
电路图	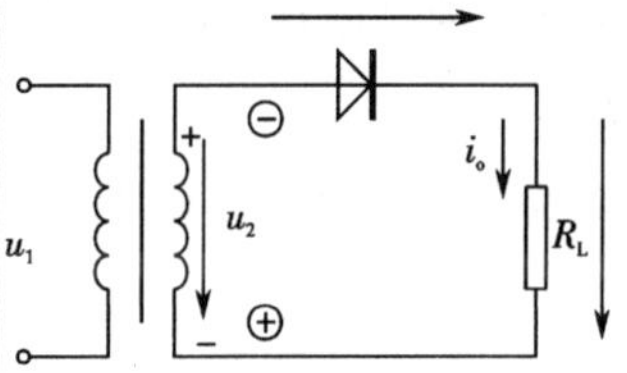	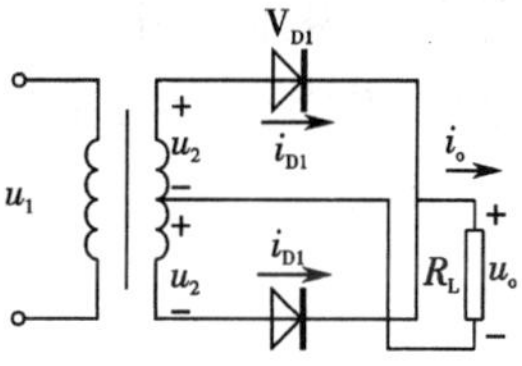	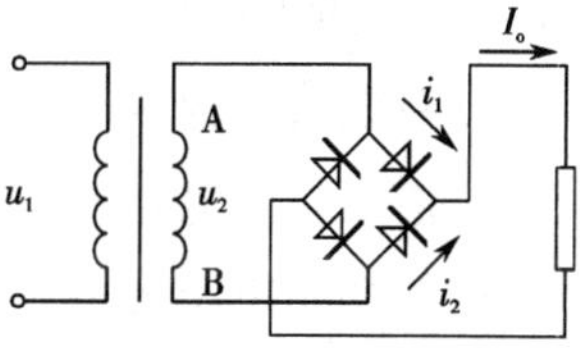
直流输出电压 U_o	$0.45U_2$	$0.9U_2$	$0.9U_2$
直流输出电流 I_o	$0.45\frac{U_2}{R_L}$	$0.9\frac{U_2}{R_L}$	$0.9\frac{U_2}{R_L}$
二极管平均电流 I_D	I_o	$\frac{1}{2}I_o$	$\frac{1}{2}I_o$
二极管平均最高反向电压 U_{RM}	$\sqrt{2}U_2$	$2\sqrt{2}U_2$	$\sqrt{2}U_2$

【例 7.2.1】　在图 7.2.4 所示电路中,已知变压器副边电压有效值 $U_2 = 30$ V,负载电阻 $R_L = 100\ \Omega$。试问:

(1)输出电压与输出电流平均值各为多少?

(2)当电网电压波动范围为 ±10%,二极管的最大整流平均电流 I_F与最高反向工作电压 U_R至少应选取多少?

解:

(1)根据式(7.2.7),输出电压平均值为

$$U_{o(AV)} \approx 0.9U_2 = 0.9 \times 30 = 27\ \text{V}$$

根据式(7.2.8),输出电流平均值为

$$I_{o(AV)} = \frac{U_{o(AV)}}{R_L} \approx \frac{27}{100} = 0.27\ \text{A}$$

(2)根据式(7.2.10)和式(7.2.11),二极管的最大整流平均电流 I_F和最高反向工作电压 U_R分别应满足

$$I_F > \frac{1.1I_{o(AV)}}{2} \approx 1.1 \times \frac{0.27}{2} \approx 0.15\ \text{A}$$

$$U_R > 1.1\sqrt{2}U_2 = 1.1 \times \sqrt{2} \times 30 \approx 42.5\ \text{V}$$

7.2.3　倍压整流电路

有些电子设备需用高电压、小电流的直流电源供电。若采用升压变压器对交流电压升压,再经半波或桥式整流,虽然可实现这种电源,但整流二极管承受的反向电压很高,成本也高。若采用倍压整流电路,不仅可以实现高电压、小电流的直流电源,而且对整流二极管的反向工作电压要求也不是很高。

倍压整流电路如图 7.2.8 所示。设变压器次级交流电压 $u_2 = \sqrt{2}U_2 \sin \omega t$,电容两端的初始电压为零。

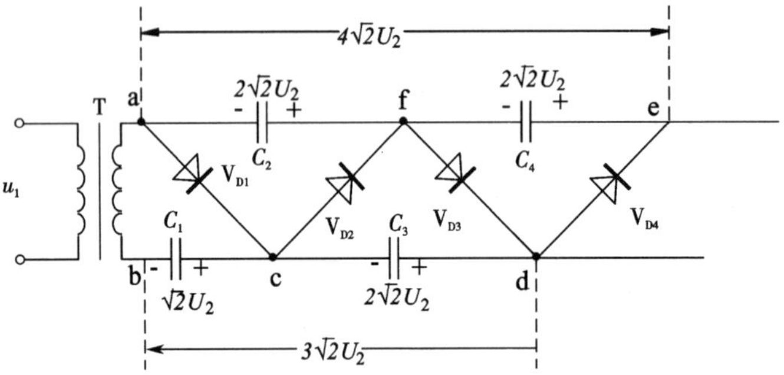

图 7.2.8　倍压整流电路

当 u_2为正半周时,设变压器次级电压极性上正下负,则二极管 V_{D1}正偏导通,并通过 V_{D1}对 C_1充电,由于充电时间常数很小,C_1两端电压被迅速充至 $u_{C1} \approx \sqrt{2}U_2$,电压极性为左负右正。

当 u_2为负半周时,变压器次级电压极性上负下正,u_2与 u_{C2}串联,使二极管 V_{D1}截止,V_{D2}正偏导通,并通过 V_{D2}对 C_2充电,C_2两端电压被迅速充至 $u_{C2} \approx 2\sqrt{2}U_2$,电压极性为左负右正。

当 u_2再次为正半周时,V_{D1}、V_{D2}截止,V_{D3}正偏导通,并通过 V_{D3}、C_1对 C_3充电,C_3

两端电压被迅速充至 $u_{C3} \approx 2\sqrt{2}U_2$，电压极性为左负右正。

当 u_2 再次为负半周时，V_{D1}、V_{D2}、V_{D3} 截止，V_{D4} 正偏导通，并通过 V_{D4} 对 C_4 充电，C_4 两端电压被迅速充至 $u_{C4} \approx 2\sqrt{2}U_2$，电压极性为左负右正。

显然，在图 7.2.8 电路中，若在 a、f 两点接负载 R_L，可获得 $2U_{2M}$（$U_{2M}=2\sqrt{2}U_2$）的输出电压，即实现二倍压整流；若在 b、d 两点接负载 R_L，可获得 $3U_{2M}$ 的输出电压，即实现三倍压整流；若在 a、e 两点接负载 R_L，可获得 $4U_{2M}$ 的输出电压，即实现四倍压整流。按照上述规律，若采用 N 个二极管和 N 个电容，就可以构成 N 倍压整流。

分析图 7.2.8 的倍压整流电路可知，每个二极管在截止期间承受的最大反向电压为 $2\sqrt{2}U_2$，电容 C_1 的耐压应大于 $\sqrt{2}U_2$，其余电容耐压应大于 $2\sqrt{2}U_2$，电容值可按

$R_L C \geqslant (3\sim5)T/2$ 选取（T 为 u_2 的周期）。

在以上分析中均未考虑电容的放电影响。实际情况是，当接上负载后，电容将对负载放电，输出电压将会有所降低。通常倍压整流电路适用于小电流供电的场合，如静电喷漆、静电喷塑、静电除尘、示波管阳极供电等。

7.2.4　滤波电路

由单相半波整流和桥式整流电路的直流输出电压波形分析可看出，虽然输出电压的方向不改变，但输出电压的波动较大，这说明输出的直流电压含有交流成分。为了改善直流输出电压的波形，应采用滤波电路，以降低交流成分，减小输出电压的波动，获得平滑的直流输出电压。常采用的滤波电路有电容滤波、电感滤波、LC 滤波和 π 型滤波等。

1. 电容滤波电路

电容滤波电路如图 7.2.9(a)所示。电容 C 为滤波电容，与负载 R_L 并联。利用电容两端电压不能突变的特性，可使输出电压 U_o 变平滑。

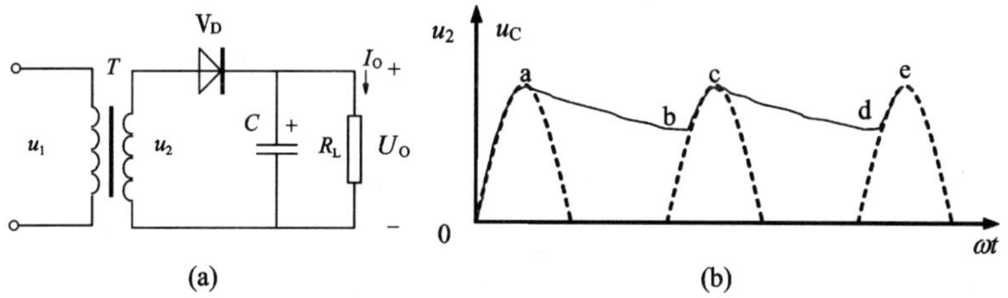

图 7.2.9　电容滤波电路 ss

(a)电路图；(b)波形图

假定电容两端初始电压为零，在 $\omega t=0$ 时接通电源，u_2 逐渐增大，二极管 V_D 导通，u_2 通过 V_D 对电容 C 充电，由于变压器次级的直流电阻和二极管的正向电阻均很

小,故充电时间常数很小,可近似认为电容两端的电压 u_C 按 u_2 正弦规律上升,直到 $u_C=\sqrt{2}U_2$,如图 7.2.9(b)中的实线段 oa。过 a 点后 u_2 开始下降,二极管 V_D 反偏截止,电容 C 开始对负载 R_L 放电,由于放电时间常数较大,u_c 按指数规律缓慢下降,如图 7.2.9(b)中的实线段 ab。当 u_C 下降到图中的 b 点后,u_2 开始大于 u_C,二极管 V_D 又导通,再次对电容 C 充电(图中的实线段 bc),u_C 增大到 c 点后,V_D 又反偏截止,电容 C 再次对负载放电(图中的实线段 cd),如此周而复始,整流输出电压 U_o 的波形明显变得平滑($U_o=u_C$)。

通常在工程上,滤波电容容量按下式确定

$$\tau=R_L C\geqslant(3\sim5)\frac{T}{2} \tag{7.2.14}$$

式中,T 为交流输入电压的周期。在负载 R_L 一定的情况下,滤波电容容量越大,放电时间常数越大,整流滤波电路的输出电压 U_o 越高。通常单相半波整流电容滤波电路的输出电压 U_o 可按下式估算

$$U_o=U_2$$

电容滤波同样适用于单相桥式整流、单相全波整流电路,其连接方式也是与负载并联,滤波电容容量同样可参考式(7.2.1)确定。表 7.2.2 列出了这些整流滤波电路的主要参数。

表 7.2.2 整流滤波电路的主要参数

电路形式	输入交流电压(有效值)	负载开路输出电压	带负载时输出电压(估计值)	二极管承受最高反峰电压	二极管中平均电流
半波整流电容滤波	U_2	$\sqrt{2}U_2$	U_2	$\sqrt{2}U_2$	I_o
桥式整流电容滤波	U_2	$\sqrt{2}U_2$	$1.2U_2$	$\sqrt{2}U_2$	$\frac{1}{2}I_o$
全波整流电容滤波	U_2+U_2	$\sqrt{2}U_2$	$1.2U_2$	$2\sqrt{2}U_2$	$\frac{1}{2}I_o$

电容滤波电路简单,易于实现,适用范围广,如被收录机、影碟机、电视机等电器的整流电路广泛采用。缺点是输出电压 U_o 随输出电流的增大而明显减小,所以电容滤波电路适用于负载变动不大、负载电流不很大的场合。另外,由于加入滤波电容的原因,使得整流二极管仅在电容充电时导通,其导通角 $\theta<\pi$,且时间常数 $R_L C$ 越大,导通时间越短。故通过二极管的冲击电流较大,所以选择二极管的最大整流电流时应留有一定的余量,一般应大于通过二极管平均电流 I_D 的 2~3 倍。

【例 7.2.2】 设计如图 7.2.10 所示的桥式整流电容滤波电路,要求直流输出电压 $U_o=24$ V,直流输出电流 $I_o=200$ mA。采用 $U_1=220$ V,频率 $f=50$ Hz 的交流电源供电。

解：

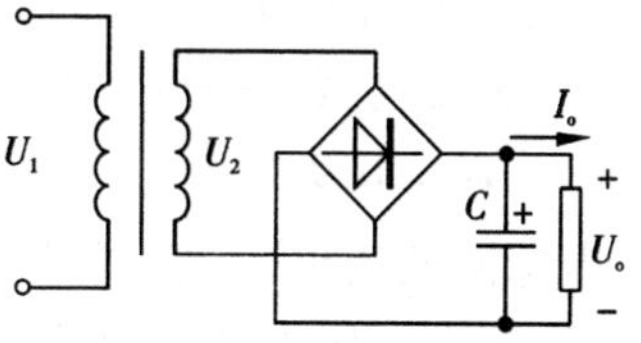

图 7.2.10　桥式整流电容滤波电路

(1)确定变压器的输出电压、电流变比

①根据桥式整流电容滤波电路的输出电压 $U_o = 1.2U_2$ 的关系，可得变压器次级绕组电压有效值为

$$U_2 = \frac{U_o}{1.2} = \frac{24}{1.2} = 20\ \text{V}$$

②变压器的变比为

$$K = \frac{U_1}{U_2} = \frac{220}{20} = 11$$

③由于采用电容滤波，变压器次级电流是非正弦电流，通常按 $I_2 = (1.1 \sim 3)I_o$ 进行估算。若取 $I_2 = 2I_o$，则变压器次级绕组电流为

$$I_2 = 2I_o = 2 \times 200 = 400\ \text{mA}$$

(2)选择整流二极管

根据桥式整流电路的特性，可计算出流过二极管的平均电流为

$$I_D = \frac{1}{2}I_o = \frac{1}{2} \times 200 = 100\ \text{mA}$$

二极管承受的最大反向电压为

$$U_{RM} = \sqrt{2}U_2 = \sqrt{2} \times 20 \approx 28.2\ \text{V}$$

根据以上数据，查二极管手册，可选用 2CZ53B 硅整流二极管，其允许的最大整流电流为 300 mA，最高反向工作电压为 50 V。

(3)选择滤波电容

根据　$R_L C = (3 \sim 5)\frac{T}{2}$，若取 $R_L C = 2T$，并考虑到 $R_L = \frac{U_o}{I_o}$，$T = \frac{1}{f}$，则

$$C = \frac{2T}{R_L} = \frac{2I_o}{fU_o} = 3.3 \times 10^{-4}\text{F} = 330\ \mu\text{F}$$

电容两端的最高工作电压为

$$U_{CM} = \sqrt{2}U_2 = \sqrt{2} \times 20 \approx 28.2\ \text{V}$$

根据以上数据可选用容量为 330 μF、耐压为 50 V 的电解电容。

2. 电感滤波电路

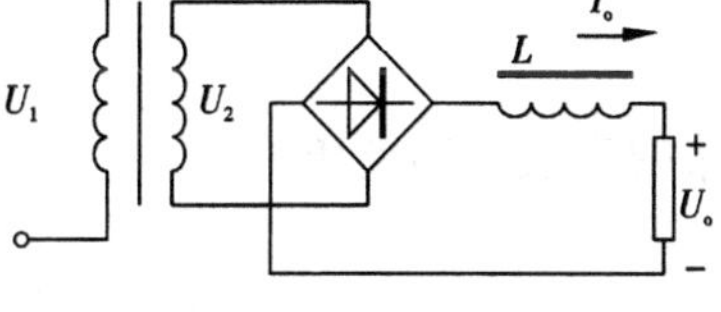

图 7.2.11　电感滤波电路

电感滤波电路如图 7.2.11 所示，是在整流电路与负载 R_L 之间串联电感 L 组成。根据电感中电流不能突变的特点，当通过负载 R_L 的脉动电流增大时，电感 L 上产生反电动势，阻止电流增大，同时将部分电能转换为磁场能储存起来；当脉动电流减小时，电感 L 上产生的反

电动势阻止电流的减小，同时释放磁场能，补充电流的减小，从而使输出电流波动明显减小，输出电压变平滑。电感滤波电路的直流输出电压为

$$U_o = 0.9U_2$$

电感滤波还可以这样解释：由于电感 L 的交流阻抗 $X = \omega L$ 较大，而直流电阻很小，整流输出电压中的交流成分在电感 L 上的压降远大于在负载 R_L 上的压降；整流输出电压中的直流成分在负载 R_L 上的压降远大于在电感 L 上的压降，这样便有效地抑制了输出电压的交流成分，谐波成分越高，滤波效果越好，从而使输出电压脉动减小，输出电压变平滑。

电感滤波电路适用于负载 R_L 较小，即负载电流较大的场合。实践证明，负载电流越大，滤波效果越好，但电感铁芯笨重、体积大，故在小型电子设备中很少采用。

3. LC 滤波电路

为了进一步提高滤波效果，可将电容和电感组合成 LC 滤波电路。常用的 LC 滤波电路有 Γ 型 LC 滤波电路和 π 型 LC 滤波电路。

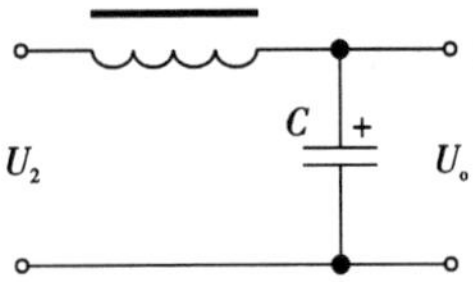

图 7.2.12 Γ 型 LC 滤波电路

Γ 型 LC 滤波电路如图 7.2.12 所示。电感 L 与负载串联，电容 C 与负载并联。利用电感交流阻抗大、直流电阻小，电容交流阻抗小、直流电阻大的特点，可使整流输出电压中的交流成分大部分降落在电感上，输出电压 U_o 中的交流成分明显减小，输出电压变平滑。

Γ 型 LC 滤波电路的直流输出电压为

$$U_o = 0.9U_2 \tag{7.2.15}$$

π 型 LC 滤波电路如图 7.2.13 所示。π 型 LC 滤波电路可看成先经电容 C_1 滤波，再经 Γ 型 LC 滤波，滤波效果更好，输出电压变更平滑。

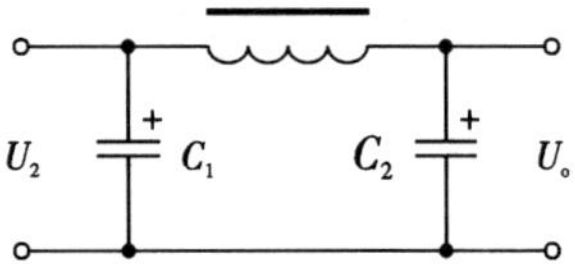

图 7.2.13 π 型 LC 滤波电路

π 型 LC 滤波电路的直流输出电压为

$$U_o = 1.2U_2 \tag{7.2.16}$$

4. π 型 RC 滤波电路

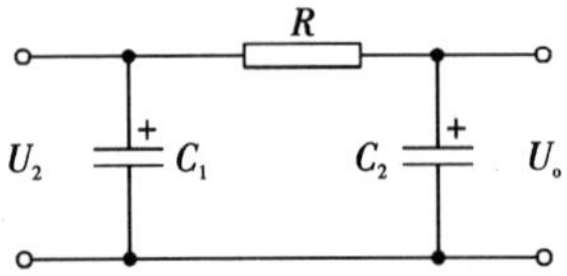

图 7.2.14 π 型 RC 滤波电路

π 型 RC 滤波电路如图 7.2.14 所示。整流输出电压先经电容 C_1 滤波，再经 RC_2 滤波。由于电容 C_2 阻抗小，整流输出电压的交流成分大部分降落在 R 上，输出电压 U_o 中的交流成分明显减小，输出电压变平滑。

π 型 RC 滤波电路的直流输出电压为

$$U_o = 1.2U_2$$

RC 滤波电路的优点是电路简单，元件体积小，在小功率电源中被广泛采用。它的缺点是电阻 R 上产生一定的直流损耗。

7.3　硅稳压管稳压电路

整流滤波电路虽然可将交流电压变换为比较平滑的直流电压，但采用这种电源为负载供电时，当交流电压或负载变化时，整流滤波电路的直流输出电压会相应的变化，使得供电电压不稳定，严重时将影响负载的正常工作。因此，为了获得相对稳定的直流电压，应在整流滤波电路输出端接入稳压电路。常用的稳压电路有硅稳压管稳压电路、串联型稳压电路、集成三端式稳压电路和开关型稳压电路。

7.3.1　硅稳压管稳压电路的工作原理

硅稳压管稳压电路如图 7.3.1 所示。图中 V_{DZ}是稳压二极管，R 是限流电阻。当稳压二极管工作于反向击穿状态时，由其反向伏安特性曲线可知，反向电流 I_Z在较大范围内变化时，稳压二极管两端的电压 U_Z变化很小。由于稳压二极管与负载并联，使得负载两端的电压 U_o稳定。为防止反向电流 I_Z过大而烧坏稳压二极管，串接限流电阻 R。电路的稳压过程如下。

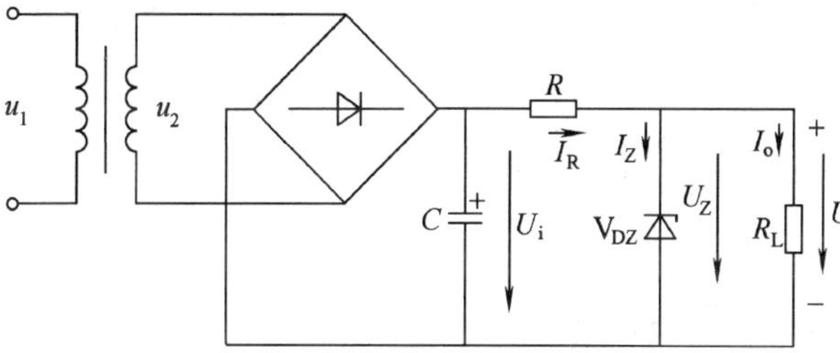

图 7.3.1　硅稳压管稳压电路

1. 电网电压变化时的稳压过程

当电网电压升高时(假定负载 R_L不变化)，整流滤波输出电压 U_i也跟着升高，使输出电压 U_o升高。U_o的升高使稳压二极管两端电压 U_Z同样升高，则反向电流 I_Z增大，电阻 R 上的压降增大，$U_R=(I_z+I_o)\cdot R$，导致输出电压 U_o下降。由于输出电压的下降量近似等于输出电压的上升量，使得输出电压基本稳定，实现稳压过程。

2. 负载变化时的稳压过程

当负载电阻 R_L减小时(假定电网电压不变化)，输出电流 I_o相应增大，通过电阻 R 的电流 $I_R=I_Z+I_o$增大，电阻 R 上的压降 U_R也增大，使输出电压 U_o下降。U_o的下降，使稳压二极管两端电压 U_Z同样下降，则反向电流 I_Z减小，由于稳压二极管反向电流 I_Z的减小量近似等于输出电流 I_o的增加量，使得电阻 R 上的压降 U_R基本不变，从而输出电压 U_o保持基本稳定，实现稳压过程。

7.3.2 硅稳压管稳压电路的参数选择

1.硅稳压二极管的选择

选择硅稳压二极管的型号时,一般按下列原则确定

$$U_Z = U_o \tag{7.3.1}$$

$$I_{Zmax} = (1.5 \sim 3) I_{omax} \tag{7.3.2}$$

式中,U_Z为稳压二极管的稳压值,I_{Zmax}为稳压二极管的最大反向工作电流,I_{omax}为负载电流最大值。

2.输入电压 U_i的确定

$$U_i = (2 \sim 3) U_o \tag{7.3.3}$$

3.限流电阻的选择

在图 7.3.1 中,$I_Z = \frac{U_i}{U_o}$,考虑到输入电压 U_i随电网电压变化,输出电流 I_o随负载变化,因此 R 的取值应保证稳压二极管的 I_Z不小于最小稳定电流 I_{Zmin},不大于最大反向工作电流 I_{Zmax},即:当 U_i最大、I_o最小时,R 的取值不能太小,应保证 I_Z不超过其最大反向工作电流 I_{Zmax};而当 U_i最小、I_o最大时,R 的取值不能太大,应保证 I_Z不小于其最小稳定电流 I_{Zmin}。考虑到这些关系,R 的取值应满足

$$\frac{U_{imin} - U_o}{I_{Zmin} + I_{omax}} \geqslant \mathrm{R} \geqslant \frac{U_{imax} - U_o}{I_{Zmax} + I_{omin}} \tag{7.3.4}$$

7.4 串联型稳压电路

7.4.1 串联型稳压电路的工作原理

1.基本调整管电路

在图 7.4.1(a)所示稳压管稳压电路中,负载电流最大变化范围等于稳压管的最大稳定电流和最小稳定电流之差,即 $I_{ZM} - I_Z$。不难想象,扩大负载电流最简单的方法是利用晶体管的电流放大作用,将稳压电路的输出电流放大后,再作为负载电流。电路采用射极输出形式,因而引入了电压负反馈,可以稳定输出电压,如图 7.4.1(b)所示,常见画法如图 7.4.1(c)所示。图 7.4.1(b)、(c)所示电路与一般共集放大电路有着明显的区别:其工作电源 U_1 不稳定,“输入信号”为稳定电压 U_Z,并且要求输出电压 U_o在 U_1变化或负载电阻 R_L 变化时基本不变。

其稳压原理简述如下:

当电网电压波动引起 U_1增大,或负载电阻 R_L增大时,输出电压 U_o 将随之增大,则晶体管发射极电位 U_E 升高,稳压管端电压基本不变,即晶体管基极电位 U_B 基本

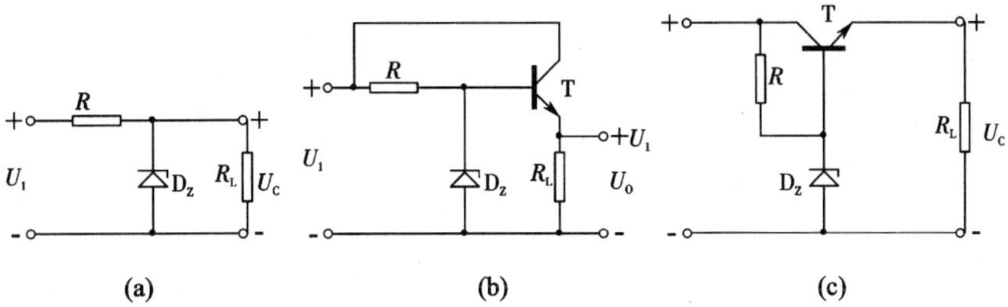

图 7.4.1　基本调整管稳压电路

(a)稳压管稳压电路;(b)加晶体管扩大负载电流的变化范围;(c)常见画法

不变,故晶体管的 U_{BE}($U_{BE}=U_B-U_E$)减小,导致 I_B(I_E)减小,从而使 U_o 减小,因此可以保持 U_o 基本不变。当 U_I减小或负载电阻 R_L减小时,变化与上述过程相反。可见,晶体管的调节作用使 U_o 稳定,所以称晶体管为调整管,称图 7.4.1(b)、(c)所示电路为基本调整管电路。

根据稳压管稳压电路输出电流的分析已知,晶体管基极的最大电流为($I_{ZM}-I_Z$)。由于晶体管的电流放大作用,图 7.4.1(b)所示的最大负载电流为

$$I_{Lmax}=(1+\bar{\beta})(I_{Zmax}-I_Z) \tag{7.4.1}$$

这也就大大提高了负载电流的调节范围。其输出电压为

$$U_o=U_Z-U_{BE} \tag{7.4.2}$$

从上述稳压过程可知,要想使稳压管起调整作用,必须使之工作在放大状态,因此其管压降应大于饱和管压降 U_{CES}。换言之,电路应满足 $U_I \geqslant U_o+U_{CES}$的条件。由于调整管与负载相串联,故这类电路为线性稳压电源。

2.具有放大环节的串联型稳压电路

式(7.4.2)表明基本调整管稳压电路的输出电压仍然不可调,且输出电压将因 U_{BE}的变化而变,稳定性较差。为了使输出电压可调,也为了加深电压负反馈,可在基本调整管稳压电路的基础上引入放大环节。

(1)电路的构成

若同相比例运算电路的输入电压为稳定电路,且比例系数可调,则其输出电压就可调节;同时,为了扩大输出大电流,集成运放输出端加晶体管,并保持射极输出形式,就构成具有放大环节的串联型稳压电路,如图 7.4.2(a)所示。输出电压为

$$U_o=(1+\frac{R_1+R_2''}{R_2'+R_3})U_z \tag{7.4.3}$$

由于集成运放环差模增益可达 80 dB 以上,电路引入深度电压负反馈,输出电阻趋近于零,因而输出电压相当稳定。图 7.4.2(b)所示为电路的常见画法。

在图 7.4.2(b)所示电路中,晶体管 T 为调整管,电阻 R 与稳压管 D_Z构成基准电压电路,电阻 R_1、R_2和 R_3为输出电压的采样电路,集成运放作为比较放大电路,如图

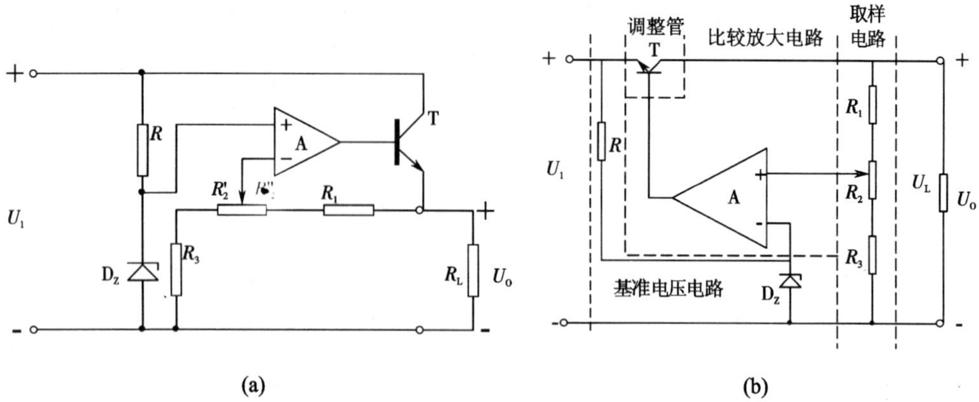

图 7.4.2　具有放大环节的串联稳压电路

(a)原理电路;(b)常见画法

中所标注。调整管、基准电压电路、取样电路和比较放大电路是串联型稳压电路的基本组成部分。

(2)稳压原理

当由于某种原因(如电网电压波动或负载电阻的变化等)使输出电压 U_o 升高(降低)时,取样电路将这一变化趋势送到 A 的反相输入端,并与同相输入端电位 U_z 进行比较放大,A 的输出电压,即调整器的基极电位降低(升高)。因为电路采用射极输出形式,所以输出电压必然降低(升高),从而使 U_o 得到稳定。可见,电路是靠引入深度电压负反馈来稳定输出电压。

(3)输出电压的可调范围

在理想运放条件下,净输入电压为零,即 $U_N = U_P = U_z$。所以,当电位器 R_2 的滑动端在最上端时,输出电压最小,为

$$U_{omin} = \frac{R_1 + R_2 + R_3}{R_2 + R_3} \cdot U_z \tag{7.4.4}$$

当电位器 R_2 的滑动端在最下端时,输出电压最大,为

$$U_{omax} = \frac{R_1 + R_2 + R_3}{R_3} \cdot U_z \tag{7.4.5}$$

若 $R_1 = R_2 = R_3 = 300\ \Omega$, $U_z = 6$ V,则输出电压 9 V $\leqslant U_o \leqslant$ 18 V。

(4)调整管的选择

在串联型稳压电路中,调整管是核心元件,它的安全工作是电路正常工作的保证。调整管一般为大功率管,因而选用原则与功率放大电路中的功放管相同,主要考虑其极限参数 I_{CM}、$U_{(BR)CEO}$ 和 P_{CM}。调整管极限参数的确定,必须考虑到输入电压 U_1 由于电网电压波动而产生的变化以及输出电压的调节和负载电流的变化所产生的影响。

从图 7.4.2(b)所示电路可知，调整管 T 的发射极电流 I_E 等于采样电阻 R_1 中电流和负载电流 I_L 之和，即 $I_E = I_{R1} + I_L$；T 的管压降 U_{CE} 等于输入电压 U_1 与输出电压 U_o 之差，即 $U_{CE} = U_I - U_o$。显然，当负载电流最大时，流过 T 管发射极的电流最大，即 $I_{Emax} = I_{R1} + I_{Lmax}$。通常，$R_1$ 上电流可忽略，且 $I_{Emax} \approx I_{Cmax}$，所以调整管的最大集电极电流为

$$I_{Cmax} \approx I_{Lmax} \tag{7.4.6}$$

当电网电压最高，即输入电压最高，同时输出电压又最低时，调整管承受的管压降最大，即

$$U_{CEmax} = U_{imax} - U_{omin} \tag{7.4.7}$$

当晶体管的集电极（发射极）电流最大，且管压降最大时，调整管的功率损耗最大，即

$$P_{Cmax} = I_{Cmax} U_{CEmax} \tag{7.4.8}$$

根据(7.4.6)、(7.4.7)、(7.4.8)，在选择调整管 T 时，应保证其最大集电极电流

$$I_{CM} > I_{Lmax} \tag{7.4.9}$$

集电极与发射极之间的反向击穿电压关系为

$$U_{(BR)CEO} > U_{imax} - U_{omin} \tag{7.4.10}$$

集电极最大耗散功率为

$$P_{CM} > L_{Lmax}(U_{imax} - U_{omin}) \tag{7.4.11}$$

实际选用时，不但要考虑一定的余量，还应按手册上的规定采取散热措施。

图 7.4.2(b)所示电路中，如果最大负载电流为 500 mA；输出电压调节范围为 10 ~ 20 V；输入电压 25 V，波动范围为 ± 10%，那么选择 T 管时，其极限参数为

$$I_{CM} > I_L = 500\ \text{mA}$$

$$U_{(BR)CEO} > 1.1U_1 - U_{omin} = 1.1 \times 25 - 10 = 17.5\ \text{V}$$

$$P_{CM} > I_L(1.1U_1 - U_{omin}) = 0.5 \times 17.5 = 8.75\ \text{W}$$

3. 串联型稳压电路的方框图

根据上述分析，实用的串联型稳压电路至少包含调整管、基准电压电路、取样电路和比较放大电路四个部分组成。此外，为使电路安全工作，还常在电路中加保护电路（见节 7.4.2），所示串联型稳压电路的方框图如图 7.4.3 所示。

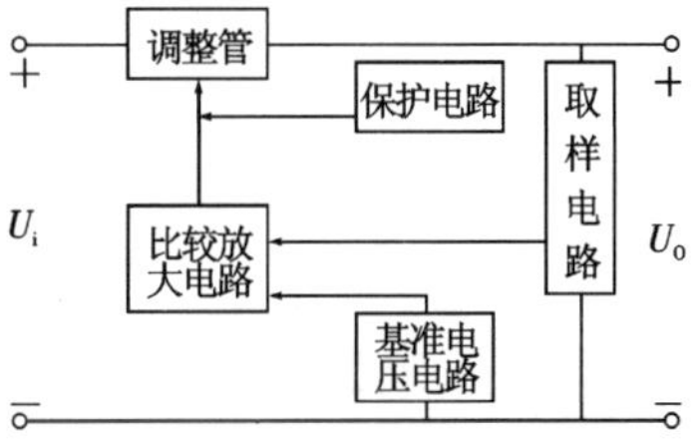

图 7.4.3 串联型稳压电路的方框图

【例 7.4.1】　电路如图 7.4.2(b)所示，已知输入电压 U_1 的波动范围为 ± 10%，调整管的饱和管压降 $U_{CES} = 2$ V，输出电压 U_o 的调节范围为 5 ~ 20 V，$R_1 = R_3 = 200\ \Omega$。试问：

(1)稳压管的稳定电压 U_Z和 R_2的取值各为多少?

(2)为使调整管正常工作,在电网电压为 220 V 时,U_1的值至少应取多少?

解:(1)输出电压最小值为

$$U_{omax} = \frac{R_1 + R_2 + R_3}{R_2 + R_3} \cdot U_Z$$

最大值为

$$U_{omax} = \frac{R_1 + R_2 + R_3}{R_3} \cdot U_Z$$

将 $U_{omin} = 5$ V、$U_{omax} = 20$ V、$R_1 = R_3 = 200\ \Omega$ 代入二式,解二元方程,可得 $R_2 = 600\ \Omega$, $U_Z = 4$ V。

(2)所谓调整管正常工作,是指在输入电压波动和输出电压改变时调整管应始终工作在放大状态。研究电路的工作情况可知,在输入电压最低且输出电压最高时管压降最小,若此时管压降大于饱和管压降,则在其他情况下管子一定会工作在放大区。用式子表示为

$$U_{CEmin} = U_{imin} - U_{omax} > U_{CES}$$

即　$U_{imin} > U_{omax} + U_{CES}$

代入数据　$0.9\ U_1 > (20 + 2)$ V

得出 $U_1 > 24.7$ V,故 U_1至少应取 25 V。

【例 7.4.2】 电路如图 7.4.2(b)所示,已知集成运放输出电流 I_o 最大值为 2 mA,调整管的电流放大倍数为 30。试问:

(1)最大负载电流 I_{Lmax}约为多少?

(2)若稳压电路的输出电流为 1 A,应采取什么法?画出改进部分的电路图来。

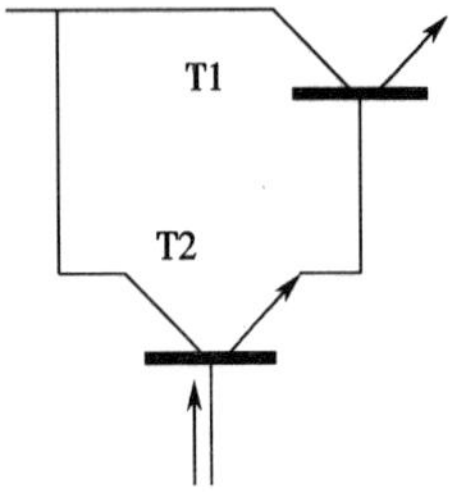

图 7.4.4　**复合管**

解:(1)最大负载电流为

$$I_{Lmax} \approx I_{Emax} \approx I_{Cmax} = \beta I_o = 30 \times 2 = 60 \text{ mA}$$

(2)可以将调整管采用复合管,如图 7.4.4 所示。

图 7.4.4 时,$I_{Lmax} \approx I_{Emax} \approx I_{Cmax} \approx \beta_1 \beta_2 I_o$,只要 $\beta_1 \beta_2 > 500$,就可使稳压电路的电流达到 1 A 以上。若 $\beta_1 = 30$,则要求 $\beta_2 > 17$。

7.4.2　稳压电路的保护措施

在串联型稳压电路中,由于负载电流全部流过调整管,当输出电流过大或输出端负载短路时,流过调整管的电流过大,致使调整管的功耗增大而损坏。为了确保稳压电路在异常状态下不至损坏,通常在稳压电路中增加过压和过流保护电路。过流电路种类较多,下面重点分析限流型和截流型保护电路。

1.限流型保护电路

图7.4.5(a)所示是一种限流型保护电路,由取样电阻 R_2和分流三极管 V_2组成。当负载电流 I_o小于电路的额定输出电流 I_{OM}时,电阻 R_2上的压降小于0.7 V,三极管 V_2截止,不影响稳压电路的正常工作。当负载电流 I_o大于 I_{OM}或负载短路时,取样电阻 R_2上压降大于0.7 V,三极管 V_2导通,使调整管 V_1的基极电流被分流,因调整管基极电流减小,管压降 V_{CE1}增大,使输出电流被限制,即使负载短路,$U_o=0$,输出电流 I_o同样被限制在短路电流 I_{OS},如图7.4.5(b)所示。因此,限流型保护电路不会使调整管损坏,但调整管仍然承受较大功耗。

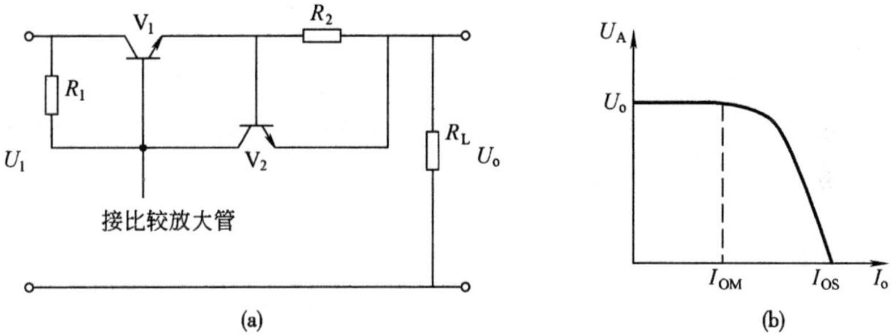

图7.4.5　限流型保护电路

(a)电路图;(b)输出电压、电流变化图

2.截流型保护电路

图7.4.6(a)是截流型保护电路。电路特点是当输出电流过流或负载短路时,保护电路使输出电压和输出电流下降为接近零。截流型保护电路由 V_2、R_1、R_2组成,当稳压电路正常工作时,V_2的发射极电位高于基极电位,V_2处于截止状态,对稳压电路无影响;当输出电流过流或负载短路时,稳压电路的输出电压降低,V_2的发射极电位降低,V_2发射结正偏而饱和导通,V_2的导通,使调整管 V_1基、射极间短路,最终使 V_1截止,输出电流减小到接近 V_2的饱和电流 I_{OS}。

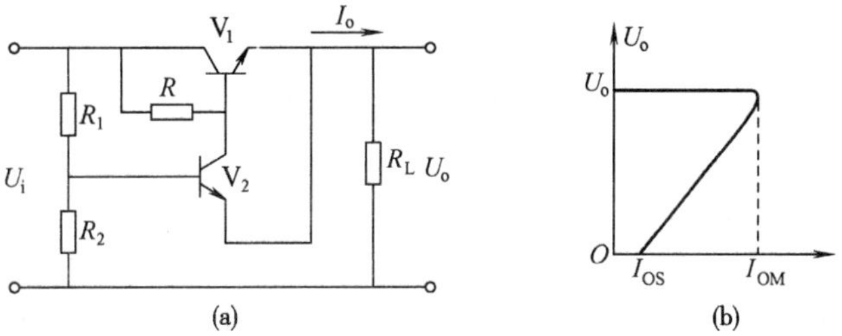

图7.4.6　截流型保护电路

(a)电路图;(b)输出电压、电流变化图

7.4.3 稳压电源的主要技术指标

稳压电源的技术指标分两大类,一类为特性指标,用来表示稳压电源的技术规格,如输入电压、输出功率、输出电压和输出电流的范围等;另一类为质量指标,用来表示稳压电源的性能,主要包括稳压系数、输出电阻、温度系数和纹波抑制比等。

1.稳压系数 S_r

稳压系数是指在负载电流和环境温度不变的条件下,稳压电路输出电压的相对变化量与输入电压的相对变化量之比,即

$$S_r = \frac{\Delta U_o / U_o}{\Delta U_i / U_i}\bigg|_{\Delta I_o = 0, \Delta T = 0} \tag{7.4.12}$$

其中,U_i是稳压电路的输入电压,U_o是稳压电路的输出电压。稳压系数 S_r反映了电网电压波动对稳压电路输出电压稳定性的影响,S_r越小,稳压电路稳压性能越好,一般 S_r在 $10^{-2} \sim 10^{-4}$之间。

2.输出电阻 r_o

输出电阻 r_o是指在输入电压 U_i及环境温度不变的条件下,输出电压的变化量与负载电流的变化量之比,即

$$r_o = \frac{\Delta U_o}{\Delta I_o}\bigg|_{\Delta U_i = 0, \Delta T = 0} \tag{7.4.13}$$

r_o反映了负载变动时,输出电压维持稳定的能力。显然,r_o越小,负载变化对输出电压的影响越小,稳压电源带负载的能力越强。

3.温度系数 S_T

温度系数 S_T是指在输入电压 U_i和输出电流 I_o都不变的情况下,环境温度 T 变化所引起的输出电压变化,即

$$S_T = \frac{\Delta U_o}{\Delta T}\bigg|_{\Delta U_i = 0, \Delta I = 0} \tag{7.4.14}$$

环境温度 T 变化所引起的输出电压变化,主要与稳压电路的稳压管、三极管等半导体元件有关,因此,应选用温度系数小的半导体器件。

7.5 集成稳压器

集成稳压器采用电路集成技术,将调整管电路、比较放大电路、基准电路以及限流保护、短路保护、过热保护等电路集成在同一块芯片上,使用非常方便。集成稳压器种类较多,目前使用比较广泛的为三端式串联型小功率集成稳压器。三端式稳压器仅有输入、输出和接地三个引出端。按输出电压是否可调,三端集成稳压器分为输出电压固定式和输出电压可调式两种。

7.5.1 固定输出的三端集成稳压器

根据输出电压的正、负,固定式三端集成稳压器分为正电压输出型和负电压输出型。

1. 正电压输出型稳压器

常用的正电压输出型稳压器为 78××系列,外部引脚及封装形式如图 7.5.1(a)所示。其中,1 脚为电压输入端,2 脚为稳压输出端,3 脚为公共接地端。

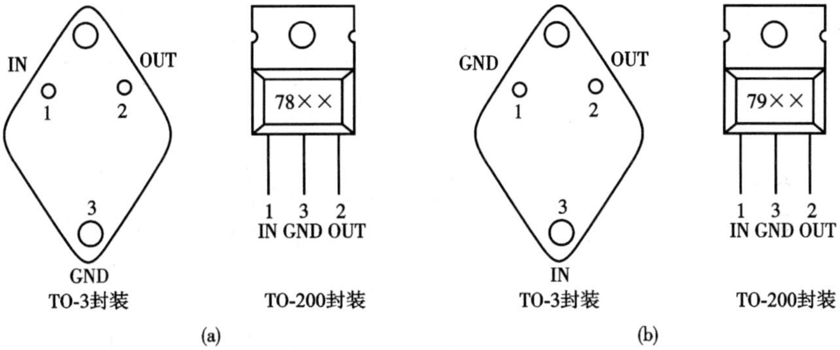

图 7.5.1　固定输出的三端集成稳压器

(a)78××系列;(b)79××系列

根据输出电压的不同,78××系列稳压器有 5 V、6 V、9 V、12 V、15 V、18 V、24 V 几种。其中,78××中的后两位示稳压器的输出电压值,如 7806 表示输出电压为 6 V,7812 表示输出电压为 12 V。

根据输出电流的不同,78××系列稳压器又分为 W78××系列,其最大输出电流为 1~1.5 A;W78M××系列,其最大输出电流为 0.5 A;W78L××系列,其最大输出电流为 100 mA。

2. 负电压输出型稳压器

常用的负电压输出型稳压器为 79××系列,其外部引脚及封装形式如图 7.5.1(b)所示。其中,1 脚为公共接地端,2 脚为稳压输出端,3 脚为电压输入端。

79××系列稳压器的命名方法与 78××系列相同,根据输出电压的不同,79××系列稳压器有 −5 V、−6 V、−9 V、−12 V、−15 V、−18 V、−24 V 几种。根据输出电流的不同,79××系列稳压器又分为 W79××系列、W79M××系列和 W79L00 系列。

3. 集成稳压器的应用

图 7.5.2(a)(b)分别是 78××系列和 79××系列稳压器的实际应用电路。图中电容 C_1、C_2为整流电路的滤波电容,C_3、C_4为稳压器输出端的滤波电容,C_2、C_4的主要作用是为高频退耦。由于电源引线过长或稳压器带高频负载时,电解电容 C_1对高频负载电流呈现为电感效应,而失去滤波作用,易引起电路高频自激振荡,因此 C_2、

C_4在高频工作状态将起到消除高频自激的作用（C_2、C_4的容量一般为 0.1～0.33 μF）。二极管 V_D的作用是，当稳压器输入端短路时，将输出端电压限幅在 0.7 V，防止 C_3的端电压将稳压器芯片内部反向击穿。79××系列与 78××系列接法类似，只是要求负电压输入，负电压输出。

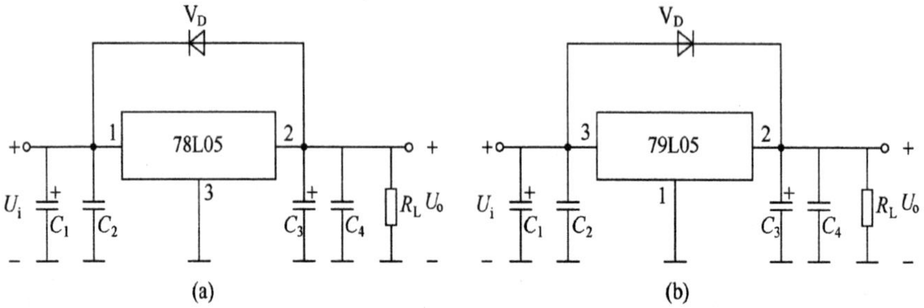

图 7.5.2　三端稳压集成器应用电路

(a)78L05 应用电路；(b)79L05 应用电路

为了保证输出电压稳定，一般要求输入 $U_i - U_o \geqslant 2$ V。

图 7.5.3 是由 78M12 稳压器和 79M12 稳压器共同组成的稳压电路，能输出正、负对称的两组 ±12 V 电压。图中的二极管 V_{D1}和 V_{D2}起保护作用。当 79M12 输入端开路时，78M12 的输出电压会通过负载 R_L作用于 79M12 的输出端，易造成该稳压器对地承受反压击穿。有了 V_{D2}限幅，可将反压限制在 0.7 V，起到保护作用。

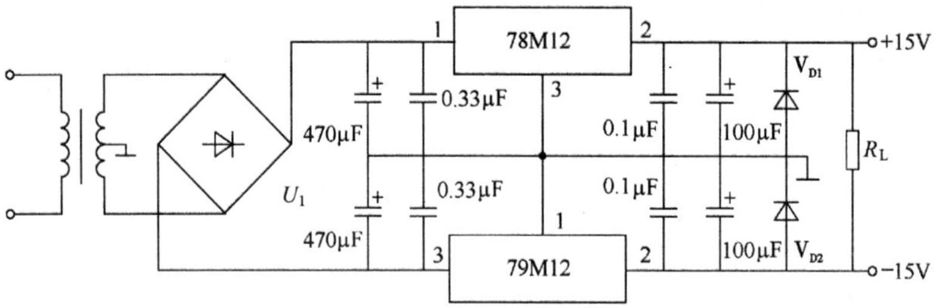

图 7.5.3　正、负对称输出稳压电路

7.5.2　输出电压可调的三端集成稳压器

输出电压可调的三端集成稳压器如图 7.5.4 所示。这种稳压器分为输出正电压可调和输出负电压可调两种。常用的正电压可调稳压器有 W117/W217/W317 系列，负电压可调稳压器有 W137/W237/W337 系列。

三端可调集成稳压器的输出电压可调范围为 1.25～37 V，最大输出电流 1.5 A。用这种电路实现输出电压可调非常方便。图 7.5.5 是用 W117 组成的基本应用电路。W117 的基准电压为 1.25 V，即输出端和调整端的电压为 $U_{REF} = 1.25$ V。为保证稳压

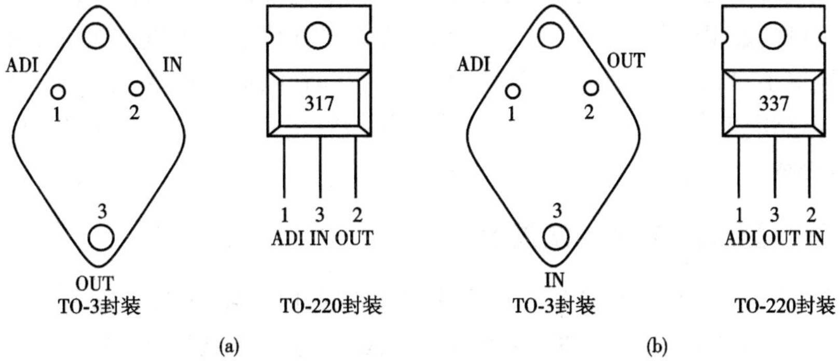

图 7.5.4　输出电压可调的三端集成稳压器

(a)正可调;(b)负可调

器在空载时也能正常工作,要求流过 R_1 的电流不能太小,一般取 $I_{R1}=5\sim10$ mA,则可求出 $R_1=U_{REF}/I_{R1}\approx120\sim240\ \Omega$。由图不难得出,稳压器的输出电压表达式为

$$U_o=1.25\left(1+\frac{R_P}{R_1}\right)+50\ \mu A\cdot R_P \tag{7.5.1}$$

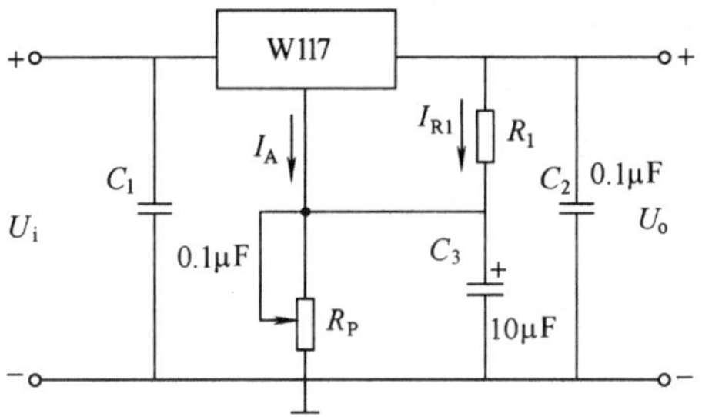

图 7.5.5　可调式集成稳压器基本电路

上式中第二项 50 μA 是 W117 调整端流出的电流。由于 I_{R1} 的取值远大于 50 μA,上式可简化为

$$U_o=1.25\left(1+\frac{R_P}{R_1}\right) \tag{7.5.2}$$

7.6　开关型稳压电源

前节所讲的线性稳压电路具有结构简单、调节方便、输出电压稳定性强、纹波电压小等优点。但是,由于调整管集电极功耗为 $P_C=I_E U_{CE}\approx I_L(U_I-U_O)$,因而始终消耗功率,特别是在负载电流较大且输出电压较低时,调整管自身的功耗很大。所以,线性稳压电路的主要缺点是效率很低,甚至仅为 30% ~ 40%。而且,为了解决调

整管散热问题，需安装散热器，这就必然增大整个电源设备的体积、重量和成本。

可以设想，如果调整管工作在开关状态，那么当其截止时，因电流很小（为穿透电流）而管耗很小，当其饱和时，因管压降很小（为饱和管压降）而管耗也很小，这将可以大大提高电路的效率。开关型稳压电路中的调整管正是工作在开关状态，其效率可达 70% ~ 95%。

7.6.1 开关型稳压电路的发展及分类

开关型稳压电源的发展依赖于半导体器件和磁性材料的发展。随着电子工业的发展，高频率、高耐压、大功率的开关管问世。20 世纪 70 年代以来，无工频电源变压器的开关型稳压电源在世界各工业化国家中已普遍成为商品，电路可直接从电网整流供电，更显示了其突出的优越性。因此，开关型稳压电源以其自身功耗小、体积小、重量轻，得到越来越广泛的使用，尤其适用于大功率且负载固定、输出电压调节范围不大的场合。80 年代开关电源技术不断有新的突破，出现了许多不同种类的开关型稳压电源。

开关型稳压电路按调整管与负载的连接方式，可分为串联型和并联型；按稳压的控制方式，可分为脉冲宽度调制型（PWM）、脉冲频率调制型（PFM）和混合调制（即脉宽 - 频率调制）型；按调整管是否参与振荡，可分为自激式和他激式；按使用开关管的类型，可分为晶体管、VMOS 管和晶闸管型。

本节主要介绍采用双极型管作开关管的串联开关型稳压电源和并联开关型稳压电路的组成和工作原理。

7.6.2 串联开关型稳压电路

1. 换能电路的基本原理

开关型稳压电路的换能电路将输入的直流电压转换成脉冲电压，再将脉冲电压经 LC 滤波转换成直流电压，图 7.6.1(a)所示为其基本原理图。输入电压 U_1 是未经稳压的直流电压；晶体管 T 为调整管，即开关管；u_B 为矩形波，控制开关管的工作状态；电感 L 和电容 C 组成滤波电路，D 为续流二极管。

当 u_B 为高电平时，T 饱和导通，D 因承受反压而截止，等效电路如图 7.6.1(b)所示，电流如图中所标注；电感 L 存储能量，电容 C 充电；发射极电位 $u_E = U_i - U_{CES} \approx U_i$。当 u_B 为低电平时，T 截止，此时虽然发射极电流为零，但是 L 释放能量，其感生电动势使 D 导通，等效电路如图 7.6.1(c)所示；与此同时电容 C 放电，负载电流方向不变，$u_E = -U_D \approx 0$.

根据上述分析，可以画出 u_B、u_E、电感上的电压 u_L 和电流 i_L 以及输出电压 u_o 的波形，如图 7.6.2 所示。为使问题简单起见，图中将 i_L 折线化。在 u_B 的一个周期 T 内，T_{on} 为调节器整管导通时间，T_{off} 为调整管截止时间，占空比 $q = T_{on}/T_o$。

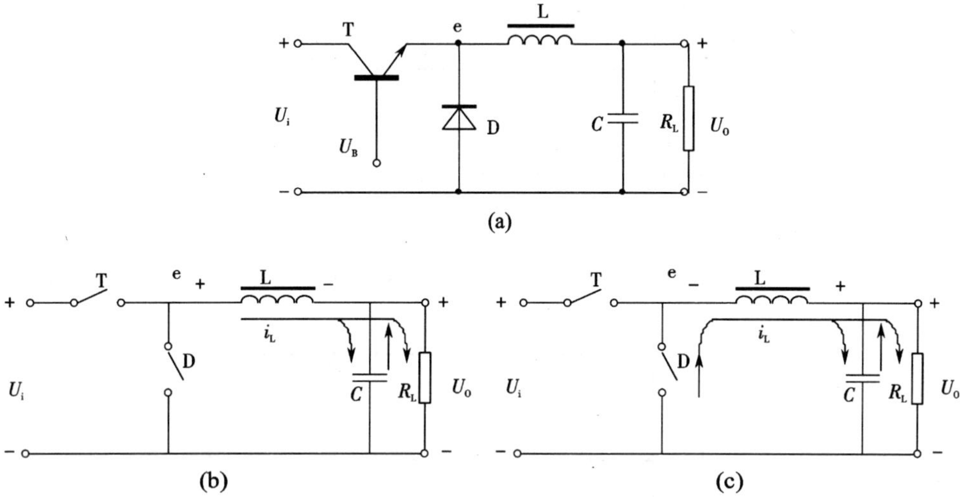

图7.6.1　换能电路的基本原理图及其等效电路

(a)基本原理图;(b)T饱和导通时的等效电路;(c)T饱和截止时的等效电路

在换能电路中,如果电感 L 数值太小,在 T_{on} 期间储能不足,那么在 T_{off} 还未结束时,能量已放尽,将导致输出电压为零,出现台阶,这是绝对不允许的。同时为了使输出电压的交流分量足够小,C 的取值应足够大。换言之,只有在 L 和 C 足够大时,输出电压 U_o 和负载电流 I_o 才为连续的,L 和 C 愈平滑。由于 I_o 是 U_i 通过开关调整管 T 和 LC 滤波电路轮流提供,通常脉动成分比线性稳定电源要大一些,这是开关型稳压电路的缺点之一。

若将 u_E 视为直线分量和交流分量之和,则输出电压的平均值等于 u_E 的直流分量,即

$$U_o = \frac{T_{on}}{T}(U_i - U_{CES}) + \frac{T_{off}}{T}(-U_D) \approx \frac{T_{on}}{T}U_i$$

可以写为

$$U_o \approx qU_i \tag{7.6.1}$$

改变占空比 q,即可改变输出电压的大小。

2.串联开关型稳压电路的组成及工作原理

在图7.6.1所示的换能电路中,当输入电压波动或负载变化时,输出电压将随之增大或减小。可以想象,如果能在 U_o 增大时减小占空比,而在 U_o 减小时增大占空比,那么输出电压就可获得稳定。将 U_o 的采样电压通过反馈来调节控制电压 u_B 和占空比,就可达到稳压的目的。由此而构思的串联开关型稳压电源的结构框图如图7.6.3所示。它包括调整管及其开关驱动电路(电压比较器)、取样电路(电阻 R_1 和 R_2)、三角波生电路、基准电压电路、比较放大电路、滤波电路(电感 L、电容 C 和续流

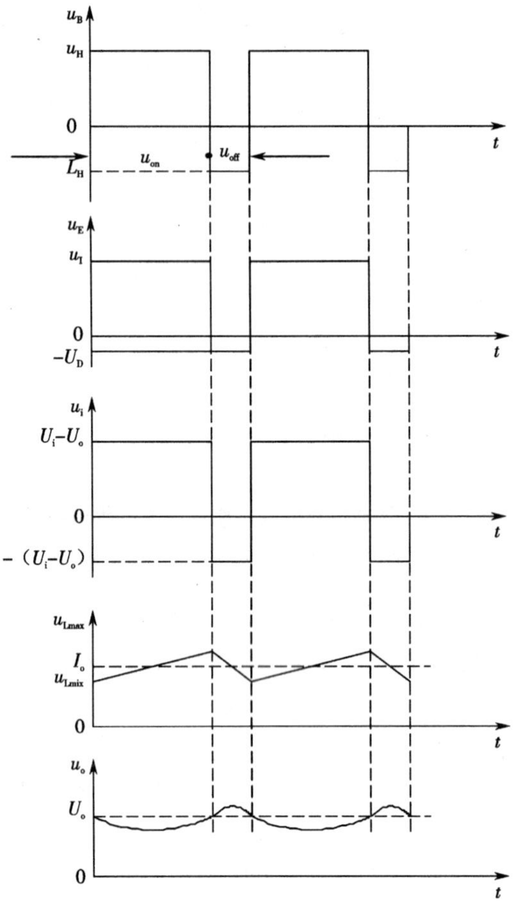

图 7.6.2　换能电路的波形分析

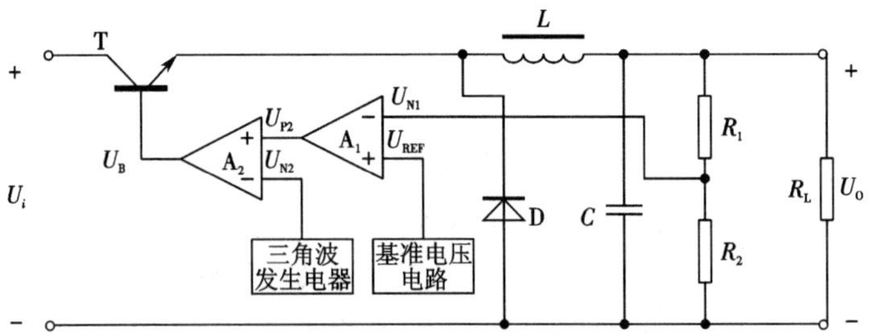

图 7.6.3　串联开关型稳压电源的结构框图

二极管 D)等几个部分。

与图 7.6.1 所示电路相同,若所有的开关和滤波元件都是无损耗的,根据能量守恒原理,输出电压 U_o 与输入电压 U_i 之间也有如下关系

$$U_o \approx \frac{T_{on}}{T} U_i = qU_i \tag{7.6.2}$$

3. 工作原理

基准电压电路输出稳定电压，取样电压 U_{N1} 与基准电压 U_{REF} 之差，经 A_1 放大后，作为由 A_2 组成的电压比较器的阈值电压 U_{P2}，三角波发生电路的输出电压与之相比较，得到控制信号 u_B，控制调整管的工作状态。

当 U_o 升高时，取样电压会同时增大，并作用于比较放大电路的反相输入端，与同相输入端的基准电压比较放大，使放大电路的输出电压减小，经电压比较器使 u_B 的占空比变小，因此输出电压随之减小，调节结果使 U_o 基本不变。上述变化过程可简述如下：

$$U_o \uparrow \rightarrow U_{N1} \uparrow \rightarrow u_{o1} \downarrow \rightarrow q\ U_o \downarrow$$

当 U_o 因某种原因减小时，与上述变化相反，即

$$U_o \downarrow \rightarrow U_{N1} \downarrow \rightarrow u_{o1} \uparrow \rightarrow q\ U_o \uparrow$$

图 7.6.4 所示为三角波 U_{N2} 和 U_B 的波形，与图 7.6.2 所示波形对照，可以进一步理解开关型稳压电路的工作原理。当取样电压 $U_{N1} < U_{REF}$ 时，占空比大于 50%；当 $U_{N1} > U_{REF}$ 时，占空比小于 50%；因而改变 R_1 与 R_2 的比值，可以改变输出电压的数值。

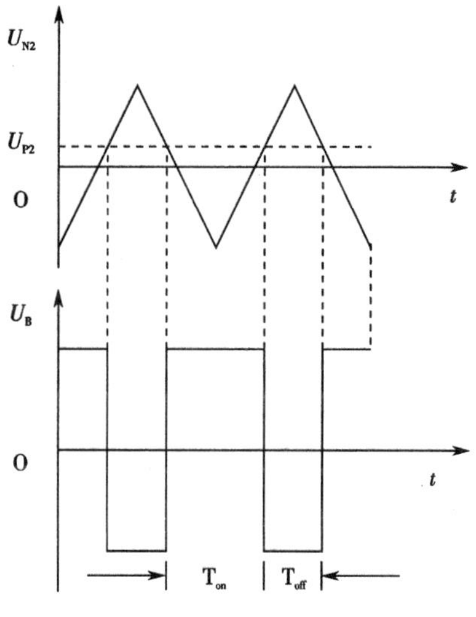

图 7.6.4　图 7.6.3 所示电路中 u_{N2} 和 u_B 的波形

应当指出，由于负载电阻变化时影响 LC 滤波电路的滤波效果，因而开关型稳压电路不适用于负载变化较大的场合。

从对图 7.6.3 所示电路工作原理的分析可知，控制过程是在保持调整管开关周期 T 不变的情况下，通过改变开关管导通时间 T_{on} 来调节脉冲占空比，从而达到实现稳压的，故称之为脉宽调制型开关电源。目前有多种脉宽调制型开关电源的控制器芯片，有的还将开关管也集成于芯片之中，且含有各种保护电路，因而图 7.6.3 所示电路可简化成图 7.6.5 所示电路。

调节脉冲占空比的方式还有两种，一种的固定开关调整管的导通时间 T_{on}，通过改变振荡频率 f（即周期 T）调节开关管的截止时间 T_{off} 以实现稳压的方式，称为频率调制型开关电源。另一种同时调整导通时间 T_{on} 和截止时间 T_{off} 来稳定输出电压的方式，称为混合调制型开关电源。

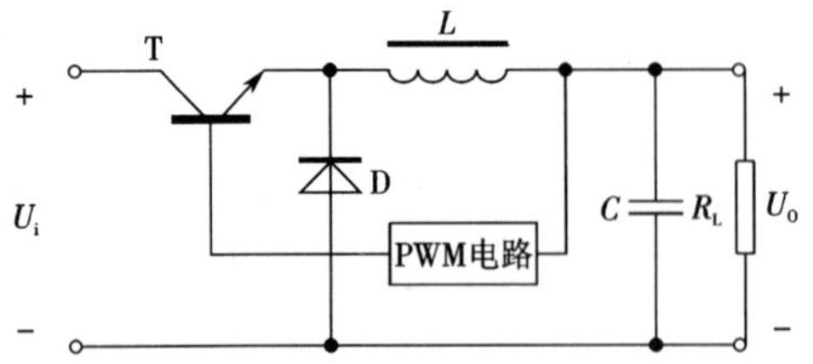

图 7.6.5　开关型稳压电路的简化电路

7.6.3　并联开关型稳压电路

串联开关型稳压电路调整管与负载串联，输出电压总是小于输入电压，故称为降压型稳压电路。在实际应用中，还需要将输入直流电源经稳压电路转换成大于输入电压的稳定的输出电压，称为升压型稳压电路。在这类电路中，开关管常与负载并联，故称之为并联开关型稳压电路；它通过电感的储能作用，将感生电动势与输入电压相叠加后作用于负载，因而 $U_o > U_1$。

图 7.6.6(a)所示为并联开关型稳压电路中的换能电路，输入电压 U_1为直流供电电压，晶体管 T 为开关管，U_B为矩形波，电感 L 和电容 C 组成滤波电路，D 为续流二极管。

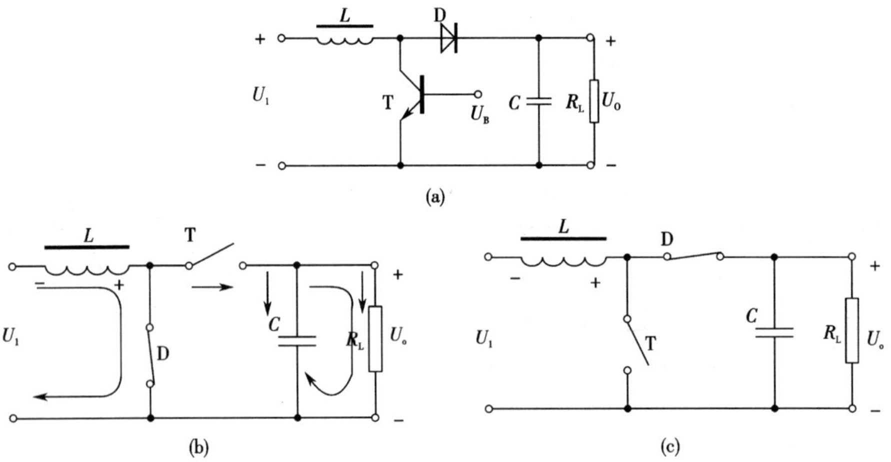

图 7.6.6　换能电路的的基本原理图及其等效电路

(a)基本原理图；(b)T 饱和导通时的等效电路；(c)T 饱和截止时的等效电路

T 管的工作状态受 U_B的控制。当 U_B为高电平时，T 饱和导通，U_1通过 T 给电感 L 充电储能，充电电流几乎线性增大；D 因承受反压而截止；滤波电容 C 对负载电阻放电，等效电路如图 7.6.6(b)所示，各部分电流如图中所标注。当 U_B为低电平时，T 截止，L 产生感电动势，其方向阻止电流的变化，因而与 U_1同方向，两电压相加后通过二极管 D 对 C 充电，等效电路如图 7.6.6(c)所示。因此，无论 T 和 D 的状态如何，负载电流方向始终不变。

根据上述分析，可以画出控制信号 U_B、电感上的电压 U_L和输出电压 U_o的波形、如图 7.6.7 所示。从波形分析可知，只有当 L 足够大时，才能升压；并且只有当 C 足够大时,输出电压的脉动才可能足够小;当 U_B 的周期不变时,其占空比愈大,输出电压将愈高。

在图 7.6.6(a)所示换能电路中加上脉宽调制电路后,便可得到并联开关型稳压电路,如图 7.6.8 所示,其稳压原理与图 7.6.3 所示电路相同,读者可自行分析。

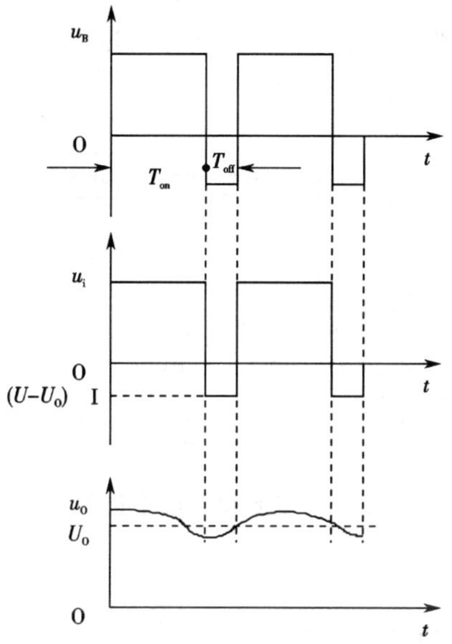

图 10.6.7　换能电路的波形分析

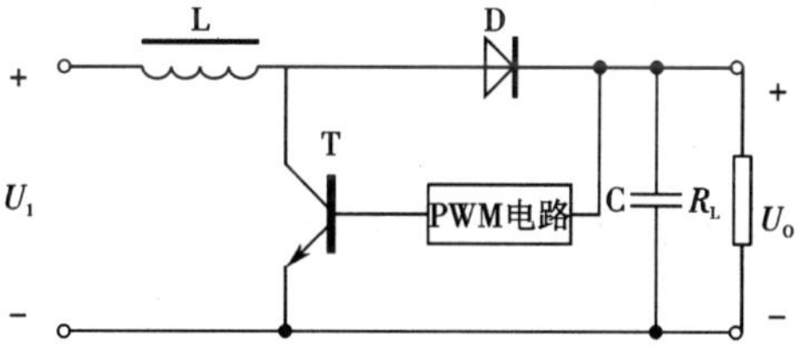

图 7.6.8　并联型开关稳压电路的原理图

技能训练七:直流稳压电源

一、训练目的

1.熟悉集成稳压电源的工作原理。

2.掌握集成稳压器的使用方法。

3.掌握直流稳压电源的主要技术指标及测量方法。

二、仪器与材料

1.仪器包括数字电压表、调压器、晶体管毫伏表、万用表各 1 台,面包板 1 块。

2.元器件包括变压器 1 个,二极管 4 只,电阻 240 Ω、120 Ω、10 kΩ 各 1 只,200 Ω、1.5 A 环线变阻器 1 只,470 μF/50 V 2 只,0.01 μF 电解电容 1 只;CW317 集成块 1 块。

三、预习要求

直流稳压电源一般由整流电路、滤波电路和稳压电路 3 大部分组成。本实验所选用的电路如图 7.1 所示。

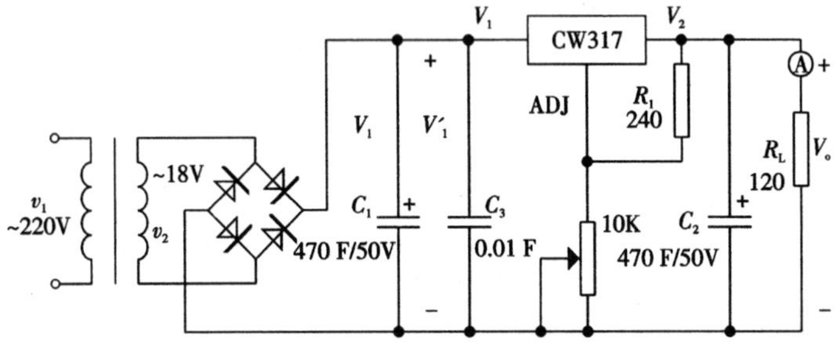

图 7.1　直流稳压电源电路

1.整流电路

整流电路的任务是将经过变压器降压以后的交流电压变换为直流电压。变压器的选择,除了应满足功率要求外,它的次级输出电压的有效值 V_2 应略高于稳压电路输出的直流电压值。对于高质量的稳压电源,其整流电路一般都选用桥式整流电路。桥式整流电路输出电压的平均值为

$$V_1 = 0.9\ V_2$$

2.滤波电路

对于一般要求的稳压电源,多采用电容滤波或Π型滤波。桥式整流电路经电容滤波后,其输出电压为

$$V_o \approx (1.1 \sim 1.2) V_2$$

3.稳压电路

本实验的稳压电路选用可调试三端集成稳压器 CW317。该稳压器的组成框图如图 7.2 所示。

由图可见,该集成块有输入端 V_I、输出端 V_O 和可调端 ADJ 三个端头。它的组成和分立元件稳压电路一样,主要由恒流电路、基准电压电路、比较放大电路、调整管及保护电路组成。在实际应用时,主要外接 R_1 和 R_2 两个电阻就能实现所需要的稳压值。当 R_2 用变阻器 R_W 代替时,就可以实现输出电压可调的稳压电源,电压可调范围为 1.25 ~ 37 V。

在图 7.1 所示的实验电路中,三端稳压器的输入端并接了一个电容 C_3,是为了

消除电路可能产生的自激振荡。

4.稳压电源的主要性能指标

衡量一个稳压电源的主要性能指标有:电压调节范围、电压调整率 S_V、电流调整率 S_I、输出电阻 r_o、纹波抑制比 S_{rip}。它们的定义如下。

①电压调节范围是指可调式稳压电源的最大输出电压 V_{omax} 与最小输出电压 V_{omin} 之间的范围。

②电压调整率 S_V 是指负载不变时,电网电压的相对变化量与由此引起的输出电压的相对变化量之比,即

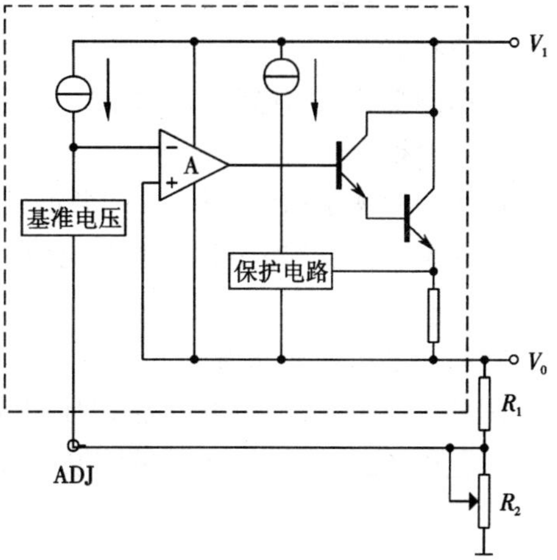

图 7.2　CW317 三端可调稳压器的结构框图

$$S_v = \frac{\Delta V_o / V_o}{\Delta V_i / V_i} \times 100\%$$

③电流调整率 S_I 是指输出电压不变时,负载电流 I_o 在规定的范围内变化而引起的输出电压的相对变化量,即

$$S_I = \frac{\Delta V_o}{V_o} \Big|_{\Delta I_o} \times 100\%$$

④输出电阻 r_o 就是稳压电源的内阻。它可以通过测量电源空载时的输出电压 V_o' 和接入负载 R_L 时的输出电压 V_o 而求得,即

$$r_o = \left(\frac{\Delta V_o'}{V_o} - 1\right) \times R_L$$

⑤纹波抑制比 S_{rip} 是指稳压电源对交流纹波的抑制能力。定义为电源的输入纹波电压 $V_{i\sim}$ 与输出纹波 $V_{o\sim}$ 之比值,常用 dB 值表示,即

$$S_{rip} = 20 \log \frac{V_{i\sim}}{V_{o\sim}}$$

输入纹波电压值 $V_{i\sim}$ 和输出纹波电压值 $V_{o\sim}$ 可以用示波器测量,也可以在图 7.1 所示中标 V_i 和 V_o 的相应位置处用毫伏表直接测量。

5.设计指标

本实验要求所设计的稳压电压源能达到以下技术指标。

①输出电压可调范围:9 ~ 15 V 连续可调。

②电压调整率:$S_V \leqslant 0.04\%$。

③电流调整率:$S_I \leqslant 0.1\%$。

④纹波抑制比:$S_{rip} \geqslant 80$ dB。

⑤负载电流:0 ~ 0.4 A。

四、训练内容及步骤

1.连接电路

按照图 7.1 所示电路,在面包板上接成稳压电路。检查无误后,接通电源。

2.清除振荡

用示波器观察输出电压 V_L的波形,看是否有振荡,应通过改变电容 C_3值来消除振荡。在没有振荡的情况下,调节电位器 R_W,若输出电压有变化,说明电路工作正常。

3.测量电压调节范围

调节 R_W,分别测出稳压电路的最大输出 V_{omax}和最小输出电压 V_{omin},确定输出电压调节范围 $V_{omax} \sim V_{omin}$,将测量结果填入表 7.1 中。

表 7.1

R_W(Ω)	V_{omax}(V)	V_{omin}(V)	$V_{omax} \sim V_{omin}$(V)

4.测量电压调整率 S_V

在交流电网与电源变压器之间接入调压器。调解调压器,使交流电压变化 10%,用数字电压表分别测出 V_i和 V_o的变化量 ΔV_i和 ΔV_o。计算该稳压电源的电压调整率 S_V,将测量结果填入表 7.2 中。

表 7.2

交流电压变化 10%	V_i(V)	ΔV_i(V)	V_o(V)	ΔV_o(V)	S_V

5.测量电流调整率 S_i

将负载 R_L用一个电阻和电位器串联的电路代替。将输出电压调为某一固定值并保持该电压不变。改变负载 R_L的阻值,使负载电流 I_o在 100 ~ 400 mA 范围内变化,测量相应的输出电压 V_o的变化量。计算该稳压电源的电流调整率 S_i,将测量结果填入表 7.3 中。

表 7.3

$R_L(\Omega)$	I_o(100~400 mA)	V_o(V)	$\triangle V_o$(V)	S_i

五、训练报告要求

1.调整实验数据,计算稳压电源的有关指标。

2.将该稳压电源的实际指标进行比较,是否达到设计要求并提出改进措施。

习题七

7.1　半波整流电路中(见表 7.2.1)变压器次级电压有效值 $U_2=6$ V,求:

(1)输出电压。

(2)二极管承受的最大反向电压。

7.2　已知全波整流电路中(见表 7.2.1)变压器次级半边绕组电压有效值 $U_2=6$ V,求:

(1)输出电压。

(2)二极管承受的最大反向电压。

7.3　在题图 7.1 所示的桥式整流电容滤波电路中,若任一整流二极管出现下列情况时,电路会发生什么情况,并分析可能产生的后果。

(1)短路。

(2)开路。

(3)接反。

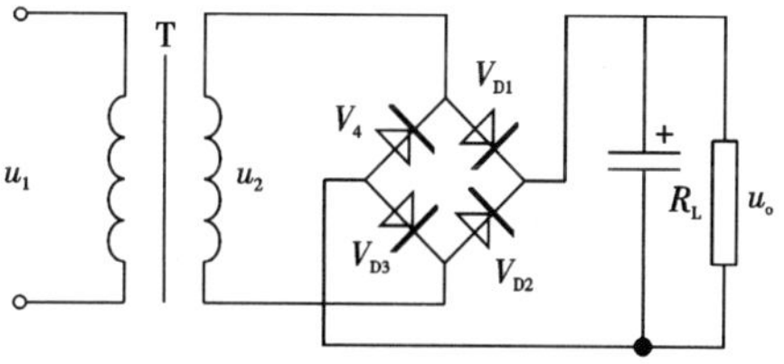

题图 7.1

7.4　一桥式整流电容滤波电路的直流输出电压 $U_o=12$ V,电路负载 $R_L=40\ \Omega$,若采用 $U_i=220$ V,$f=50$ Hz 的交流电压供电。

(1)确定整流二极管的参数。

(2)选择滤波电容的容量和耐压。

(3)确定电源变压器初、次级绕组的电压和电流。

7.5　画出五倍压整流电路。若采用 220 V 交流电供电。

(1)确定整流二极管和滤波电容的耐压。

(2)估算空载时的输出电压。

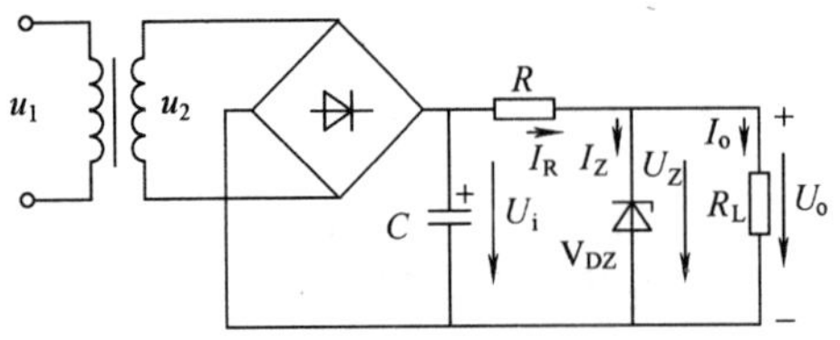

题图 7.2

7.6 硅稳压管电路如题图 7.2 所示。若变压器次级电压有效值 $U_2=18$ V,稳压管的稳压值 $U_Z=6$ V,负载电流 I_o变化范围为 10 ~ 30 mA。当电网电压 u_1变化 10%时,稳压管的电流 I_Z变化范围为 5 ~ 38 mA。试计算限流电阻 R 的阻值范围。

7.7 要得到下列直流稳压电源,试分别选择适当的三端式集成稳压器,并画出电路原理图。

(1)输出电压 + 24 V,输出电流 1 A。

(2)输出电压 − 5 V,输出电流 100 mA。

(3)输出电压 ± 15 V,输出电流 300 mA。

在以上三个电路中,

(4)为获得额定输出功率,输入端应加多大信号电压?

(5)已知 5G24 运放最大输出电流为 ± 5 mA,输出要达到额定功率,复合管的等效 β 至少多大?(可不考虑 R_8和 R_{11}的分流作用)

参考文献

[1] 童诗白,华成英.模拟电子技术基础[M].第3版.北京:高等教育出版社,2001.
[2] 孙承清.模拟电子技术[M].北京:中国矿业大学出版社,1985.
[3] 邱川弘.电子技术基础操作[M].北京:电子工业出版社,1999.
[4] 戴士弘.模拟电子技术实验与习题[M].北京:电子工业出版社,1998.
[5] 梁廷贵,王裕琛.现代集成电路使用手册[M].北京:科学技术文献出版社,2003.
[6] 何希才.新型集成电路及其应用实例[M].北京:科技出版社,2003.
[7] 段九州.电源电路实用设计手册[M].沈阳:辽宁科学技术出版社,2002.
[8] 无线电编辑部.无线电元器件精汇[G].北京:人民邮电出版社,2004.